战略性新兴领域"十四五"高等教育系列教材

流程工业智能制造技术理论及应用

曹卫华　吴　敏　主编

何王勇　甘　超　黎育朋　参编

机械工业出版社

本书系统阐述了流程工业智能制造技术的相关理论和应用。首先概述了工业制造的发展历程和流程工业智能制造，随后详细介绍了流程工业数据采集、通信与数据治理、存储等基础知识。在此基础上，书中重点探讨了流程工业大数据挖掘与智能建模、流程工业过程控制、流程工业过程实时优化、流程工业数字孪生等核心内容。其中，流程工业大数据挖掘与智能建模部分从工业数据特征出发，详细分析了如何利用工业过程数据进行数据预处理、关联性分析以及数据挖掘，进而开展基于知识－数据混合驱动的工业智能建模应用；流程工业过程控制部分深入浅出地介绍了工业过程控制的发展历程，并围绕系统辨识、PID控制、模型预测控制和流程工业控制器运维方法展开讲解，以帮助读者全面掌握过程控制的核心内容；流程工业过程实时优化部分从工业过程优化模型建立及工业优化问题求解两个方面，详细阐述了如何运用优化方法提升流程工业制造过程的安全性和效率；流程工业数字孪生部分重点围绕数字孪生关键技术与应用案例开展讲解，帮助读者更好地理解流程工业制造领域的最新成果和进展。

本书可作为理工科高年级本科生的教材或参考书，也可供智能制造领域的工程技术人员和科技工作者参考。

图书在版编目（CIP）数据

流程工业智能制造技术理论及应用 / 曹卫华，吴敏主编 . -- 北京 ：机械工业出版社，2024.12. --（战略性新兴领域"十四五"高等教育系列教材）. -- ISBN 978-7-111-77209-5

Ⅰ . TH166

中国国家版本馆 CIP 数据核字第 2024EJ1342 号

机械工业出版社（北京市百万庄大街 22 号　邮政编码 100037）

策划编辑：吉　玲　　　　　　责任编辑：吉　玲　尹法欣
责任校对：曹若菲　张亚楠　　封面设计：张　静
责任印制：常天培

北京机工印刷厂有限公司印刷

2024 年 12 月第 1 版第 1 次印刷

184mm × 260mm • 13.5 印张 • 325 千字

标准书号：ISBN 978-7-111-77209-5

定价：49.80 元

电话服务　　　　　　　　　网络服务

客服电话：010-88361066　　机 工 官 网：www.cmpbook.com
　　　　　010-88379833　　机 工 官 博：weibo.com/cmp1952
　　　　　010-68326294　　金 　书 　网：www.golden-book.com
封底无防伪标均为盗版　　机工教育服务网：www.cmpedu.com

　　制造业是国民经济的支柱行业，而智能制造则是落实《"十四五"智能制造发展规划》及实施"制造强国"战略的主攻方向。流程工业作为制造业中不可或缺的一环，其智能化转型不仅关系到制造业的高质量发展，更是构建现代化产业体系的关键所在。本书系统梳理了工业数据采集通信、智能建模、过程控制、实时优化、数字孪生等核心理论方法与技术，以方便读者理解流程工业智能制造思想及内容，为后续开展流程工业智能制造的生产实践奠定重要理论基础。

　　本书在编写过程中，秉持理论、应用与前沿相融合的基本理念，围绕流程工业智能制造理论主线进行详细讲解，主要特色如下：

　　1）组织架构清晰。本书内容紧密结合时代背景和流程工业智能制造实际需求，组织架构清晰明了。书中围绕流程工业制造过程数据处理、分析、建模、优化与控制等方面内容，抽丝剥茧、循序渐进，方便来自不同领域的读者迅速理清各章节知识。

　　2）理论与实际相结合。本书虽主要关注于流程工业智能制造领域的相关理论方法与技术，但核心内容均源于实际，并用于指导实践。理论与实际相结合，能够更好地让读者领会和掌握流程工业智能制造的核心内容。

　　本书由6章构成。第1章绪论，总体介绍了工业制造的发展历程、智能制造面临的挑战与机遇和流程工业智能制造；第2章流程工业数据基础服务，讲解了工业数据采集、通信协议与数据治理及存储方面的相关内容；第3章流程工业大数据挖掘与智能建模，从工业大数据的特征出发，详细分析了如何利用工业过程数据进行数据预处理、关联性分析及数据挖掘，进而开展基于知识－数据混合驱动的工业智能建模应用；第4章流程工业过程控制，深入浅出地介绍了流程工业过程控制的发展历程，并围绕系统辨识、PID控制、模型预测控制和流程工业控制器运维方法进行讲解，帮助读者全面掌握过程控制的核心内容；第5章流程工业过程实时优化，主要从工业过程优化模型建立及工业优化问题求解两个方面，详细阐述了如何运用优化方法提升工业制造过程的安全性和效率；第6章流程工业数字孪生，重点围绕数字孪生相关技术及流程工业中数字孪生的应用案例展开讲解，以帮助读者更好地理解流程工业制造领域的最新成果和进展。

　　本书由中国地质大学（武汉）曹卫华教授、吴敏教授主编，他们完成了第 1 章、第 2 章主要内容的编写和全书的统稿；黎育朋教授编写了第 3 章；何王勇副教授编写了第 4 章；甘超副教授编写了第 5 章、第 6 章；中国地质大学（武汉）自动化学院部分博士和硕士研究生承担了本书的文字录入与校对工作，在此深表谢意。

　　由于作者水平有限，书中不妥之处在所难免，敬请读者批评指正，不胜感激！

编　者

V

VII

第 1 章　绪论

制造业是立国之本，强国之基。制造业的规模和水平是衡量一个国家综合国力和现代化程度的主要标志，以钢铁冶金、石油化工等为代表的流程工业是保障国家资源能源安全、支撑高端装备制造、促进国家经济增长的关键行业。然而，流程工业制造领域面临着资源能源消耗大、缺乏自主创新技术，同时产品结构层次较低且同质化严重等问题，导致流程工业总体发展受到严重影响，因此需要加快推进工业制造智能化，不断提高制造业的整体水平和竞争力。世界各国都在结合自身实际与优势先后提出发展智能制造的相关计划，以确保自身在国际制造业中的领先地位。考虑到工业制造智能化发展的重要性，我国开始大力推动互联网、大数据、人工智能等新技术和制造业的深度融合，并已取得相应的成绩，但同时也在工业制造智能化转型中面临一些亟待解决的问题。本章将主要围绕工业制造的发展历程、智能制造面临的挑战与机遇、流程工业智能制造三部分进行介绍。

1.1　工业制造的发展历程

工业作为社会分工发展的产物，对人类社会的物质基础和日常生活起着至关重要的作用。自 18 世纪中期工业文明兴起以来，工业制造在各国的经济发展和国家力量中扮演了核心角色。它不仅是国民经济的支柱产业，更是衡量一个国家生产力、创新能力、竞争力和综合国力的重要标志。本节将阐述工业制造的发展历史，并分析科学技术的发展现状。

1.1.1　工业制造的发展历史

工业制造发展经历了四个不同时期：以机械制造为核心的第一次工业革命、以电气为主流的第二次工业革命、以电子信息化为技术特征的第三次工业革命、以智能化为特征的第四次工业革命（图 1-1）。这些时代的变迁彰显了科技可以转化为强大的生产力，改变了人们的生活方式和社会的运行机制。下面将对工业制造的发展历史进行详细介绍。

1. 第一次工业革命——机械制造时代

第一次工业革命开启了机械制造时代。在这一阶段，英国资产阶级积累了丰富的资本，扩展了广阔的海外市场和最廉价的原料产地，促进了当时工厂手工业的蓬勃发展。虽然手工业的发展积累了丰富的生产技术知识与劳动力，增加了产量，但仍然无法满足不断扩大的市场需求和资本主义的进一步发展。与此同时,蒸汽机的发明与应用为工业革命提供了根本动力,一场英国引导的以蒸汽机为标志的工业革命就此拉开序幕。

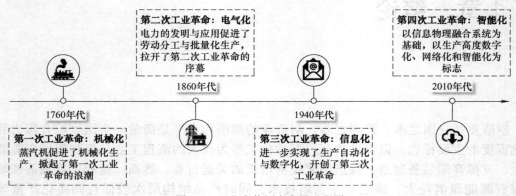

图 1-1 工业变革历史发展过程图

在这一阶段,大量机械的增加导致对于动力的需求变得迫切,蒸汽机实现了工业的机械化生产,完成了以蒸汽动力驱动机器取代人力的工业革新,开创了以机器代替手工劳动的新时代。此阶段虽然机器结构简单且制作粗糙,驱动方式仅限于水力或蒸汽两种方式,可完成的工作有限,但是以机器代替人类工作的工业思想开始成为工业发展的主流导向。此次工业革命中,蒸汽机的发明与改良推动了工厂制的建立。以人力为主的生产过程逐渐被机器所代替,机械化生产也在不断地推动着工商业与农业蓬勃发展,成就了第一次工业革命的辉煌历史。英国率先完成工业革命,成为世界上第一个工业国家。这场工业史上伟大革命的结果是机器生产代替了手工劳动,经济社会从以农业和手工业为基础转型到以工业、机械制造带动经济发展的新模式,极大地提高了工业生产力,形成了制造企业的雏形。同时促进了美、俄、德、意的革命、改革,拉开了欧美实现工业化及现代化的序幕,使资本主义世界体系初步形成。

2. 第二次工业革命——电气时代

第二次工业革命开启了电气时代。由于第一次工业革命中以蒸汽为动力的简单的机械化生产无法满足人类社会的发展需求,电力的发明与应用为第二次工业革命提供了条件,新的能源动力的出现引导了第二次工业革命的到来。

第二次工业革命以电力的普及为标志,在人力劳动分工基础上使用电力取代蒸汽动力以驱动机器,实现了大规模批量生产的新模式,自此人类正式进入"电气时代"。第二次工业革命强调以电力驱动机器的大规模生产,实现了工业生产过程中零部件与产品装配的分离,开创了批量、高效生产产品的新生产模式。在这一阶段,得益于内燃机和发电机的发明,电器得到了广泛的使用,使社会生活的方方面面都得到了创新性的改变。在交通方面,汽车、轮船和飞机等现代化交通工具得到了飞速发展;在通信方面,得益于电话机的发明,通信变得简单快捷,信息得以在社会之间快速传播,为第三次工业革命奠定了坚实基础。

3. 第三次工业革命——信息化时代

第三次工业革命开启了信息化时代。前两次工业革命虽然使社会各个领域都快速地发展壮大，但由此为全球的可持续化发展带来了压力，石油和其他化石能源日渐枯竭，传统能源价格上涨，化石燃料驱动的原有工业经济模式，不再能支撑全球的可持续发展，因此以原子能、电子计算机和空间技术的广泛应用为主要标志的第三次工业革命就此展开。

第三次工业革命始于 20 世纪 40 年代并延续至今，它在前两次工业革命的基础上，在工业生产过程中结合电子与信息技术，进一步提高了工业制造过程中的自动化控制程度，工业制造过程不断实现自动化，是人类文明史上工业领域的又一次重大飞跃。自此机器不仅接管了人类大部分体力劳动，同时也接管了一部分脑力劳动。在此阶段，工厂大量采用由个人计算机（personal computer，PC）、可编程逻辑控制器（programmable logic controller，PLC）等电子信息技术自动化控制的机械设备进行生产，生产效率、良品率和机械设备寿命等都得到了前所未有的提高，工业生产能力自此超越了人类消费能力，人类社会正式进入产能过剩时代。

4. 第四次工业革命——智能化时代

前三次工业革命使得人类发展进入了空前繁荣的时代，而与此同时，也造成了巨大的能源、资源消耗，付出了巨大的环境代价、生态成本，并且急剧地扩大了人与自然之间的矛盾。尤其是进入 21 世纪，人类面临空前的全球能源与资源危机、全球生态与环境危机、全球气候变化危机的多重挑战，由此引发了第四次工业革命——绿色工业革命。第四次工业革命是智能化时代，以信息物理融合系统为基础，以生产高度数字化、网络化和智能化为标志。对于制造业而言，引入智能化转型的核心意义在于降低生产成本，提高生产效率。工业智能化可以带来巨大的价值，例如，通过生产过程中严密的质量管控提高产品质量水平；通过触发式自动数据采集实时提供生产数据，从而实现精益生产和透明化管理；采用先进互联网、云计算等技术提高生产执行能力等。

物联网和大数据技术在第四次工业革命中提供核心技术支持，以最大化机器对人工的替代，提升工厂智能化水平。以互联网和信息技术为基础的工业生产过程，会更加科学地整合生产资料，使大数据与云计算等新技术融合更加紧密，使工业制造更加智能，生产系统与控制过程会进一步细化，提高生产效率。新兴技术的应用与高效的及时性使用户参与进生产过程成为一种可能，提高了产品的灵活性与自由性，使市场的多样性、个性化需求得以满足。工业制造企业的生产组织形式从现代大工厂转变为虚实融合的工厂，建立柔性生产系统。柔性生产系统可以依靠高度柔性的制造设备，来实现多品种、小批量的生产方式，它不仅强调对智能化技术设备的应用，更强调要满足对于个性化产品的需求，具有灵活性强、设备利用率高、产品成本低等优点。

1.1.2　科学技术的发展现状

一个国家的制造业发展水平必定影响着国家的发展。第一次工业革命促进了生产力向机械化发展，第二次工业革命中近代自然科学和工业技术之间建立起了密切联系，第三次工业革命中计算机凭借其强大的数据处理能力助力诸多领域。在电子计算机技术、计算机软件技术的不断推动下，第五代移动通信技术（5th generation mobile communication technology，5G）、云计算、数字孪生、人工智能等新兴技术应运而生，整个时代及社会悄然进入智能时代，也给制造业带来了新的机遇和挑战。

1. 5G技术

5G作为高速率、低时延、大连接的新一代宽带移动通信技术，不仅是连接人与人的桥梁，更是实现人、机器和智能设备之间无缝连接的关键技术。5G为智能制造提供了一个高度可靠的网络环境，使得实时控制和预警系统得以高效运作，为工业自动化和智能化开辟了新的可能性。

在智能制造领域，5G的应用可以具体概括为以下几个关键点：

1）智能设备的云端协同：5G技术使得工业机器人能够通过云端进行集中控制，利用先进的人工智能算法和大数据分析，实现更加精准和灵活的操作。这种云端控制不仅提升了机器人的独立作业能力，还增强了它们在复杂任务中的协同效应。

2）5G赋能工业虚拟现实（virtual reality，VR）和工业增强现实（augmented reality，AR）：5G的高速和低延迟特性极大地丰富了工业AR和VR应用的交互性和现实感。在设计、培训和产品展示等方面，5G支持的AR/VR技术能够提供更加真实和直观的体验，从而提高工作效率和质量。

3）5G网络的高带宽和低时延特性，使得工厂能够实现对设备状态的实时监控，通过超高清视频和机器视觉技术，对生产过程进行细致的观察和分析，及时发现并处理潜在的问题。

随着6G技术的逐步成熟，预计在不久的将来，我们将进入一个全新的万物互联时代。6G技术将提供比5G更高的数据传输速率和更低的延迟，进一步推动智能制造和物联网的发展，为工业自动化和智能化带来更加深远的影响。

2. 云计算

云计算作为一种先进的信息技术，其核心功能在于通过互联网实现对广泛分布的计算资源的集中管理和动态调度。该技术依托于分布式计算架构和虚拟化技术，将分散的计算能力聚合成一个统一的资源池。资源池能够根据用户的特定需求，以一种动态、可扩展和可计量的方式提供服务。

在制造业领域，云计算的应用推动了整个生产系统的数字化转型，具体表现在以下几个方面：

1）数据整合与信息共享：云计算促进了不同生产系统和业务流程之间的数据整合，实现了信息的无缝共享，为跨部门的流程协同提供了技术基础。

2）智能资源的虚拟化：云计算使得制造过程中使用的软件、算法、数据和知识等"软"资源得以虚拟化，便于跨地域、跨平台的共享和再利用。

3）物理设备的远程协同：通过云计算，机床、机器人、加工中心等"硬"资源可以实现远程监控和协同工作，提高了生产效率和灵活性。

4）制造流程的集成优化：云计算支持对设计、仿真、生产、测试、管理到销售等整个制造流程的集成和优化，提升了生产过程的整体性能。

5）智能制造产品的互联互通：云计算促进了具有数字化、网络化和智能化特征的新型制造产品的开发，这些产品能够实现更高级别的互联互通。

云计算的基本特点可以概括为：按需分配的自助服务、宽带网络访问、资源池化、快速弹性、可评测服务。云计算与数据库技术、算法库、模型库、大数据平台以及计算能力等基础技术的深度融合，为智能制造领域提供了强大的技术支持，使其能够针对特定的工业需求提供定制化的解决方案。

3. 数字孪生技术

数字孪生技术作为信息技术领域的一项创新突破，为物理世界与数字世界之间的数据和信息提供了一种高效的双向交互框架。在智能制造的发展过程中，数字孪生技术发挥着核心作用，其重要性已在全球范围内得到认可，并成为众多研发项目的焦点。

数字孪生技术最初源于工程制造领域，由 Michael Grieves 教授提出，其核心概念是创建一个与物理产品等价的"虚拟数字化表达"。随后，Grieves 教授与 NASA 的 John Vickers 共同提出了"数字孪生"的概念。从本质上讲，数字孪生是物理实体或过程的数字化映射，通过持续的数据连接，实现物理状态与虚拟状态的同步更新，并提供物理实体或流程过程的整个生命周期的集成视图，从而优化整体性能。数字孪生技术的关键特点和应用可以概括为以下几点：

1）高保真映射：通过多领域、多尺度、多概率的建模和仿真分析，数字孪生技术能够实现对物理实体的精确映射和同步演化。

2）虚实交互：数字孪生技术通过物理实体和虚拟模型之间的数据交互和反馈，增强了物理实体的功能或扩展了其能力。

3）全生命周期管理：数字孪生技术贯穿了产品从设计到退役的整个生命周期，包括产品设计、生产制造、装配运维等各个阶段。

4）智能算法融合：数字孪生技术与机器学习、数据挖掘等智能算法的结合，为智能制造的状态感知、自主决策和精准控制提供了关键技术支持。

数字孪生技术的发展不仅推动了智能制造的进程，也为其他领域的技术创新提供了新的思路和方法。通过精确的数字映射和实时的数据交互，数字孪生技术为物理世界与虚拟世界的融合提供了坚实的基础，为未来的技术发展开辟了广阔的前景。

4. 人工智能技术

人工智能技术在制造业领域的应用，标志着知识工作自动化与智能化的新纪元。随着新一代人工智能技术的兴起，它们逐渐演变为通用技术，并在工业制造领域内形成了工业人工智能技术。这一技术对工业生产方式和决策模式进行了革新，实现了成本降低、效率提升和质量改进，成为推动工业发展的关键趋势。

工业人工智能的核心在于其创新应用，包括设计模式的创新、生产过程中的智能决策、资源配置的优化以及生产过程的智能感知。这些应用赋予了工业系统自感知、自学习、自执行、自决策和自适应的能力，使其能够适应复杂多变的工业环境，完成多样化的设计和生产任务，从而显著提高了生产效率和产品质量。因此，工业人工智能已成为提升制造业整体竞争力的重要国家战略。工业人工智能的集成应用，融合了工业互联网、大数据、云计算等新兴技术，为工业生产带来了更高的灵活性、质量和效率，其广阔的应用前景主要体现在以下几个方面：

1）5G 技术支持下的快速可靠信息传输：在复杂工业环境中，基于 5G 的多源信息传输技术确保了数据的快速和可靠传输。

2）智能自主控制技术：为复杂工业系统提供了智能自主控制的能力，提高了系统的稳定性和响应速度。

3）人机合作的智能优化决策：通过人机交互，实现了智能优化决策，增强了生产过程中的决策质量。

4）面向大数据的智能控制与决策方法：利用大数据技术，开发了智能控制和决策方法，提高了数据处理的深度和广度。

5）端 – 边 – 云协同技术：实现了工业人工智能算法的端到端协同，提升了算法的执行效率和智能化水平。

同时，在数据飞速增长、计算资源不断发展的背景下，以 GPT（generative pre-trained transformer）为代表的人工智能大模型技术取得了快速突破。人工智能大模型本质上是一个使用海量数据训练而成的深度神经网络模型，具有巨大的数据量和数千亿的参数规模，已经在多领域、跨场景、多任务的场景下展现出巨大的应用价值。在工业领域加快大模型的技术应用与落地，被视为新工业革命的关键力量。工业大模型依托基础大模型的结构和知识，融合工业细分行业的数据和专家经验，形成垂直化、场景化、专业化的应用模型。工业大模型广阔的未来前景具体体现在以下五点：

① 视觉检测增强及缺陷样本生成。

② 运营管理信息查找与分析。

③ 工业生产排产与调度。

④ 控制代码生成及机器人控制。

⑤ 基于行业知识库的智能问答及自动决策分析。工业大模型通过强大的数据分析、自然语言处理及计算机视觉等技术，可以为工业垂直领域的技术突破、产品创新、生产变革等提供低成本解决方案，推动工业生产向自动化、智能化和高效化方向持续发展。

1.2　智能制造面临的挑战与机遇

伴随着 5G、大数据、云计算、数字孪生、人工智能等新一代信息技术的快速发展，它们与制造业的深度融合正在催生一场全新的工业革命。这场革命正深刻地重塑着制造业的生产组织方式和产业结构，引领着制造业向智能化、自动化的新时代迈进。智能制造作为这场新工业革命的核心驱动力，不仅预示着制造业的未来趋势，更是推动工业制造向智能化转型的关键路径。智能制造代表了制造业发展的最新方向，本节将阐述智能制造的内涵，介绍智能制造的发展规划，指明智能制造面临的挑战与机遇。

1.2.1　智能制造的内涵

全球的制造业正向数字化与智能化的方向发展，智能制造是未来制造领域发展的主攻方向。简单来说，智能制造的内涵是指将机器智能融合在制造的各种活动中，以形成自主、进化、模拟和优化制造模式。其本质是利用物联网、大数据、人工智能、仿真等先进技术，更加深刻地认识制造的物理过程以及制造系统的整体联系，并控制和驾驭制造过程和系统中的不确定性及复杂关联问题，以达到更高的目标。

智能制造作为新一代信息技术与先进制造技术深度融合的产物，其核心在于产品全生命周期价值链的全面数字化、网络化和智能化。这一过程以企业内部的纵向管控集成和企业间的网络化协同集成为支撑，依托物理生产系统与数字孪生技术的多层次映射，构建起能够实现动态感知、实时分析、自主决策和精准执行的智能工厂模式。智能制造覆盖了设计、生产、管理、服务等制造活动的各个环节，展现出自感知、自决策、自执行、自适应和自学习等智能化特征。这一先进的生产方式旨在全面提升制造业的质量、效益和核心竞争力，追求高效、优质、低耗、绿色和安全的制造与服务目标。

工业革命的历程为人类积累了丰富的设计、工艺、生产、设备维护、管理与决策知识。通过大规模应用高水平的数字化技术，这些知识得以优化和重构工业生产关系。将这些知识转化为工业软件和数字化产品模型，并在计算机环境中执行，不仅提升了对数字产品和物理产品的控制能力，还优化了制造资源的配置。随着产品智能化、产品系统结构的数字化定义、产品研制生产过程的数字化，以及零部件供应链的网络化，智能制造正在塑造一种全新的产业形态。这一转变不仅涉及技术层面的革新，也包括了生产方式、组织结构和管理理念的全面升级。

1.2.2　智能制造的发展规划

智能制造作为提升国家制造业核心竞争力的关键因素，正受到全球范围内的高度重视。各国纷纷增加科技创新的投入，积极推动制造业的智能化转型，引发了一场以智能化为核心的全球性技术革新浪潮。我国在这一进程中发挥着引领作用，并结合国情和自身优势制定并实施了《"十四五"智能制造发展规划》，旨在推动制造业的高质量发展。下面将对我国的《"十四五"智能制造发展规划》和德国"工业 4.0"两个智能制造转型战略依次进行介绍。

1.《"十四五"智能制造发展规划》

《"十四五"智能制造发展规划》提出推进智能制造的总体路径是：立足制造本质，紧扣智能特征，以工艺、装备为核心，以数据为基础，依托制造单元、车间、工厂、供应链等载体，构建虚实融合、知识驱动、动态优化、安全高效、绿色低碳的智能制造系统，推动制造业实现数字化转型、网络化协同、智能化变革。未来 15 年通过"两步走"，加快推动生产方式变革：一是到 2025 年，规模以上制造业企业大部分实现数字化网络化，重点行业骨干企业初步应用智能化；二是到 2035 年，规模以上制造业企业全面普及数字化网络化，重点行业骨干企业基本实现智能化。

1）加快系统创新，增强融合发展新动能。一是攻克 4 类关键核心技术，包括：基础技术、先进工艺技术、共性技术以及人工智能等在工业领域的适用性技术。二是构建相关数据字典和信息模型，突破生产过程数据集成和跨平台、跨领域业务互联，跨企业信息交互和协同优化以及智能制造系统规划设计、仿真优化 4 类系统集成技术。三是建设创新中心、产业化促进机构、试验验证平台等，形成全面支撑行业、区域、企业智能化发展的创新网络。

2）深化推广应用，开拓转型升级新路径。一是建设智能制造示范工厂，开展场景、车间、工厂、供应链等多层级的应用示范，培育推广智能化设计、网络协同制造、大规模个性化定制、共享制造、智能运维服务等新模式。二是推进中小企业数字化转型，实施中小企业数字化促进工程，加快专精特新"小巨人"企业智能制造发展。三是拓展智能制造行业应用，针对细分行业特点和痛点，制定实施路线图，建设行业转型促进机构，组织开展经验交流和供需对接等活动，引导各行业加快数字化转型、智能化升级。四是促进区域智能制造发展，鼓励探索各具特色的区域发展路径，加快智能制造进集群、进园区，支持建设一批智能制造先行区。

3）加强自主供给，壮大产业体系新优势。一是大力发展智能制造装备，主要包括 4 类：基础零部件和装置、通用智能制造装备、专用智能制造装备以及融合了数字孪生、人工智能等新技术的新型智能制造装备。二是聚力研发工业软件产品，引导软件、装备、用户等企业以及研究院所等联合开发研发设计、生产制造、经营管理、控制执行等工业软件。三是着力打造系统解决方案，包括面向典型场景和细分行业的专业化解决方案，以及面向中小企业的轻量化、易维护、低成本解决方案。

4）夯实基础支撑，构筑智能制造新保障。一是深入推进标准化工作，持续优化标准顶层设计，制修订基础共性和关键技术标准，加快标准贯彻执行，积极参与国际标准化工作。二是完善信息基础设施，主要包括网络、算力、工业互联网平台 3 类基础设施。三是加强安全保障，推动密码技术应用、网络安全和工业数据分级分类管理，加大网络安全产业供给，培育安全服务机构，引导企业完善技术防护体系和安全管理制度。四是强化人才培养，研究制定智能制造领域职业标准，开展大规模职业培训，建设智能制造现代产业学院，培养高端人才。

2. 工业 4.0

工业 4.0 是在当前综合应用通信技术、嵌入式技术以及互联网技术的基础上而提出的战略，旨在充分利用信息通信技术与信息物理系统相结合的手段推动制造业的智能化转型，其实质就是基于信息物理系统，将大数据、云计算与物联网等新技术与工业生产过程相结合，使生产设备之间自主协调、互通互联，实现虚拟信息世界与现实物理世界的融合，最终实现工厂智能化生产。

工业 4.0 主要可分为三大主题：智能工厂、智能生产与智能物流。

1）智能工厂的核心在于工业化与信息化的高度融合，利用物联网技术与设备监控技术加强对生产过程中的信息管理，通过信息物理系统对生产设备进行智能升级，使其可以智能地对实时数据进行分析、自我调整与自动驱动生产，完成复杂决策与逻辑操纵任务。此外，利用信息通信技术可以使生产过程中的智能设备具备在线通信的能力，实现智能工厂中的万物互联，从而满足智能生产和智能物流的基本要求。

2）智能生产是一种由智能机器与人类专家共同组成的人机一体化智能系统，通过人与智能机器的相互合作，利用智能机器所具备的分析、推理与决策等能力，最大化地实现在生产过程中机器对人类脑力劳动的替代，并且可实现对生产要素的高度灵活配置以及大规模定制化生产。智能生产以标准化、模块化和数字化的产品设计为前提，从满足客户的个性化需求出发，依靠柔性生产系统中高度柔性的制造设备可实现多品种、低成本、定制化的生产方式，以满足市场中对多样性、个性化产品的需求。

3）智能物流是工业 4.0 智能工厂架构中连通供应、制造与客户的重要环节，是保证智能生产顺利进行的重要支撑。在智能生产中，为满足用户个性化的定制需求，产品创作周期与生产节奏将加快，这对智能物流的效率提出了巨大挑战。智能物流通过综合应用物联网、物流网与服务联网等方式进行网络化的物流资源整合，以最大限度地提高物流资源的整合与分配效率，使得供需双方可以在最短时间内得到相应物流服务，从而为智能生产的顺利进行提供支撑。

1.2.3 智能制造面临的挑战

自 2015 年起，我国在智能制造领域实施了众多试点示范项目，标志着企业在智能制造领域的探索已从初步尝试逐步过渡到全面铺开的阶段。我国智能制造系统集成产业经历了持续的高速增长，工业互联网市场规模迅速扩大。同时，工业机器人、工业传感器等新兴产业也呈现出迅猛的发展势头，多种智能制造的新模式得到广泛应用，有效推动了产业升级的步伐。然而，在智能化转型的过程中，我国制造业企业仍面临一系列挑战。本小节将对这些挑战进行深入分析和总结。

工业智能制造面临的挑战主要包括以下三个方面：

1. 工业数据通信协议标准化

在工业智能制造的推进过程中，"工业数据通信协议标准化"已成为一个关键议题。工业数据通信协议具有多样性，这一特点为工业数据的集成带来一定的挑战，同时也为技术创新和标准化工作提供了发展机遇。与此同时，随着智能制造的兴起，工业现场对数据的实时性和准确性要求日益提高，推动了通信协议的不断发展和演进。

工业领域已形成了一系列广泛使用的通信协议，如 Modbus、OPC、CAN、Profibus、ControlNet、DeviceNet、Profinet 等。这些协议在不同的应用场景和需求下发挥着重要作用，支撑着工业自动化和智能制造的多样化需求。然而，协议的多样性也带来了设备互操作性和数据集成方面的挑战。面对这一挑战，工业界和学术界正致力于推动协议的进一步统一和标准化。通过建立开放的标准化组织和联盟，制定和推广更加统一的通信协议，以提高不同设备和系统之间的兼容性和互操作性。这种趋势不仅有助于简化工业现场的通信架构，还能够促进工业数据的高效集成和流通。此外，随着以太网技术的普及和实时以太网技术的发展，基于网络的通信协议逐渐成为工业数据通信的主流。这为实现工业数据的高速传输和实时处理提供了技术基础，同时也为统一通信协议提供了新的契机。

工业领域的通信协议正朝着更加高效、灵活和标准化的方向发展，以满足不同场景下对数据实时性和准确性的日益增长的需求。这一演进不仅有助于提高生产效率和产品质量，也是实现智能制造的关键步骤。

2. 工业数据的互联互通

在工业智能制造的新时代，"工业数据的互联互通"正逐渐成为推动行业发展的核心动力。面对数字化应用的迅速扩展，企业对数据的存储和计算能力的需求不断攀升，这促使工业企业积极探索更高效的数据管理策略。尽管当前一些企业在软件系统部署上尚未实现统一的技术与标准，导致了不同系统间的数据交换存在挑战，并形成了数据孤岛，但这一挑战同时也激发了工业数据集成技术的创新和发展。

工业数据的互联互通正逐步得到加强，企业正积极探索数据库技术的优化与创新，以实现不同数据库间数据的高效管理和协同工作。通过改进数据的存储、编码、访问与处理方式，企业能够更有效地整合分散的数据资源，这种趋势不仅有助于打破数据孤岛，还能显著提升数据的互通性、可用性和利用率。此外，数据共享的理念正在被越来越多的企业所接受和实施。通过建立跨业务部门的数据共享机制，企业能够实现数据的集中管理和实时共享，从而提高生产效率和决策的质量。对于拥有多个流程和遗留系统的企业，实现数据的互联互通和共享尤为关键，这不仅能够简化复杂的系统环境，还能促进信息技术与运营技术的深度融合。

工业智能制造正朝着构建更加集成和互联的软件生态系统迈进。随着技术的进步和行业标准的完善，预计未来的工业智能制造将实现更高水平的数据集成和共享，为智能制造的深入发展提供坚实的数据基础和支持。

3. 知识型工作者与海量工业数据的深度融合

在工业智能制造的演进中，知识型工作者与海量工业数据的深度融合是关键环节。知识型工作者，作为企业运营的大脑，负责管理决策、生产调度和控制策略的制定等任务。尽管如此，面对日益增长的海量工业数据，仅凭知识型工作者的个人能力，其反应和处理速度已难以满足智能制造对实时性和精确性的要求，限制了运营效率和决策质量的提升。智能制造技术的快速发展正推动知识型工作者角色的积极转变，他们逐渐从日常的数据操作中解放出来，转而扮演起监督者和优化者的角色，成为智能决策系统中不可或缺的"人在回路"环节。与此同时，海量工业数据的深度挖掘和智能分析可以有效地从大量数据中提取有价值的信息，支持知识型工作者做出更加精准和高效的决策。

人在回路的智能决策系统代表了智能制造领域的一个重要发展方向。这类系统通过集成人工智能、机器学习、数据挖掘等技术，能够实现对复杂工业过程的深入理解和精准预测。知识型工作者在这个系统中扮演着关键角色，他们负责设计、监控、解释和优化智能系统的行为。与此同时，在工业数据的深度开发和知识挖掘方面，许多流程工业企业已经开始超越传统的数据采集和简单分析，转而采用先进的数据分析技术和人工智能算法，以期挖掘数据背后的深层价值。这些技术的应用不仅提高了数据处理的效率，还为实现系统的自适应优化控制和自学习奠定了基础。在工业建模方面，随着机器学习等技术的应用，模型的精确性和可靠性正逐步提升；这些模型能够更准确地描述复杂的工艺过程，为生产过程的优化和控制提供强有力的数据支持；控制与优化领域也展现出积极的发展态势，基于数据的自适应优化控制技术正在逐步实现，这将显著提升运行过程的精细化优化控制水平；数字孪生技术的引入，标志着工业数据利用的一个新里程碑。随着技术的进步和数据利用率的提升，构建高保真的虚拟制造环境正逐渐成为现实。

工业智能制造是一个持续演进的过程。通过不断突破技术瓶颈，实现知识型工作者与海量工业数据的有机结合与协同发展，将持续推动智能制造技术向更高水平发展。

1.2.4 智能制造面临的机遇

我国正处于智能制造的关键战略机遇期，伴随新一轮科技革命和产业变革的深入发展，我国已迈入了追求高质量发展的新阶段。然而，工业制造业发展不平衡不充分问题仍然突出，因此亟须建设重大科技创新平台，强化国家战略科技力量。在推动制造强国的进程中，国务院出台《"十四五"数字经济发展规划》作为制造业转型方向，其中提出要充分发挥数据要素作用，大力推进产业数字化转型，推行"上云用数赋智"服务。其中，平台的概念被认为是实现"智能化"的核心，"工业软件平台化"成为各方企业在工业智能制造潮流中的着重发力点。

制造业当前正处于从数字化、网络化向智能化演进的关键时期。智能化的核心在于对海量工业数据的全面感知能力，通过端到端的数据深度集成和建模分析，实现智能化的决策和控制。这种转型催生了智能化生产、网络化协同、个性化定制以及服务化延伸等新型制造模式。在此背景下，制造业对智能化平台工具提出了新的需求。随着云计算、物联网、大数据等信息技术与制造技术、工业知识的深度融合与创新，工业智能制造平台应运而生，成为支持制造业智能化转型的关键基础设施。

工业智能制造平台集成了智能传感控制软硬件、新型工业网络、工业大数据平台等新一代信息技术，能够充分发挥工业设备、材料、工艺的潜能，提高生产效率，优化资源配置，创造差异化产品，并实现服务增值。因此，该平台不仅是智能制造的关键基础，也是实现智能制造的有效途径，为智能制造提供了必要的共性基础设施和能力，同时支持其他产业的智能化发展。与传统工业信息技术架构相比，工业智能制造平台实现了从流程驱动向数据驱动的转变，更易于整合信息孤岛和集成数据资源。平台基于基础设施即服务（infrastructure as a service，IaaS），通过云端和边缘计算的部署方式，实现设备和数据的接入与解析。平台即服务（platform as a service，PaaS）作为核心，将工业知识转化为机理模型并固化为平台资源，同时利用机器学习不断从数据中提炼新的行业知识。软件即服务（software as a service，SaaS）则针对不同工业场景，提供基于面向对象技术和分层设计理念的开放应用服务。

工业智能制造平台的发展，是制造业向智能化、服务化转型的重要里程碑。它不仅为制造业本身带来了深远的影响，也为跨产业的协同创新和智能化升级提供了坚实的技术支撑和平台基础。接下来将进一步详细探讨工业智能制造平台的架构、功能及其在现代制造业中的应用。

1. 工业智能制造平台概述

工业智能制造平台作为制造业数字化转型的关键支撑，旨在构建一个以海量数据为基础的服务体系。该平台通过数据的采集、汇聚和分析，为制造资源的广泛连接、灵活供应和高效配置提供了强有力的支持。其本质是在传统云平台的基础上叠加物联网、大数据、人工智能等新兴技术，以实现更为精确、实时和高效的数据采集和管理。该平台的架构包括存储、集成、访问、分析和管理等多功能的使能平台，这些功能以工业软件的形式存在，为制造企业的创新应用提供支持。通过这些应用，企业能够实现生产设备的网络化、生产数据的可视化、生产环境的绿色化、生产过程的透明化以及生产现场的无人化。最终帮助企业实现数据流、生产流与控制流的协同，提高生产效率，降低生产成本。

（1）工业智能制造平台层次架构　工业智能制造平台结构可以分为四层，主要包含边缘层、基础层（IaaS）、平台层（PaaS）和应用层（SaaS），其功能架构如图1-2所示。

11

边缘层的主要功能是数据采集和云端汇聚。通过大范围、深层次的数据采集，以及异构数据的协议转换与边缘处理，将核心数据上传到云端，构建工业智能制造平台的数据基础。基础层包括服务器、存储、网络和虚拟化等基础设施，向用户提供弹性化的资源服务。平台层的主要功能是构建可扩展的开放式云操作系统。基于通用 PaaS 叠加大数据处理、工业数据分析、工业微服务等创新功能，构建可扩展的开放式云操作系统。应用层针对工业应用的需求，开发满足不同行业、不同场景的工业 SaaS 和工业 APP，为用户提供设计、生产、管理、服务等一系列创新性应用服务。此外，工业智能制造平台还包括涵盖整个工业系统的安全管理体系，为用户提供安全保证。

（2）工业智能制造平台的关键要素　工业智能制造平台的基础是数据采集，实现生产信息的互联互通。随着工业加工过程和生产线不断精益化、智能化，主要通过广泛部署智能传感器的方式，对生产要素进行实时感知。工业数据来源多、分布广，往往是相关联的多源异构数据，数据采集的本质是利用泛在感知技术对多源设备、异构系统、运营环境、人等要素信息进行实时高效采集和云端汇聚，形成单一生产要素的准确描述，并进一步实现跨部门、跨层级、跨地域生产要素之间的关联和互通。

工业智能制造平台的核心是平台。其本质是在现有成熟的 IaaS 平台上，面向新模式的生产场景和个性化的生产需求，构建完整、开放的工业操作系统，为工业应用软件开发提供一个基础平台。为工业用户提供海量工业数据的管理和分析服务，将行业知识、技术原理等资源沉淀，实现封装、固化和复用，在开放的环境中汇集开发者，降低应用程序开发门槛和成本，提高开发、测试、部署效率。

12

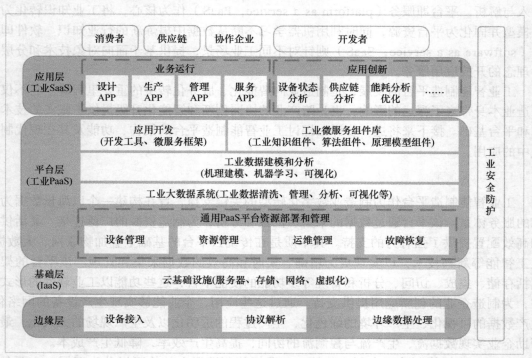

图 1-2　工业智能制造平台功能架构

工业智能制造平台的关键是应用。其本质是以云化软件或工业 APP 形式为用户提供设计、生产、管理、服务等一系列创新性应用服务。面向特定的工业应用场景，将工业技术、经验、知识和最佳实践模型化、软件化、再封装，以及对工业 APP 的调用，可以实现用户对特定制造资源的优化配置。对于企业分布式管理和远程协作的需求，工业 APP 通过研发设计工具和运营管理软件加快云化改造，基于工业 PaaS 实现云端部署、集成与应用。围绕多行业、多领域、多场景的云应用需求，大量开发者可以通过对工业 PaaS 微服务的调用、组合、封装和二次开发，形成面向特定行业特定场景的工业 APP。

（3）工业智能制造平台的核心作用 工业智能制造平台作为现代制造系统的数字化核心，在制造企业转型升级过程中扮演着至关重要的角色。

在加工过程优化环节中，可为过程工艺参数优化和设备维护决策提供支持。工业智能制造平台通过整合具有海量性、多源性和异构性的工业大数据，提供了数据转换、清洗、分级存储、深入分析和可视化处理等一系列功能。这些功能不仅促进了数据的有效汇聚和利用，而且有助于挖掘数据的核心价值。通过对生产过程中产生的各类数据进行全面的采集和深入的分析，工业智能制造平台能够帮助企业识别导致生产瓶颈和产品质量问题的根本原因。这不仅有助于企业持续提升生产效率，而且能够不断优化产品质量。

在资源管理优化环节，可以助力资源配置优化。工业智能制造平台不仅可以感知设备级、车间级的数据，同时能将跨部门、跨层级的生产要素之间的信息关联互通，对生产过程的描述也不局限于加工过程，而是从更深的层次、更细的粒度、更全面的角度对生产制造的全过程进行描述，能从更全面的角度对资源配置进行优化。

在市场决策优化环节，工业智能制造平台可以将供应商、制造商、销售商及消费者联系起来。市场行为本质上是由需求驱动，商业行为与制造过程有着密不可分的复杂耦合关系，对于历史消费数据的分析，可以用于预测市场需求，同时，通过对短期市场行为的分析，可以预知可能发生的风险，做好风险管控。

2. 工业智能制造平台的技术体系

工业智能制造平台的技术体系主要由全面互联的工业系统信息感知技术、IaaS 技术、平台使能技术、数据管理技术、应用开发和微服务技术、工业数据建模与分析技术、安全技术七大类技术构成。

（1）全面互联的工业系统信息感知技术 信息感知技术聚焦于边缘层，设备接入过程中完成对海量设备进行连接和管理，利用协议转换实现海量工业数据的互联互通和互操作，对于边缘数据，通过运用边缘计算技术，实现预处理以及边缘实时分析，降低网络传输负载和云端计算压力。

（2）IaaS 技术 基于虚拟化、分布式存储、并行计算、负载调度等技术，实现网络、计算、存储等计算机资源的池化管理，根据需求进行弹性分配，并确保资源使用的安全与隔离，为用户提供完善的云基础设施服务。

（3）平台使能技术 通过实时监控云端应用的业务量动态变化，结合相应的调度算法为应用程序分配相应的底层资源，使云端应用可以自动适应业务量的变化，从而完成资源调度。通过虚拟化、数据库隔离、容器等技术实现不同租户应用和服务的隔离，保护其隐私与安全，从而实现多租户管理。

（4）数据管理技术 借助 Hadoop、Spark、Storm 等分布式数据处理架构，满足海量数据的批处理和流处理计算需求。运用大数据分析技术、人工智能方法等，基于专家经验，运用数据冗余剔除、异常检测归一化等方法对原始数据进行清洗，为后续存储、管理与分析提供高质量数据来源。通过分布式文件系统、NoSQL 数据库、关系数据库、时序数据库等不同的数据管理引擎，实现海量工业数据的分区选择、存储、编目与索引等。

（5）应用开发和微服务技术　支持多种语言编译环境，并提供各类开发工具，构建高效便捷的集成开发环境。提供涵盖服务注册、发现、通信、调用的管理机制和运行环境，支撑基于微型服务单元集成的"松耦合"应用开发和部署。通过类似图形化编程工具，简化开发流程，支持用户采用拖拽方式进行应用创建、测试、扩展等。

（6）工业数据建模与分析技术　利用机械、电子、物理、化学等领域专业知识，结合工业生产实践经验，基于已知工业机理构建各类模型，实现分析应用。运用数学统计、机器学习及最新的人工智能算法实现面向历史数据、实时数据、时序数据的聚类、关联和预测分析。

（7）安全技术　通过工业防火墙技术、工业网闸技术加隧道传输技术，防止数据泄漏、被侦听或篡改，保障数据在源头和传输过程中安全。通过平台入侵实时检测、网络安全防御系统、恶意代码防护、网站威胁防护、网页防篡改等技术，实现工业互联网平台的代码安全、应用安全、数据安全、网站安全。通过建立统一的访问机制，限制用户的访问权限及使用的计算资源和网络资源，实现对云平台重要资源的访问控制和管理，防止非法访问。

14　1.3　流程工业智能制造

工业智能制造的实现离不开软硬件系统的全面支撑。在硬件层面，需要依托工业物联网、边缘计算、云计算等现代信息技术基础设施；在软件层面，则需要一系列创新理论与智能化算法作为技术支撑。在这样的背景下，全球涌现出多个工业智能制造平台，它们集成了工业数据基础服务、大数据分析与建模、实时优化和仿真推演等关键技术，形成了完整的技术链条。这些技术的融合与应用，不仅提升了生产效率和产品质量，也为制造业的持续创新和灵活应对市场变化提供了可能。本节将介绍流程工业的基本概念，并从典型的工业智能制造平台入手，探讨其背后的核心技术和应用实践，进而详细阐述流程工业智能制造的核心技术及如何推动产业的深度变革与发展。

1.3.1　流程工业概述

流程工业是制造业的重要组成部分，是经济社会发展的支柱产业。在全球 500 强企业中，流程工业企业有 70 余家，占 15%，其营业收入占总收入的 16.5%。我国流程工业年产值占全国企业年总产值的 66%，是国家的重要基础支柱产业。我国已成为世界上门类最齐全、规模最庞大的流程制造业大国。

流程工业是以资源和可回收资源为原料，通过物理变化和化学反应的连续复杂生产，为制造业提供原材料和能源的基础工业，包括石化、化工、造纸、水泥、有色、钢铁、制药、食品饮料等行业，是我国经济持续增长的重要支撑力量。与离散行业相比，流程行业存在显著差异。离散工业为物理加工过程，产品可单件计数，制造过程易数字化，强调个性化需求和柔性制造，流程制造行业与离散制造行业划分如图 1-3 所示。流程行业生产运行模式特点突出，例如，生产过程连续，不能停顿，强调生产过程的整体性，要求把不同装置和生产过程连接在一起成为一个整体，任一工序出现问题必然会影响整个生产线和最终的产品质量；生产过程包括信息流、物质流、能量流，伴随复杂的物理化学反应，以及突变性和不确定性等因素，机理复杂；部分产业的原料成分、设备状态、工艺参数和产品质量等无法实时或全面检测。流程工业的上述特点突出地表现为测量难、建模难、控制难和优化决策难。

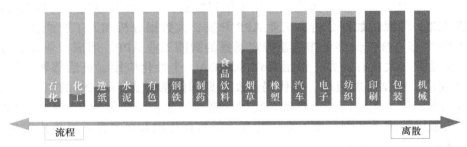

图 1-3　制造行业划分

1.3.2　典型工业智能制造平台

全球制造业正处于智能化转型的浪潮之下，智能制造在各国都占有重要的战略地位，将大数据、云计算等新兴技术与传统产业的交叉融合则是智能化转型的着力点，而智能制造平台的建设更是企业完成传统经营突破，打破发展瓶颈的有力手段。5G、大数据、云计算等技术的发展为工业软件的平台化提供了良好的支撑，许多制造业公司根据其企业优势相继将工业软件平台化，推出一系列工业智能制造平台。不同企业的切入点与侧重点不同，但他们在制造业的表现与目的都是帮助企业数字化、平台化转型，并面向企业间协同打造产业协同平台。下面将以蓝卓、阿里云、西门子、GE 的工业智能制造平台为例具体展开介绍。

1. 蓝卓工业操作系统——supOS

蓝卓工业互联网成立于 2018 年，以工业企业为核心，专注于工业操作系统的研发与产业化，致力于打造我国自主可控的"工业安卓"，打造一款普遍适用于流程行业、离散行业的通用型工业平台——supOS 工业操作系统。

supOS 是蓝卓工业互联网打造的工业操作系统，是首个以自动化技术为起点，从下至上推进的开放的以企业为核心的工业互联网平台、工业大数据平台、工业人工智能平台。以工厂全信息集成为突破口，实现生产控制、生产管理、企业经营等多维、多元数据的融合应用，提供对象模型建模、大数据分析 DIY、智能 APP 组态开发、智慧决策和分析服务，以集成化、数字化、智能化手段解决生产控制、生产管理和企业经营的综合问题，打造服务于企业、赋能于工业的智慧大脑。

supOS 工业操作系统为工厂提供了一个统一的数据底座，把不同的设备和生产系统数据汇聚在同一个平台上，让生态合作伙伴在平台上围绕安全生产、节能降耗、提质降本增效等需求开发各种应用，把传统的工业软件转变为运行在平台上的轻量化的工业APP，供制造企业按需下载使用。supOS以"平台+APPs"模式重构传统工厂生产模式、运营模式和管理模式，构建新一代智能工厂新范式。supOS支持各种工业协议，具备IIoT/SCADA广泛互联能力，平台上丰富的数字工厂工具包和低代码开发能力，支持APP快速开发。supOS提供"千人千面"的个性化桌面、灵活的部署方式、"多屏"适配方案，为企业提供优秀的使用体验。

supOS的架构如图1-4所示，整体由三层组成：物联套件、工业操作系统平台和智能工业APP生态。物联套件负责边缘端数据采集和控制。工业操作系统平台负责设备接入、数据存储处理、可视化数据分析、工业APP开发、大数据分析和人工智能算法应用。智能工业APP生态与合作伙伴合作构建特定场景的智能工业APP，形成行业解决方案。此外，supOS提供八大核心能力，包括IIoT/SCADA、个性化应用、灵活部署、移动应用、工业APP商店、数据智能应用、低代码开发工具和信息安全。supOS的核心功能包括设备接入与数据采集、实时监控与管理、数据存储与处理、可视化分析、工业APP开发与部署、历史数据管理及智能运维。它支持高效的数据传输和可靠性，具备内置扩展组件，能够快速适应多种工业场景。

图1-4　supOS的架构

2. 阿里云工业智能制造平台——工业大脑

阿里云工业大脑开放平台（以下简称"工业大脑"）是基于阿里云大数据的一体化计算平台，通过数据工厂对企业系统数据、工厂设备数据、传感器数据、人员管理数据等多方工业企业数据进行汇集，借助语音交互、图像/视频识别、机器学习和人工智能算法，激活海量数据价值。工业大脑是为解决工业智能制造的核心问题而打造的数据智能产品，可加速推动工业新基建建设，从而为企业降本、增效、提质与安全提供助力。

工业大脑能够实现生产系统的全局流程优化，具体架构如图 1-5 所示，主要包括工业数据中台、智能制造平台、智能 APP 开发平台、业务应用、创新应用五个核心功能，可以为钢铁、水泥、汽车和化工等行业提供一系列智能化和数字化的解决方案。其中，智能制造平台主要包含 AICS、DTwin 两个核心模块。AICS 是将 AI 能力与传统控制优化能力进行叠加从而实现融合控制，DTwin 是基于数据驱动的工业三维数字孪生平台，可以创造工业超拟真环境。下面将针对智能制造平台下的两个核心模块做出详细介绍。

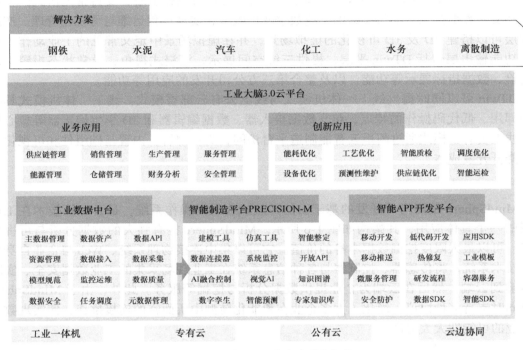

图 1-5　阿里云工业大脑平台架构

（1）AICS　AICS 是基于云 +AI 的开放式物联网控制优化系统，集成了人工智能算法以及完备的互联网安全体系架构，提供强大的建模、仿真、优化、控制基础能力。它通过输出"供、研、产、销"全链路智能算法服务，激活海量工业数据的价值，帮助工业生态伙伴快速、低成本构建行业解决方案，最终实现把人工智能与大数据技术接入到传统的生产线中，帮助生产企业实现数据流、生产流与控制流的协同，提高生产效率，降低生产成本，以自主可控的路径实现自主可控的智能制造。

AICS 内置控制流程编排，依托人工智能算法实现产线数据的智能优化，能实现传统控制系统与机器学习算法的完美结合，高效、稳定对生产制造过程进行控制，并可以使用拖拽的方式搭建机器学习，低代码开发机器学习算法。AICS 还具有智能控制系统辨识，通过辨识建立数学模型，估计表征系统行为重要参数，建立一个能模仿真实系统行为的模型，用当前可测量的系统的输入和输出预测系统设计智能控制器，辨识完成模型，可通过控制流程中的 DT-MPC 组件对系统智能控制。此外，AICS 的工业数据建模集成数据处理、统计分析、特征提取、模型训练和模型管理等多项数据智能算法开发服务，开发完成且评估通过的模型还可在控制流程编排中无缝对接使用。

（2）DTwin DTwin 是阿里云推出的数字孪生产品，可以深度契合工业场景，为生产过程提供数字化的孪生环境，帮助开发者低成本搭建工业数字孪生系统。DTwin 数字孪生产品定位于平台级的可视化编辑与运行工具，使用者可以根据物理世界中工厂的现状，基于 DTwin 产品搭建虚拟数字产线，并接入工厂现场的真实数据，实时掌握工厂的运行状况。

DTwin 产品包括基础环境、底层资源、产品结构和功能输出。基础环境层支持在阿里公有云及一体机本地部署的模式。底层资源层采用 3D 可视化引擎，支持常见格式的工业协议和实时数据接入，提供完整的工业数字孪生服务，实现远程运维与可视化管理。产品结构层可以搭建 2D 及 3D 可视化的虚拟场景，并在虚拟场景中定义常见的工业动作与事件。功能输出层包括 DTwin 平层，提供三维空间展示、沉浸式视角、异常状态报警、巡游巡检、数据指标展示等功能，以及整合第三方公司开发的应用等功能。

DTwin 可以同时提供线下一体机模式与线上公有云部署模式。线下一体机模式具有开箱即用、低代码操作的特点，包含数据接入器、数据编辑器和 3D 孪生编辑器等核心模块。线上公有云模式通过阿里云智能制造平台访问，简化部署，内置基础组件和可视化工具，降低开发成本。

3. 西门子工业智能制造平台——MindSphere

MindSphere 是西门子开发的基于云的开放式物联网操作系统，是云计算技术在工业领域的一个具体应用，其架构如图 1-6 所示。MindSphere 拥有强大的数据分析与可视化功能，可以最大限度挖掘数据本身的价值。它可以集中连接物理系统、Web 与企业自身的信息技术系统，将传感器、控制器与各种信息系统在工业现场采集的工业数据安全、实时地传输到云端，然后在云端为企业提供数据分析与挖掘等服务。此外，由于 MindSphere 可以同时支持多种协议，简化了大多企业在智能化转型中所面临的连接挑战，使实现数字化企业的可能性大大提高。

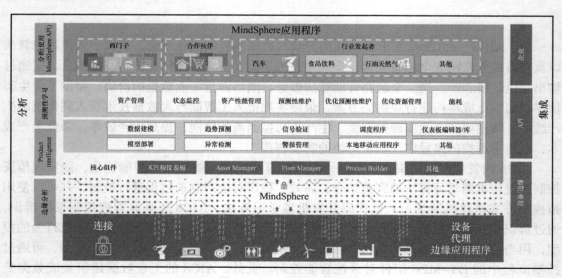

图 1-6 MindSphere 架构

MindSphere 是运行西门子物联网解决方案的操作系统。为了让 MindSphere 正常运行并提高可用性，西门子创建了一个多层联合架构，基于平台构建和连接应用程序。其中 MindSphere 应用程序由西门子来自全球各行各业的领域专家以及第三方开发人员共同开发。西门子建立了一个由知名独立软件供应商组成的经验极其丰富的多元化合作伙伴生态系统，其目的也是开发应用程序。MindSphere 是一个 PaaS 平台，托管于全球安全可靠的云服务提供商的安全数据中心，使用强化的西门子物联网边缘网关设备以物理方式将工厂机器安全连接到 MindSphere 的 PaaS 层级，提供了一个完整的生产、运营和开发环境。最后，连接层使企业能够将所有物理资产、Web 和企业信息技术系统连接到 MindSphere，实现基于行业的高价值应用程序和数字服务。为 MindSphere 提供连接服务的西门子解决方案称为 MindConnect，基于 MindConnect 的服务，用户可以在 MindSphere 中灵活访问现有资产，并对数据进行有效及时的观察与分析。此外，MindSphere 在现场数据采集期间提供了尖端的安全方案，保证数据传输和存储到云上的安全性。

MindSphere 包括边缘连接层、开发运营层、应用服务层三个层级。它向下提供数据采集应用程序编程接口（application programming interface，API），向上提供开发 API，方便用户开发应用程序。其主要组成部分具体包括 MindConnect、MindCloud、MindApps 三个核心要素。其中即插即用的数据接入网关 MindConnect 负责将数据传输到云平台，同时支持广泛的设备协议，如 Modbus、用于过程控制的 OLE（object linking and embedding，OLE）统一架构（OLE for process control unified architecture，OPC UA）、约束应用协议（constrained application protocol，CAP）等，MindConnect 提供了一种灵活的方式可以在云中安全地将设备、企业应用程序和现有数据库连接到 MindSphere；MindCloud 为用户提供数据分析、应用开发环境及应用开发工具；MindApps 从广泛的应用程序当中选择关联和分析物联网数据，为用户提供综合行业经验与数据分析结果的工业智能应用。

MindSphere 利用来自互联网产品、工厂和系统的数据，对从边缘到云的物联网解决方案提供支持，以优化运营模式、提高产品质量。它为西门子和第三方生产商在数据服务方面提供了坚实的基础，如在预测性维护、能源数据管理和资源优化等领域都有广泛的应用，包括数字化工厂和无人工厂都是以 MindSphere 平台为核心构建而成。此外，MindSphere 可以提供基于指定行业领域的高价值应用程序与数字服务，能够解决许多企业在数字化转型阶段面临的诸多挑战，并且可以充分挖掘工业数据的价值，使企业激发出更多的潜能，提高产品质量与生产效率，降低成本，在日益互联互通的世界中保证其数字化竞争力。

4. GE 工业智能制造平台——Predix

GE 于 2013 年推出 Predix 平台，探索将数字技术与其在航空、能源、医疗和交通等领域的专业优势结合，是面向应用开发者的专有云平台。Predix 平台将各种工业资产设备和供应商相互连接并接入云端，提供资产绩效管理（asset performance management，APM）和运营绩效管理（operations performance management，OPM）服务，以及安全和可扩展的边缘到云的数据连接、分析处理等服务，其架构如图 1-7 所示。Predix 平台具有 IT（information technology，信息技术）/OT（operation technology，操作技术）数据连接、安全的边缘到云处理和分析、GE 数字应用三大基本功能，致力于将设备端和云端打通。Predix 平台提供安全可靠的 IT/OT 数据连接和云传输，Predix 边缘设备支持两百多种协议。Predix 平台支持流式和批处理数据的摄取以及近乎实时或预定的分析处理，支持 GE Digital Twin 和 Predix Edge 应用开发以及分析。此外，Predix 平台还包括许多 GE Digital SaaS 应用程序常见的标准用户需求和基本应用功能。

Predix 平台包含了工业环境内使用的机器设备和云系统，将各类数据按照统一的标准进行规范化梳理，并提供随时调取和分析的能力，推动物理世界和数字世界的融合，以机器和软件无缝协作引领工业的变革。Predix 平台为企业提供覆盖产品全生命周期的服务，帮助企业提升业绩，帮助客户最大化生产力，确保产品质量和可持续发展。利用数据分析来提高 GE 和非 GE 资产的可靠性和可用性，将总体拥有成本和运营风险最小化。

Predix 平台架构分为三层，边缘连接层、平台层和应用服务层。其中，边缘连接层主要负责数据的感知与捕获，并将数据传输到云端；平台层提供基于全球范围的安全的云基础架构，满足日常的工业工作负载和监督的需求，主要负责海量数据的安全可靠保存、数据分析、运营；应用服务层主要负责提供工业微服务和各种服务交互的框架，主要提供创建、测试、运行工业互联网程序的环境和微服务市场。

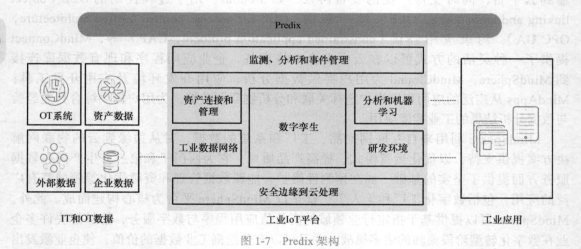

图 1-7　Predix 架构

Predix 平台关键要素包括 IT/OT 连接、数据处理、分析决策、云端安全、云可扩展性和工业软件。Predix 平台的 IT/OT 连接，提供安全可靠的 OT 数据传输，这些数据来自设备、传感器、HMI/SCADA 和 Historians，以及 IT 系统和来源，如 EAM/CMMS。在数据处理方面，Predix 平台支持流式和批处理数据的摄取以及实时数据的分析处理，以解决各种应用需求。此外，提供灵活的分析编排和执行 GE 的数字孪生分析以及客户开发的边缘和云分析。Predix 平台在边缘和云端为客户提供灵活的分析协调和决策功能。为了保证边缘到云的安全性，Predix 平台从加固的边缘处理加密的数据，再安全地传输到云端，保证了端到端的数据安全并控制用户的访问权限。Predix 平台具有云可扩展性，拥有数据摄取、分析处理和运营管理能力，以及可以根据需要增加或减少 IT 资源以满足不断变化的需求的能力。GE 基于 Predix 平台开发部署了关于物流、互联产品、智能环境、现场人力管理、工业分析、资产绩效管理、运营优化等多类工业 APP，其规模可以满足各种工业场景需求，主要包括数据可视化、仪表盘、警报、案例管理等功能，支持 APM 和其他应用工作流程。

Predix 平台的主要组件包括 Predix 机器、Predix 连接、Predix 云、Predix 服务四个部分。其中，Predix 机器负责与工业资产以及 Predix 云通信的软件层，同时运行本地应用程序。该组件可以安装在网关、工业控制器和传感器上。Predix 连接用于没有互联网直接连接的情况。该服务使机器能够通过移动电话、固定线路和卫星技术组成的虚拟网络与 Predix 云进行会话。Predix 云是全局安全的云基础设施，针对工业负荷和合规要求进行专门优化。Predix 服务提供可由开发人员用于构建、测试和运行工业互联网应用程序的工业服务。另外，它还提供微服务市场，开发人员可以发布自己的服务及使用第三方提供的服务。

1.3.3　流程工业智能制造的关键技术

流程工业智能制造建设主要围绕数字化、网络化、智能化展开。建设过程主要是在已有的物理制造系统基础上，充分融合大数据和人的知识，结合 5G 技术、云计算、数字孪生技术和人工智能技术，从企业级资源计划优化、调度优化和生产过程优化出发，实现制造流程、操作方式、管理模式的高效化、绿色化和智能化。流程工业智能制造推进过程中会涉及工艺优化、智能控制等一系列活动。各大生产企业广泛地建设生产指挥中心，对生产信息、设备运行、能源消耗、原料和产品品质变化等内容进行全面分析，并基于智能化的数据挖掘和预测模型支持决策，实现工艺最优参数设定、最佳调度计划与最优配方。通过装置在线优化，自适应更新关键工艺参数的设定值，实现装置实时优化运行。

随着智能制造的不断深入，流程工业逐渐形成了一套以数据为核心，集成多项先进技术的综合解决方案。这些解决方案覆盖了从数据采集、处理、分析到决策支持的各个环节，为流程工业的智能化转型提供了坚实的技术支持。在这一背景下，流程工业智能制造主要由工业数据基础服务、工业大数据挖掘与智能建模、工业过程控制、工业过程实时优化和工业过程数字孪生五项关键技术构成，如图 1-8 所示。工业数据基础服务为整个系统提供数据支撑；工业大数据挖掘与智能建模通过数据分析和建模，发现数据背后的价值；工业过程控制确保生产过程的稳定性和可控性；工业过程实时优化进一步提升生产效率和产品质量；而工业过程数字孪生则为生产系统的虚拟映射和分析提供了强有力的工具。下面将对每项技术进行详细阐述。

1. 工业数据基础服务

工业数据基础服务构成了智能制造的神经系统，负责感知、传输和初步处理来自生产现场的各类数据。在现代流程工业中，数据的多样性和复杂性日益增加，包括传感器数据、设备日志、生产过程参数等。这些数据在不同系统中的分散存储，加之多样的数据格式和通信协议的应用，导致了数据交换和集成的复杂性，这种复杂性往往使得数据共享和

21

流通受阻，从而形成了数据孤岛。工业数据基础服务的首要任务是实现这些异构数据源的整合，确保数据的一致性和可访问性。通过跨平台、跨协议、跨设备的互联互通，可以构建一个统一的数据视图，打破数据孤岛，为数据分析和决策提供坚实的基础。此外，工业数据基础服务还包括数据的标准化和模块化管理，这是提高数据质量和管理效率的关键。统一的数据处理流程和存储方案能够显著降低数据冗余，提升数据的可用性和可靠性。高质量的数据服务是后续数据分析、建模和优化的基础。

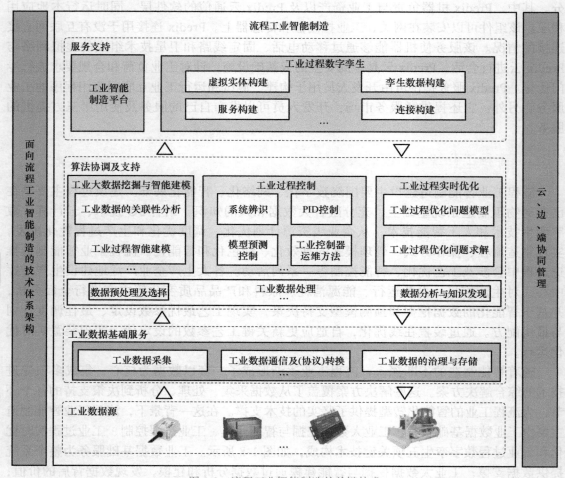

图 1-8　流程工业智能制造的关键技术

2. 工业大数据挖掘与智能建模

工业大数据挖掘与智能建模是智能制造技术体系中的核心。在流程工业中，数据量巨大，但价值密度低且分布不平衡，不同设备和工艺环节产生的数据量存在显著差异，不同类型的数据质量参差不齐，且数据采集的时间跨度不一致。如何从海量数据中提取有价值的信息，发现数据背后的规律和知识，是智能制造成功的关键。工业大数据挖掘利用机器学习、深度学习等先进技术，对数据的模式、趋势和关联性进行深入分析，从海量工业数据中发现隐藏的内在规律和机理知识。智能建模进一步利用挖掘出的知识构建高精度的工艺过程模型，这些模型能够精确描述生产过程中的物理和化学现象，预测设备状态和生产结果。智能建模不仅能为生产过程的监控和预测提供支撑，还能为后续的优化决策、过程控制与工艺优化等环节提供重要依据。

3. 工业过程控制

工业过程控制是智能制造的执行层面，它直接关系到生产过程的稳定性和产品质量。在传统的工业控制系统中，企业过度依赖操作人员的经验和简单的自动化逻辑，限制了系统对于复杂生产环境变化的适应性和响应速度。随着智能制造技术的发展，现代工业过程控制正朝着更加智能化和精确化的方向发展。在智能制造的背景下，工业过程控制集成了先进的控制理论，如模型预测控制，利用实时数据和动态预测模型，对生产过程进行前瞻性分析和优化，从而实现更为精准的控制。工业过程控制与智能建模技术的结合，进一步提升了制造过程的智能化水平。智能模型通过分析历史数据和实时数据，提供对生产过程的深入洞察和预测。控制系统则利用这些预测信息，实时优化控制参数，有效减少生产过程中的波动，确保产品质量的一致性和可靠性。这不仅提升了生产效率和产品质量，还为制造业的数字化、智能化转型提供了强有力的支持。

4. 工业过程实时优化

工业过程实时优化是智能制造的一项关键技术，通过动态调整生产过程，实现生产效率的最大化和成本的最小化。在流程工业中，生产过程受到多种因素的影响，如原材料质量、设备状态、市场需求等，实时优化技术能够综合这些因素，利用生产过程中的实时数据和约束规划、多目标优化等方法，实时调整生产计划和操作参数，以确保生产过程以最优的条件运行。实时优化的关键在于"实时"，它要求优化系统能够快速响应生产过程中的变化，及时给出优化方案以适应新的生产要求。这不仅能够提高生产系统的灵活性和适应性，还能够在生产过程中实现节能减排，符合绿色智造的发展方向。通过实时优化，企业能够快速响应市场变化，降低能源消耗和生产成本，提高经济效益，实现可持续发展。

5. 工业过程数字孪生

工业过程数字孪生技术是智能制造的前沿技术，它们通过构建虚拟的数字孪生模型，实现对物理实体的精确映射和实时监控。在新产品和新工艺的研发阶段，数字孪生技术能够提供安全、高效的试验平台。通过在虚拟环境中进行试验，企业可以在不影响实际生产的情况下，测试不同的设计方案和工艺参数，优化产品性能，缩短研发周期。数字孪生还是实现智能维护和预测性维护的关键技术。通过对设备的实时监控和预测，企业能够提前发现潜在的问题，采取预防措施，减少意外停机时间，提高设备的可靠性和使用寿命。通过构建虚拟的数字孪生模型，实现对物理实体的精确映射和实时监控，企业能够更有效地进行产品研发、风险管理、维护策略制定，提高企业的运营效率和市场响应速度，增强企业的竞争力。

工业数据基础服务、工业过程大数据挖掘与智能建模、工业过程过程控制、工业过程实时优化、工业过程数字孪生技术是流程工业智能制造不可或缺的组成部分，它们环环相扣、相互促进，共同推动着流程工业向自动化、智能化、绿色化的方向发展。

本章小结

本章主要介绍了工业制造的发展历程、智能制造面临的挑战与机遇、流程工业智能制造的技术体系三部分，为后续章节内容的展开奠定了重要基础。在工业制造的发展过程方面，深入分析了工业制造的历史脉络，并概述了现代科学技术的发展现状。在智能制造面临的挑战与机遇方面，首先阐述了智能制造的内涵，其次介绍了智能制造的发展规划，最后总结了我国在智能制造中面临的挑战与机遇。在流程工业智能制造的技术体系方面，阐述了流程工业的基本概念，介绍了典型的工业智能制造平台，并阐述了工业制造的五大关键技术。通过本章的综述，旨在为读者提供一个清晰的视角，以理解工业制造的过去、现在与未来，为进一步探索流程工业智能制造的深层价值和实践路径提供坚实的理论支撑。

习题

1-1 讨论工业制造发展的主要驱动力，举例说明这些驱动力如何影响工业制造的演变。

1-2 基于绪论的内容，阐述智能制造的内涵，并讨论其与传统制造相比的优势。

1-3 分析工业智能制造平台产生的背景，并探讨其对提升工业生产效率和质量的作用。

1-4 请简要概述流程工业的特点，并讨论这些特点如何影响智能制造的实施。

1-5 探讨工业大数据在智能制造中的重要性，以及如何通过数据分析来优化生产过程和提高决策质量。

1-6 请概述流程工业智能制造涉及的五项关键技术，并探讨这些技术如何相互作用，共同支撑智能制造的实施。

第 2 章　流程工业数据基础服务

工业数据被视为智能制造的基础，是"两化融合"的先决条件，也是物联网、云计算等新一代信息技术与工业领域融合的关键枢纽。流程工业企业逐渐认识到数据是企业的新型资产，并进行数据驱动转型。多数企业已经积累了一定的数据基础，但因为缺乏良好的工业数据基础服务建设，数据服务提供的效率与应用需求不匹配，工业数据的价值化比例低，人力物力成本较大，导致获得的收益不显著。因此亟须建设工业数据基础，向下考虑对各类设备、各形态数据的包容性和集成性，向上考虑与各应用需求的交互性和灵活性，从而提升数据质量和服务能力，更快地应对政策、需求的变化。

2.1　工业数据基础的发展

早期发展过程中，流程工业企业往往聚焦于一些明确的应用问题或需求，针对性地进行系统部署或改造。这些系统大多是独立采购与建设的，与流程和底层系统耦合较深，其底层计算和存储架构自成一体，具有垂直的、个性化的应用逻辑，导致企业内部形成多个信息孤岛。随着时间的推移，这类系统逐渐增加，虽然能够提供针对性的解决方案，但是也逐渐给企业的发展带来了新痛点。如图 2-1 中各个系统犹如"烟囱"自成体系，很难做到系统中信息的互联互通，经常存在数据与功能重复、数据冲突的问题，导致大量数据被闲置、忽略。

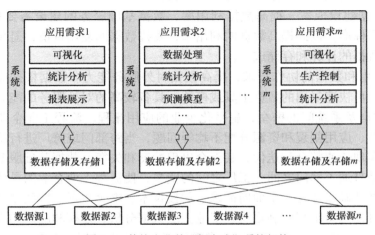

图 2-1　传统企业的"烟囱式"系统架构

在新应用、新市场、新平台的拓展过程中，由于存在信息孤岛的问题，以前的系统很难直接复用和快速迭代，产生的新数据也难以与之前积累的数据互通，从而进一步加剧了信息孤岛的问题。这些问题不仅造成了企业资源的浪费，也难以支撑流程工业企业全局性的经营决策。因此针对流程工业企业内系统孤岛林立的现状，亟须提高数据的基础服务能力，整合分散的数据，降低企业运营成本，提高数据资产的价值，为当前流程工业企业向信息化、数字化、智能化方向发展提供重要载体。

数据基础服务是指面向上层需求提供的数据服务，支持数据共享和功能复用。数据基础服务并不是指开发一套软件系统或一个产品，而是一种强调资源整合、集中配置、能力沉淀、分布执行的运作机制，是流程工业企业转型的基础和中枢神经。企业转型需要明确数据使用模型的转变，其转变方式如图 2-2 所示，在传统数据使用模式下，数据的存储、管理、分析等方面的性能较弱，难以保证数据的可用性和扩展性，缺乏统一的数据集成管理平台。新兴数据使用模式引入全局思想，将各应用系统间的数据进行实时共享和汇集加工，为企业提供全面的数据生命周期管理，提升数据的价值。因此数据基础服务是一系列数据组件或模块的集合，通过各类数据技术，解决数据"存""通""用"的难题，实现对数据的统一收集、处理、储存，使数据最终与应用需求相结合。

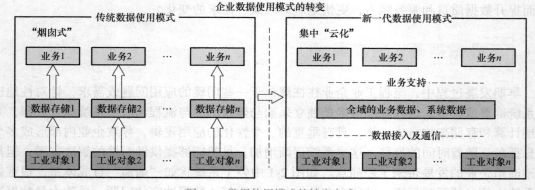

图 2-2　数据使用模式的转变方式

数据基础服务的核心价值主要体现在三方面：

1）降低数据建设成本，提高数据利用率。数据基础服务的建设需要打通数据孤岛，建立统一的数据标准，以此提高数据的利用率，发挥数据的复用价值，避免系统的重复建设，从而降低数据的计算和存储成本。

2）匹配应用和数据的协作需求，提高数据对外服务能力。数据根据应用需求，经过治理后被集成为可快速复用的数据工具或模块，具备较高的对外服务的能力。

3）打通数据及系统间的壁垒，扁平化企业的应用流程。流程工业企业传统的发展模式造成数据孤岛、应用割裂和资源分配不均等问题，当跨部门或跨厂进行协同时，工业现场的系统无法实现快速整合和迭代，甚至会出现冲突和失衡，数据基础服务不仅打通了数据的壁垒，更是打通了部门之间、工厂之间的壁垒，使流程工业企业的灵活性得到提升。

因此，数据基础服务是一个面向需求、承接技术、整合数据、构建规范的数据服务层平台，其建设目标是为了高效满足流程工业上层数据分析、建模和应用的需求。在建设数据基础服务时，需要考虑如图 2-3 中的工业数据接入、工业数据通信协议、工业数据治理与存储。其中工业数据接入是指考虑工业数据的多样性，采集并引入全应用、多终端、多形态的数据；工业数据通信协议是指数据接入时需遵循各类数据通信的规定，要包容不同通信协议间的差异性；工业数据治理与存储是指以应用需求为驱动，通过对数据进行规范化和结构化，构建数据集中存储与管理中心，降低数据的管理成本，实现数据的价值萃取。

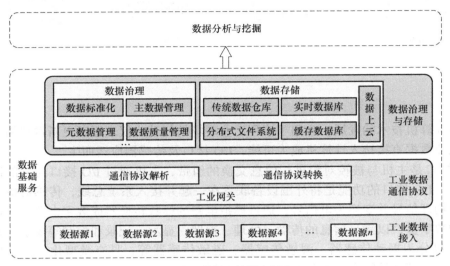

图 2-3　数据基础服务层次

2.2　工业数据接入

工业数据接入是指利用泛在感知技术对多源设备、异构系统、运营环境等要素信息进行实时高效的采集和汇聚，是建立物理世界和数字世界联接的起点，也是数字化信息的源头。工业数据接入作为可以反映设备状态、生产运行情况、成本消耗和资源调度等多方面的有效介质，为企业的制造执行系统（manufacturing execution system，MES）、企业资源规划（enterprise resource planning，ERP）等提供支持，是支撑后续工业数据挖掘与智能建模、实现生产过程优化和智能决策必不可少的基础。

作为流程工业中必不可少的环节，工业数据采集系统的发展已经相对成熟，常见的工业数据接入对象如图 2-4 所示，根据其数据接入方式的不同可以分为 I/O 接口及传感器、数据采集与监视控制系统（supervisory control and data acquisition，SCADA）、工业控制系统、HMI 智能产品终端等。

由于自动化设备品牌类型繁多、不同厂家的数据接口各异、国外厂家提供的技术支持有限等问题，导致流程工业现场设备的数据接入是一项非常个性化的工作，不同的采集接入对象可能需要不同的技术手段，这些因素成为流程工业工厂数据接入过程的难点和痛点。同时，这些因素的存在影响数据接入的效率和准确性，经常出现接入失误、效率低下等问题。所以，在进行工业数据接入时，需要结合数据采集的目标，从设备的自身情况着手，充分利用现有的设备条件（如已经具备的采集系统、通信协议等），采用最经济高效的接入方式。

图 2-4　常见的工业数据接入对象

1. I/O 接口及传感器

随着计算机技术的发展，应用于流程工业现场的气动式仪表逐渐更新迭代为电动式仪表，使工业数据直接接入计算机成为可能，I/O 接口及传感器应运而生。

I/O 接口是主机与被控对象进行信息交换的纽带，主机通过 I/O 接口与外部设备进行数据交换。I/O 接口的功能是将外围设备联系在一起并接入系统总线，传感器负责采集现场对象的物理信号并变换为电信号，通过模拟电路的模数转换器或数字电路将电信号转换为可读的数字量，以满足信息的传输、处理、存储、显示、记录和控制等要求。传感器按照原理可以分为振动传感器、湿敏传感器、磁敏传感器等，具有微型化、数字化、智能化、易于安装部署等特点，在各领域中均有广泛应用。

2. 数据采集与监视控制系统

数据采集与监视控制系统的发展与计算机技术的发展密切相关，随着微处理器的出现，数据采集与监视控制系统诞生，如应用比较广泛的 SCADA 等。

SCADA 系统是以计算机为基础的生产过程控制与调度自动化系统，可以将收集到的现场信息传输到计算机系统，并且用图像或文本的形式显示这些信息，从而实时控制、监测和维护本地和远程的工业流程。SCADA 系统由硬件和软件组件组成，能够读取和控制已安装的设备，如传感器、执行器、泵和阀门等，将记录的数据作为历史数据，并通过 HMI 界面进行可视化的展示与总结。利用 SCADA 系统可以提高生产效率，减少停机时间，并根据采集到的数据做出智能决策。

3. 工业控制系统

随着过程控制系统的进一步发展，集成了控制和数据采集的工业控制系统诞生。工业控制系统是用于工业过程控制的系统和相关仪器，具体包括计算机控制系统（computer control system，CCS）、集散控制系统（distributed control system，DCS）、PLC 等，它们在承担本职控制功能的同时，也能作为接入设备，将读取的数据接入到工业控制系统中。

通常情况下，工业环境中有数以万计的 I/O 接口及传感器部件，更换或改变其组件的配置，不仅成本高，耗时长，也可能影响其相邻组件的功能或性能。PLC 可以对其配置的接口进行重新编程，实现接口的改变，从而使维护和升级任务变得更加经济便捷。因此，在流程工业领域，PLC 已经广泛地取代了 I/O 接口及传感器系统。随着流程工业企业对图像和语音信号等大数据量和高传输速度的需求增加，以太网与控制网络的结合变得越来越普遍。这种工业控制系统的网络化趋势整合了嵌入式技术、多标准工业控制网络互联

28

和无线技术等现代技术，从而扩大了流程工业控制领域的发展潜力。

4. HMI 智能产品终端

为了满足流程工业企业各个生产环节的管理需求，逐渐开发和完善了针对不同场景的管理系统。HMI 智能产品终端主要包括各类管理系统以及工业设计和制造类软件系统。

管理系统是为达到组织目标，针对管理对象，由具有特定管理职能和内在联系的管理机构、管理制度、管理过程、管理方法所构成的完整的组织管理体系，如资源管理系统、价值链管理系统等。资源管理系统主要是指生产环节过程中涉及的管理系统，具体包括 ERP、MES 等，具有多工厂管理、质量管理、仓库管理、运输管理等功能，该部分数据描述了生产过程中的订单数据、排程数据等。价值链管理系统是利用软件、硬件和网络技术，为企业建立一个客户信息收集、管理、分析和利用的系统，帮助企业实现业务运作的全面自动化，是企业生产活动中上下游的信息流数据，包含供应链信息、客户信息等。

工业设计和制造类软件系统主要包含 CAD、CAM、CAE 等工业软件。这些软件主要通过计算机辅助，来实现整个流程工业过程的管理。具体而言，它们将计算机系统直接或间接地与流程工业过程及生产设备相连接，以进行制造过程的规划、管理，以及对生产设备的控制和操作，处理产品制造过程中所需的数据，控制和管理物料（如毛坯、零件等）的流动，并对产品进行测试和检验。可以有效解决手工设计效率低、一致性差、质量不稳定、不易优化等问题，有利于对产品的全生命周期进行管理。这类数据主要包括产品模型、相关图样和电子文档等。

从以上四类主流工业数据源中接入的数据类型广泛，主要包括以下两类数据：

第一类是设备物联数据。主要指实时收集的涵盖操作和运行情况、工况状态、环境参数等体现设备和产品运行状态的数据，通过 I/O 接口及传感器、数据采集与监视控制系统、工业控制系统接入，借助可编程控制器（PLC）、传感器、采集器、射频识别等，实现对地理位置集中的底层设备或分散的工业现场设备进行监控与数据接入。

第二类是生产经营相关业务数据。这类数据被收集存储在企业信息系统内部，通过数据采集与监视控制系统和 HMI 智能产品终端接入，包括 ERP、EMS 等。通过这些企业信息，系统积累了大量的产品研发数据、生产数据、经营数据、客户信息数据、物流供应数据、环境数据等。

2.3　数据传输与网络通信

通信是实现工业数据接入的必要手段。不同数据源的通信方式不尽相同，且不同的通信方式互不兼容，制约着工业数据的互联互通和共享。

通信是指数据通信，是继电报通信和电话通信之后的一种新型通信方式，也是计算机技术和通信技术相结合的产物，通过通信链路，如调制解调器电缆、公用电话网（PTSN）、分组交换网（PSN）、数字数据网（DDN）、局域网（LAN）以及综合业务数字网（ISDN），将位于一地的数据源发出的数据信息传送到另一地的数据接收设备，实现不同地点的数据终端之间的软件、硬件和信息资源共享。通信协议是为保证通信对象间能准确有效地进行通信所必须遵循的一系列规则和约定事项。它具体涵盖了数据格式、顺序、速率，以及数据传输的确认／拒收、差错检测、重传控制和询问等操作，从而保证数据被准确传送到指定位置。

　　流程工业数据通信技术的起源和规范离不开工业控制领域和计算机领域的技术变革。通信技术、过程控制系统和计算机技术的发展历程与对应关系如图 2-5 所示。20 世纪 30 年代之前，流程工业控制主要靠工程师手动调节，一般采用采样的方法实现数据通信；20 世纪 40 年代，随着基于模拟信号通信的气动式仪表控制系统大量生产，自动控制逐渐取代手动调节，香农以编、译码器为重点，提出了香农信息论；20 世纪 60 年代，随着集成电路的出现，计算机开始在流程工业领域得到应用，基于数字信号通信的集中式计算机控制系统替代了原先的模拟仪表控制系统，分组交换技术应运而生；随后基于分组交换技术，ARPANET 提出了通信子网和资源子网的概念，ARPANET 的出现代表计算机网络技术逐渐应用到流程工业过程中，自动化领域开放系统互联通信网络逐渐形成；1971 年，为顺应市场需求，美国数字设备公司研制了能够取代继电器控制装置的 PLC，并在美国通用汽车公司生产线中成功运行，后逐渐渗透到过程控制系统中，成为现代工业自动化的三大支柱之一；20 世纪 70 年代中期至末期，随着 8 位微处理器和集散控制系统的问世，PLC 快速融合了微处理技术，以多台微处理器共同分散控制并通过数据通信网络实现集中管理，模拟信号通信也开始被数字化通信代替；在 20 世纪 80 年代，PLC 充分结合了迅猛发展的计算机网络技术，初步形成了分布式的通信网络体系，但由于当时缺乏统一的通信标准，不同厂商产品之间的通信较为困难，亟须一个统一的通信标准模型来解决不同体系结构的网络互联问题。

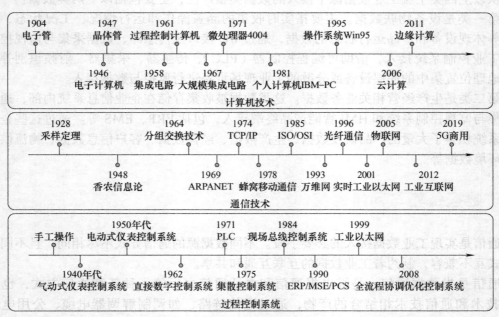

图 2-5　通信技术、过程控制系统和计算机技术的发展历程与对应关系

　　在通信网络发展早期，各个互联网公司都有属于自己的一套标准，在功能和接口上并不统一，兼容性很差。IBM 公司首先推出了系统网络体系结构 SNA，随后 DEC 公司宣布了自己的数字网络体系结构 DNA，这就是两套不同的标准，无法进行互联互通。为了解

决不同厂家之间的通信障碍，国际标准化组织（ISO）在现有网络的基础上，于 1985 年提出了不基于具体机型、操作系统或公司的网络体系结构，称为开放式系统互联通信参考模型（open system interconnection reference model，OSI），在 OSI 标准的基础上可以实现生产设备网络之间互联互通，如图 2-6 所示。OSI 参考模型将开放系统的通信功能划分为物理层、数据链路层、网络层、传输层、会话层、表示层和应用层七个层次。

　　OSI 参考模型是一个定义良好的协议规范集，并有许多可选部分完成类似的任务。它定义了开放系统的层次结构、层次间的相互关系以及各层的任务，作为一个框架来协调和组织各层所提供的服务。需要注意的是，该参考模型仅是一个概念性框架，用来协调进程间通信标准的制定。真正被广泛使用的是传输控制协议 / 网际协议（transmission control protocol/internet protocol，TCP/IP），TCP/IP 起源于 20 世纪 60 年代的分组通信技术，并在 1984 年被美国国防部认为是计算机网络的标准。基于 OSI 参考模型的概念，TCP/IP 被抽象成一种多层模型，即 TCP/IP 参考模型。

　　TCP/IP 参考模型是计算机网络和因特网使用的参考模型，旨在将各种计算机在世界范围内互联为网络，现有大部分网络通信也都以 TCP/IP 参考模型为基础。同时，TCP/IP 参考模型是一个抽象的分层模型，如图 2-6 所示。它由网络接入层、网际互联层、传输层、应用层组成，所有 TCP/IP 系列的网络协议都被归类到这四个抽象层次中。

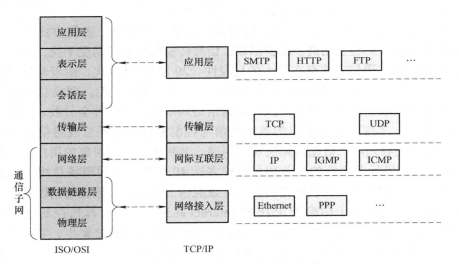

图 2-6　OSI 与 TCP/IP 参考模型架构

　　网络接入层对应于 OSI 参考模型中的物理层和数据链路层，负责监控主机与网络之间的数据交换。实际上，TCP/IP 并未定义该层的协议，而是由各网络采用自身的物理层和数据链路层协议，与 TCP/IP 的网络接入层连接。

　　网际互联层对应 OSI 参考模型的网络层，主要解决主机间的通信问题，涉及数据包在网络上的逻辑传输和主机 IP 地址的重新赋予。该层包括 IP、互联网组管理协议（internet group management protocol，IGMP）和互联网控制报文协议（internet control message protocol，ICMP）。

　　传输层对应 OSI 参考模型的传输层，为应用层提供端到端的通信功能，确保数据包的顺序传输和完整性。该层定义了两个主要协议：TCP 和用户数据报协议（user datagram protocol，UDP）。其中，TCP 提供可靠的、通过"三次握手"连接的数据传输服务，而 UDP 提供不保证可靠的、无连接的数据传输服务。

应用层对应 OSI 参考模型的顶层，可以为用户和应用进程提供所需要的各种服务。不同种类的应用程序会根据自身需要来使用应用层的不同协议，具体包括简单邮件传输协议（simple mail transfer protocol，SMTP）、超文本传输协议（hyper text transfer protocol，HTTP）以及文本传输协议（file transfer protocol，FTP）等。同时，应用层可以对数据进行加密 / 解加密，并且可以建立或解除与其他节点的联系，充分节省网络资源。

TCP/IP 参考模型与 OSI 参考模型存在一些共同点和不同点。共同点在于两者都采用了分层结构的概念，能够提供面向连接和无连接的通信服务机制。不同点在于 TCP/IP 参考模型的网络接入层并没有真正定义，而 OSI 参考模型却分为物理层和数据链路层且每层功能十分详尽。OSI 模型是在协议开发前设计的，具有通用性，而 TCP/IP 是先有协议集再建立模型，不适用于非 TCP/IP 网络。TCP/IP 参考模型的传输层建立在网络互联层的基础之上，而网络互联层只提供无连接的网络服务，所以面向连接的功能完全在 TCP 中实现，当然 TCP/IP 的传输层也提供无连接的服务。OSI 参考模型的传输层是建立在网络层的基础之上，网络层既提供面向连接的服务，又提供无连接的服务，但传输层只提供面向连接的服务。OSI 参考模型的概念划分清晰但过于复杂，而 TCP/IP 参考模型在服务、接口和协议的区别上不清晰，功能描述和实现细节相互交叉。

由于大多数检测、变送、执行等机构仍采用模拟信号连接，通信方式属于一对一结构，系统接线复杂、工程费用高、维护困难，信号传输精度低且易受干扰，这些问题导致基于模拟信号的数字通信方式存在很大的局限性。20 世纪 80 年代，随着微处理器的快速发展和广泛的应用，在流程工业现场搭建数字通信网络成为可能，现场总线技术应运而生，它从根本上突破了传统的"点对点"式通信的局限性，是一种全分散、全数字化、智能、双向、互连、多变量、多接点的数字通信与控制系统。现场总线通信协议模型对应 OSI 参考模型中的物理层、数据链路层和应用层，并新增了面向对象的用户层。现场总线发展至 21 世纪，国际上主流的工业现场总线多达 40 余种，不同现场总线间的兼容性较差，中间需要网关实现通信协议间的转换，导致通信成本高昂、数据通信困难。

20 世纪 90 年代，基于标准 TCP/IP 的 Internet 高速发展，计算机控制网络的需求重心开始趋向具有开放性与透明性的通信协议，以太网通信技术随之诞生，它具有传输速度高、功耗低和兼容性好等优势。流程工业制造领域也在尝试将以太网技术应用在现场生产过程，但由于以太网在确定性、实时性以及可靠性等方面难以满足流程工业现场通信需求，导致其应用效果并不理想。21 世纪初期，工业以太网通信技术的出现突破了以太网技术在流程工业制造领域面临的困境，它凭借全开放、全数字化的通信网络体系保障工业生产的安全可靠，其通信协议分别对应 OSI 参考模型的数据链路层和 TCP/IP 参考模型的网络接入层，是应用最为广泛的局域网通信技术。

随着工业信息化的迅速发展，云计算、物联网、大数据、人工智能技术等新一代信息技术与制造技术开始加速融合，工业无线网通信技术因其低成本、高可靠、高灵活等优势受到流程工业企业的陆续关注，它在无线技术的基础上考虑工业通信特点，可以满足实时通信需求。在流程工业现场中，工业无线网通信技术的主流通信协议主要遵循现场总线和工业以太网标准。

2.4　工业数据通信协议

工业数据通信协议主要包括现场总线通信协议技术、工业以太网通信协议技术。其中现场总线通信协议技术可以支持双向、多节点、总线式的全数字通信，能够解决流程工业现场的智能化仪器仪表、控制器等设备间的数字通信，但该通信协议技术存在速率低、兼容性差、系统互操作性差等问题；工业以太网通信协议技术基于 ISO/OSI 参考模型，容易和 Internet 连接，可以与 IEEE 802.3 标准进行兼容，具有开放性、透明性、通信速率高、数据共享能力强等优势，能有效克服现场总线通信协议存在的问题。

2.4.1　现场总线通信协议

现场总线通信协议技术源于信息技术中的计算机网络技术，但又不同于信息技术中的网络，旨在解决工业现场设备间的数字通信问题，以及现场控制设备与高级控制系统之间的信息传递问题，从而提高系统的可靠性和经济性，并促进不同厂商设备的标准化和互操作性。现场总线因其简单、可靠和经济实用性，受到了众多标准团体和主要厂商的高度关注和重视，促使各类现场总线协议的不断开发和演变，满足了多样化的工业需求和应用场景。现场总线通信协议参考模型由物理层、数据链路层、应用层和用户层组成，如图 2-7 所示。

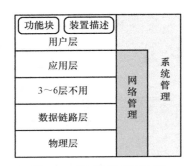

图 2-7　现场总线通信协议参考模型

现场总线通信协议技术的应用场景几乎覆盖了所有连续、离散工业领域，涉及领域十分广泛；现场设备数量繁多、型号各异，处理的信息各有特点，如离散开关量、连续过程量等，对实时性、可靠性、安全性、传输速率都有不同的要求，用户个性差异性大；现场总线通信协议技术的发源众多，包括标准化公司、工业巨头等，相互之间的技术继承性差；各总线设备的生产厂商存在经济利益方面的竞争。这些原因共同导致了多种现场总线并存的现状，它们均具有自己的特点，在不同应用领域形成了各自的优势。下面列举几种典型的现场总线协议。

1. CAN 通信协议

CAN 总线又称控制器局域网，是德国 Bosch 公司于 1986 年正式发布的现场总线。CAN 总线是一种串行通信协议，能够提供安全、有效、即时的控制，使网络消息的传输速度与效率得到有效提升，并且可以实现多个端口统一控制或多主控制等多种功能，其应用范围十分广泛，如汽车、电子、航天等重要领域，CAN 总线通信协议网络架构如图 2-8 所示。CAN 总线可以与不同种类的底层设备进行相互连接，如传感器、变频器、第三方 PLC、直流电机以及其他逻辑执行单元等，以此来实现现场设备数据的实时传输和采集。

CAN 总线以广播的形式发送报文。当某节点需要给其他节点发送消息时，会以广播形式发送给总线上的所有节点，因为总线上的节点不使用地址来配置 CAN 系统，而是根据报文开头标识符决定是否要接收其他节点发来的报文。同时，每个节点都有各自的处理器和 CAN 总线接口控制器，当一个节点需要发送数据到另一节点时，节点处理器需要将发送的数据标识符传给总线控制接口；当获取到总线使用权后，将数据和标识符组装成报文，并以一定格式发出。另外，当新增的节点仅仅是纯粹的数据接收设备时，只需要该设备直接从总线上接收数据即可。

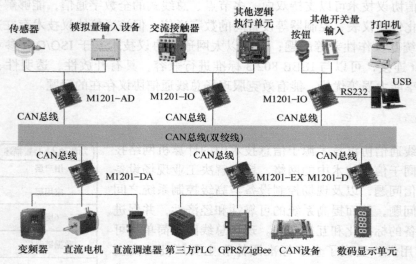

图 2-8 CAN 总线通信协议网络架构

CAN 总线通信具有实时性强、传输距离远、抗电磁干扰能力强、成本低等特点。它主要采用双线串行通信方式，通过差分信号传输，有效减少电磁干扰和信号衰减。其具有多种错误检测机制，包括循环冗余校验（CRC）、帧校验、位监控和应答错误检测，确保数据传输的高可靠性。CAN 总线还具备基于消息标识符的优先权和仲裁功能，在总线冲突时，优先级较低的节点自动停止发送，而优先级较高的节点继续发送，实现非破坏性总线仲裁，减少仲裁时间。此外，CAN 总线支持多主机模式，允许多个控制模块通过 CAN 控制器连接到同一条总线上，各模块可独立发送和接收消息，依据报文标识号决定是否接收或屏蔽报文，并在发送信息遭到破坏时自动重发，进一步提高了通信的可靠性。然而，CAN 总线通信也存在一些安全漏洞需要解决，如缺乏安全保护、消息认证较弱、具有协议滥用和消息泄露的风险等。

2. 过程现场总线（process field bus，Profibus）

Profibus 是德国于 20 世纪 90 年代初制定的国家工业现场总线协议标准，由 Siemens、ABB 等多个机构联合完成，Profibus 在欧洲得到了广泛的应用，并且成为中国国家标准 GB/T 20540—2006。Profibus 由 Profibus–DP（de–centralized periphery）和 Profibus–PA（process automation）组成。Profibus–DP 用于分散外设间的信息传输，适合于加工自动化领域，而 Profibus–PA 则是适用于过程自动化的总线类型，遵循 IEC 1158–2 标准。Profibus 协议结构如图 2-9 所示。

Profibus–DP 通过第 1 层、第 2 层和用户接口的结构确保数据传输的高效性和有效性。其架构将数据链路层功能直接映射为用户接口功能，用户接口规定了用户及系统间的交互，以及各类设备可调用的应用功能，并详细描述了不同 Profibus–DP 设备的行为。

Profibus-PA 在传输测量值和状态时，利用了 Profibus-DP 的基本功能，并通过扩展功能来配置现场设备参数和操作设备。此外，Profibus-PA 使用了 PA 行规来描述现场设备的行为，依据 IEC1158-2 标准，其传输技术确保了本质安全性，并通过总线为现场设备供电。

Profibus-FMS 对第 1、2 和 7 层进行了定义，其中第 7 层应用层包括现场总线信息规范（fieldbus messaging specification，FMS）和底层接口（low level interfaces，LLI）。FMS 向用户提供广泛的通信服务功能，而 LLI 则确保 FMS 能够不依赖设备访问第 2 层。第 2 层负责总线访问控制和数据可靠性维护。FMS 服务是加工制造信息规范服务项目的子集，经过优化以适应现场总线应用，并增加了通信目标和网络管理功能。Profibus-FMS 与 Profibus-DP 使用相同的传输技术（RS485/ 光纤）和统一的总线访问协议，因此两者可以在同一电缆上同时运行，满足复杂自动化系统对数据交换和系统集成的高要求。

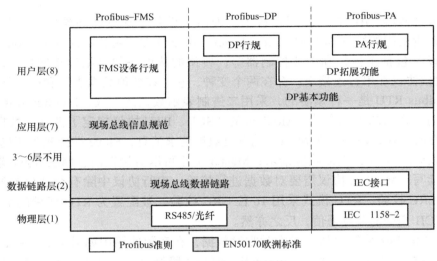

图 2-9　Profibus 协议结构

3. Modbus 通信协议

Modbus 是一种串行通信协议，是 Modicon 公司（现在的施耐德电气，Schneider Electric）于 1979 年为使用可编程逻辑控制器（PLC）通信而发表，旨在优化设备间的数据传输和协调工作。Modbus 通信协议通过采用分布式控制架构，实现了设备间的无缝连接和数据交换。其主要特点包括支持多种数据类型、具备高抗干扰性能、确保实时性和高可靠性。此外，Modbus 通信协议采用标准化的通信格式，便于不同制造商的设备之间实现互操作。该协议广泛应用于制造业、能源管理、交通运输等领域，尤其在需要实时监控和快速响应的自动化系统中表现突出。通过提供灵活的扩展性和强大的诊断功能，Modbus 通信协议为现代工业自动化系统的稳定运行和高效管理提供了坚实的技术支持。

Modbus 网络只有一个主机，所有通信都由它发出，其网络架构如图 2-10 所示。网络可支持 247 个之多的远程从属控制器，但实际所支持的从机数要由所用通信设备决定。通过 Modbus 协议，控制器相互之间或控制器经由网络（如以太网）可以和其他设备之间进行通信。采用这个系统，各 PC 可以和中心主机交换信息而不影响各 PC 执行本身的控制任务。

Modbus 协议并没有规定物理层，而是定义了控制器能够认识和使用的消息结构，无论它们经过何种网络进行通信。标准的 Modicon 控制器使用 RS232C 实现串行的 Modbus。

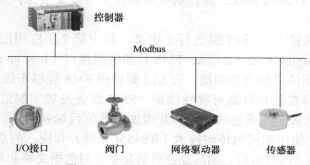

图 2-10　Modbus 通信协议网络架构

Modbus 协议使用的是主从通信技术，即由主设备主动查询和操作从设备。一般将主控设备方所使用的协议称为 Modbus Master，从设备方使用的协议称为 Modbus Slave。典型的主设备包括工控机和工业控制器等；典型的从设备如可编程控制器（PLC）等。Modbus 通信协议在串行连接上，存在两个变种，它们在数值数据表示和协议细节上略有不同。Modbus RTU 是一种紧凑的，采用二进制表示数据的方式，Modbus ASCII 是一种人类可读的、冗长的表示方式。Modbus 的 ASCII、RTU 协议规定了消息、数据的结构、命令和就答的方式，该协议在 Master 端发出数据请求消息，Slave 端接收到正确消息后就可以发送数据到 Master 端以响应请求；Master 端也可以直接发消息修改 Slave 端的数据，实现双向读写。Modbus 协议需要对数据进行校验，串行协议中除有奇偶校验外，ASCII 模式采用 LRC 校验，RTU 模式采用 16 位 CRC 校验。被配置为 RTU 变种的节点不会和设置为 ASCII 变种的节点通信，反之亦然。

另外，Modbus 采用主从方式定时收发数据，在实际使用中如果某 Slave 站点断开后（如故障或关机），Master 端可以诊断出来，而当故障修复后，网络又可自动接通。因此，Modbus 协议的可靠性较好。

2.4.2　工业以太网通信协议

由于主流的现场总线通信协议技术标准不统一，不同现场总线协议互不兼容，与管理信息系统的集成需要通过其他技术，建立一个统一、开放的通信标准的需求迫在眉睫，在此背景下，工业以太网通信协议技术诞生。

工业以太网来源于以太网，是建立在 IEEE 802.3 系列标准和 TCP/IP 上的分布式实时控制通信网络，适用于数据传输量大、传输速度要求较高的场合，它采用 CSMA/CD 协议，同时兼容 TCP/IP。相较于普通以太网，工业以太网能适应各种工业状况恶劣的场景，抗干扰性较高。工业以太网除了具备传统以太网适用结构外，能够进行各种拓扑组合的转换，从而适应冗余的拓扑结构，可靠性高，且远程数据之间的转换通过有线电话网就可以解决。除此之外，工业以太网支持虚拟局域网技术，在网络层之上添加了子网层，减轻了网络的负载，具有极高的实时性，不同设备之间通信产生的过程数据可以做到统一管理。当网络出现故障时，工业以太网能够自动诊断，并在 300ms 内自动重构网络。因此，通信系统中的局部通信单元发生故障不影响整体的正常使用，极大程度上减少了人力物力的开销，降低了生产成本。下面介绍几种常用的工业以太网协议。

1. Profinet 通信协议

Profinet 通信协议是由 Profibus 国际组织于 1999 年推出的新一代工业以太网通信系统，也是分布式自动化总线标准的现代概念。Profinet 通信协议具有多制造商产品之间的通信能力、自动化和工程模式，并针对分布式智能自动化系统进行了优化。作为一项战略性的技术创新，Profinet 为自动化通信领域提供了一个完整的网络解决方案，涵盖实时以太网、运动控制、分布式自动化、故障安全以及网络安全等方向，并且可以完全兼容工业以太网和现场总线技术，网络架构如图 2-11 所示。其中将不同的 Profinet 从站设备（每个从站最多可扩展 8 个 I/O 模块）集成到 Profinet 工业以太网中，通过 Profinet 主站对多个从站实施控制，并将设备信息传输到上位机中进行实时显示。

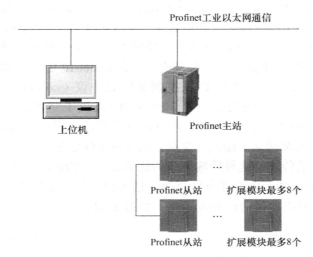

图 2-11　Profinet 通信协议网络架构

Profinet 通信协议采用生产 / 消费者模型结合总线循环时间分配技术，通过分配传输通道保证非实时传输与实时传输过程的相对独立，以独特的时间控制器进一步分配每个循环周期的时间，保证通信循环周期的高度稳定。根据网络响应时间，可以将 Profinet 分为 TCP/IP 通信子协议、实时（real-time，RT）通信子协议、同步实时（isochronous real-time，IRT）通信子协议。其中 TCP/IP 通信子协议利用以太网和多个网络进行信息传输，适用于对实时性没有要求的通信，针对 Profinet CBA、因特网和工厂网络调试应用，其网络响应时间约为 100ms；RT 通信子协议适用于对时间过程数据要求比较高的通信，针对 Profinet CBA 和 Profinet IO 应用，如 Profinet 网络中的传感器、控制器和执行机构等，其网络响应时间小于 10ms；IRT 通信子协议适用于对时间过程数据要求很严格的通信，针对 Profinet 网络中的驱动系统，其网络响应时间小于 1ms。这三种不同实时性能等级的通信协议覆盖了自动化领域的全部应用范围。

Profinet 通信协议是基于 IEEE 02 标准以太网制定的工业实时以太网，具有开放性、灵活性、高效率、高性能四大优势。在开放性方面，Profinet 始终秉承开放式的标准理念，采用 TCP/IP 作为基础，并在其应用层上增加了实时机制和通信协议，构建统一的网络，连接自动化设备和标准以太网设备。无论流程工业中使用何种组件，Profinet 都可采用独立于制造商的控制器类型和其他节点开展配置；在灵活性方面，Profinet 支持除总线型、环型和星型的拓扑结构外，还能集成移动设备，提高工厂结构和生产过程的灵活性；在高效率方面，Profinet 通过一根电缆即可实现机器数据与标准 IT 数据的同步传输。它支持高速、可靠、精确的实时数据传输和网络通信，可以满足工业自动化领域的实时和非实时通信需求。此外，Profinet 网络中的设备可以通过自动识别和自动配置功能实现快速集成和配置，降低了设备的安装和调试难度，提高了生产效率和工作效率；在高性能方面，Profinet 采用 Profinet RT 和 Profinet IRT 两种通信方式。通过 Profinet 可以轻松实现复杂设备和工厂间的通信，每个网络可连接最多可达 1024 个设备。

2. Ethernet/IP

Ethernet/IP 是 ODVA（open devicenet vendors asso-cation）和 Rockwell 公司对以太网进入自动化领域做出的积极响应，是适合在工业环境中应用的协议体系。Ethernet/IP 网络是一种基于商业以太网技术的通信网络，采用了物理媒介和星型网络拓扑结构。它通过以太网交换机，实现了设备间的点对点连接。Ethernet/IP 的协议构成包括 IEEE 802.3 物理层和数据链路层标准、TCP/IP 以及控制和信息协议（control information protocol, CIP）。前三个是标准的以太网技术，为 Ethernet/IP 提供了坚实的基础；而 CIP 借鉴了 ControlNet 和 DeviceNet 控制网络中的相同协议，提高设备间的互操作性。CIP 是一种面向对象的协议，它能确保网络上隐式（控制）的实时 I/O 信息和显式信息（如组态、参数设置、诊断等）的有效传输。这种传输方式的优势在于，CIP 的控制部分可以实现实时 I/O 通信，而信息部分则用于非实时信息交换。这种设计使得 CIP 能够满足各种不同的通信需求，从而提高了网络的灵活性和可用性，如图 2-12 所示。

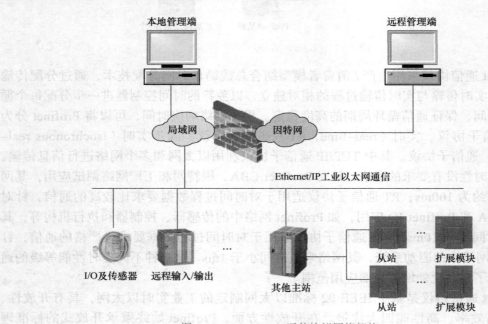

图 2-12　Ethernet/IP 通信协议网络架构

Ethernet/IP 允许工业设备交换时间紧要的应用信息，如传感器、执行器等，采用了标准以太网交换协议，可支持无限数量的节点。Ethernet/IP 的主要功能有三个，一是实时控制，基于控制器或智能设备内所存储的组态信息，通过网络通信中的状态变化来实现实时控制；二是网络组态，通过总线即可实现对同层网络的组态，也可以实现对下层网络的组态；三是数据采集，可基于既定节拍或应用需要来采集数据。

3. EtherCAT 架构

EtherCAT 是一个开放架构、以以太网为基础的现场总线系统，其名称的 CAT 为控制自动化技术（control automation technology）字首的缩写。该协议由德国倍福自动化公司（Beckhoff Automation）于 2003 年提出，旨在克服传统现场总线在带宽、实时性和灵活性方面的局限。EtherCAT 广泛应用于各类工业自动化领域，包括但不限于制造业、机器人技术、过程控制、包装机械、印刷机械和数控机床等。在这些应用中，EtherCAT 凭借其卓越的实时性能、高效的数据传输和灵活的网络结构，为提高生产效率、优化过程控制和实现智能制造提供了坚实的技术基础。

EtherCAT 具有实时性、高效性、灵活性和扩展性四大特点。在实时性方面，采用分布式时钟同步机制，确保系统内各节点的高精度同步，支持纳秒级的时间精度，适用于高实时性要求的控制应用；在高效性方面，数据帧在节点通过时被实时处理，无须中断通信过程，从而大幅降低了通信延迟，增强了系统的响应速度；在灵活性方面支持多种拓扑结构，如线型、星型和树型，适应复杂多变的工业环境，此外，EtherCAT 兼容标准以太网硬件，降低了系统构建和维护的成本；在扩展性方面，可支持多达 65535 个节点，具备极高的系统扩展能力，满足大规模工业网络的需求。

一般工业通信的网络各节点传送的资料长度不长，多半都比以太网帧的最小长度要小。而每个节点每次更新资料都要送出一个帧，造成带宽的低利用率，网络的整体性能也随之下降。EtherCAT 利用一种称为"飞速传输"（processing on the fly）的技术改善以上的问题。在 EtherCAT 网络中，当资料帧通过 EtherCAT 节点时，节点会复制资料，再传送到下一个节点，同时识别对应此节点的资料，若节点需要送出资料，也会在传送到下一个节点的资料中插入要送出的资料。每个节点接收及传送资料的时间少于 1μs，一般而言只用一个帧的资料就可以供所有的网络上的节点传送及接收资料。

2.5　工业数据互操作性标准——OPC 标准

流程工业现场的设备种类各异、数量繁多，提供了丰富的生产过程数据。但由于来自不同厂商的设备中数据存储、传输格式以及命名标准各异，导致了设备间数据语义信息的不一致；此外又由于设备接口、通信协议的多样，共同降低了现场设备产生的多源异构数据的利用效率，并造成不同设备、系统间的数据互操作性（交换与使用数据信息的能力）低的问题。

为了解决上述问题，行业供应商、终端用户和软件开发者共同制定了一系列规范——OPC 标准，定义了客户端与服务器之间以及服务器与服务器之间的接口，来访问实时数据、监控报警和事件，以及协调历史数据和其他应用程序数据。OPC 标准能够确保不同设备之间信息的无缝传输，并由 OPC 基金会负责开发和维护。

OPC 标准在早期仅限于 Windows 操作系统，此阶段里 OPC 代表"用于过程控制的对象连接与嵌入技术"（OLE for process control），被称为 OPC 经典架构（OPC Classic），该架构广泛应用于制造业、石油与天然气等领域。随着以服务为导向的架构在流程工业系统中的引入，数据的安全性需求给 OPC 带来了新的挑战，也促使 OPC 基金会创立了新的架构——OPC 统一架构（OPC UA）。与此同时，OPC UA 技术也为将来的工业互操作性标准的开发和拓展提供了一个功能丰富的开放式技术平台。接下来本节将具体针对 OPC 经典架构标准、OPC 统一架构标准以及基于 OPC UA 技术的设备互联网络进行介绍。

2.5.1　OPC 经典架构标准

OPC Classic 标准是由 Fisher–Rosemount、Intellution 以及 Rockwell 等自动化供应商于 1995 年开发的针对现场控制系统的工业标准接口，同时也是工业控制和生产自动化领域中所使用的软件和硬件的接口标准。OPC Classic 标准对常用的数据操作进行了统一规范，在一定程度上实现对数据的标准化描述与访问。OPC Classic 标准基于 Microsoft Windows 操作系统，使用组件对象模型与技术分布式组件对象模型 COM/DCOM（component object model，COM；distributed component object model，DCOM），在客户机之间、软件之间交换流程工业实时数据。

OPC Classic 标准为过程控制中数据交换所提供的软件标准和接口主要包括：OPC 数据访问（data access，DA）接口，OPC 报警与事件（alarms & events，A&E）接口以及 OPC 历史数据访问（historical data access，HDA）接口。其中数据访问接口定义了数据交换的规范，如过程值、更新时间以及数据品质等信息；报警与事件接口定义了报警和事件类型信息的交换，以及变量状态和状态管理；历史数据访问接口则定义了可用于历史数据、时间数据的查询和分析方法。

OPC Classic 标准对如 DA、A&E 以及 HDA 的数据操作进行了统一规范，实现对数据的标准化的描述与访问，并由硬件供应商、软件开发者以及终端用户共同制定工业数据传输、交换的软件标准和接口，以统一的通信方式传输数据并打通数据链，提高工业数据互操作性，并使制造过程中的多源异构数据得到有效利用，因而被广泛应用于设备互联网络的构建。OPC Classic 标准在实际流程工业中应用时通常由 OPC 服务器和 OPC 客户端两部分组成。OPC 服务器是整个系统的核心，既可以与现场设备进行通信，将各种不同的现场总线、通信协议转换为统一的 OPC 协议，同时也能够通过标准协议与 OPC 客户端进行通信，为 OPC 客户端提供数据或将客户端的指令发送给现场设备。OPC Classic 标准的通信协议转换示意图如图 2-13 所示。

OPC Classic 标准的应用具体架构如图 2-14 所示，OPC 服务器软件借助 COM/DCOM 组件，一方面与工业现场的 DCS、PLC 等各类设备进行通信，将各种不同的现场总线、通信协议转换成统一的 OPC 协议；另一方面通过标准 OPC 协议与 OPC 客户端软件进行通信，为 OPC 客户端提供数据或将 OPC 客户端的指令发送给 PLC 与 DCS。因此不同制造厂商只需要为用户提供设备的 OPC 服务器和相应的 OPC 客户端即可实现双向通信。由于 OPC Classic 标准定义的数据操作通过操作系统进行，软件 / 硬件供应商不需要耗费大量时间与资金用来开发和维护基于各种不同接口和通信协议的代码程序，解决了流程工业现场不同设备之间驱动程序、通信程序的代码难以复用的问题，提升用户的维护效率。

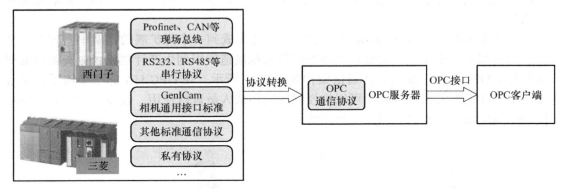

图 2-13　OPC Classic 标准通信协议转换示意图

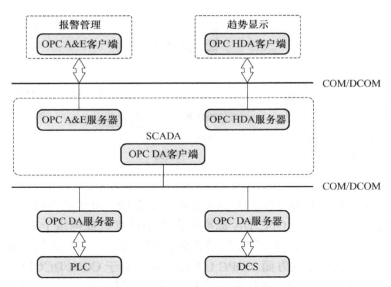

图 2-14　经典 OPC 技术数据交换示意图

尽管 OPC Classic 标准能很好地服务于流程工业企业，但该标准对微软的 COM/DCOM 技术依赖性较大，目前微软已经不再强化 COM/DCOM 技术来支持面向服务的架构体系。OPC 供应商们为了保持设备产品的竞争力，希望将 OPC DA、OPC A&E 以及 OPC HAD 在数据模型层面上进行集成，并将其推广至各种不同类型的平台。另外，终端用户也希望通过可靠、高效的方式来传输高级结构化的数据（如在设备硬件的固件程序中直接访问 OPC 服务器等）以及保障数据访问的安全性。在这种情况下，亟须对 OPC Classic 标准进行优化，提出了 OPC 新技术——OPC 统一架构（unified architecture，UA）标准。

2.5.2 OPC 统一架构标准

OPC 基金会在 2008 年推出 OPC 统一架构标准的 OPC 新技术。OPC UA 标准是一种基于服务、跨越平台的新技术，同时也是为了实现工业自动化行业安全可靠的数据交换而制定的开放式国际标准，为用户通过提供完整、安全以及可靠的跨平台架构来获取实时和历史数据。

OPC UA 标准将 OPC Classic 规范的所有功能集成到一个可扩展的框架中，独立于平台并且面向服务，来实现原始数据和预处理信息从制造层级到生产计划或企业资源计划层级的传输，OPC UA 标准的具体通信架构如图 2-15 所示。在 OPC UA 标准架构下，所有需要的信息在任何时间、地点都可以被授权的应用或人员进行使用，且该功能独立于制造厂商的原始应用、编程语言以及操作系统。

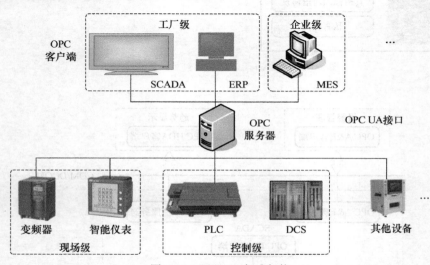

图 2-15 OPC UA 标准架构

OPC UA 标准具有功能对等性、平台独立性、安全性、可扩展性以及信息模型完整性等优势。在功能对等性方面，OPC UA 标准可在本地计算机或网络上查找可用的 OPC 服务器，访问权限读取、写入数据/信息以及监测数据/信息，在监测值变化超出客户端设定时报告异常。在平台独立性方面，OPC UA 标准不再基于 COM/DCOM 技术，可以提供更多可支持的硬件或软件平台，如传统计算机硬件、云服务器、Android 等。在安全性方面，OPC UA 标准具备信息加密技术，对通信连接和数据本身都可以实现安全控制。在可扩展性方面，OPC UA 标准提供了"面向未来"的框架，诸如安全算法、编码标准或应用服务等技术和方法都可并入 OPC UA，保持现有产品的兼容性。在信息模型完整性方面，OPC UA 信息建模框架将数据转换为信息，通过完全面向对象的功能，即使是最复杂的多层级结构也可以建模和扩展。因此，OPC UA 技术成为实现智能制造中数据、设备互联互通的关键技术之一，被广泛应用并获得长足发展。

作为一种面向未来的流程工业互操作性标准，为了应对当前制造业转型的机遇与挑战，OPC UA 与其他新兴技术相结合，也为 OPC 标准的后续发展和愿景提供了方向。为解决 OPC UA 客户端/服务器因实时性、资源受限而导致的通信效率受限问题，发展出了

发布者 / 订阅者（Pub/Sub）规范。如图 2-16 所示，Pub/Sub 规范是一种优化了 C/S 架构的点对点通信方式的通信模型，它采用了组播式的通信方式。

这种模型通过消息中间件（message oriented middleware，MOM）来完成信息的传递。这种方式建立了发布者与订阅者之间的透明数据关系，并且能够动态地调整发布者 / 订阅者的数量。Pub/Sub 规范的一个重要特性是，即使在订阅者断开连接的情况下，发布者也能够完成消息的发布。这实现了发布者与订阅者之间的解耦，提高了系统的稳定性和可靠性。Pub/Sub 的 OPC UA 实现机制，能够更好地实现同一产线中不同设备间的互相通信以及制造车间横向的互联互通。这对于工序协同、故障溯源等方面具有重要的意义。通过这种方式，可以实现设备间的高效通信，提高生产率，同时也能够及时发现和处理故障，保证生产的顺利进行。总的来说，Pub/Sub 规范为工业自动化领域提供了一种高效、可靠的通信解决方案。此外，将 Pub/Sub 规范与高级消息队列协议（advanced message queuing protocol，AMQP）、消息队列遥测传输协议（message queuing telemetry transport，MQTT）相结合，支持将数据传输到云端。

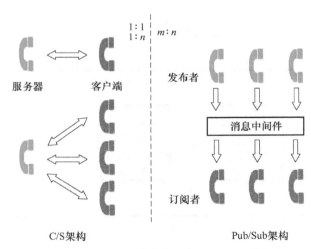

图 2-16　C/S 架构与 Pub/Sub 架构对比图

为了保证 OPC UA 数据传输的实时性，将 OPC UA 与时间敏感网络（time sensitive networking，TSN）进行结合。TSN 是一套旨在改善以太网实时性能的标准，是以太网的扩展协议，能够提供时间同步、流量调度以及系统配置的核心功能。OPC UA 与 TSN 的结合能够显著提升数据传输的实时性，对于实现机器与机器之间、机器与 MES 和 ERP 层之间的快速、安全和可靠通信至关重要。具体而言，TSN 的时间同步功能允许网络中的所有设备共享一个全局时钟，从而在微秒级别实现数据的精确时间控制。这对于工业自动化和控制系统中需要严格时间协调的应用至关重要，如机器人控制、运动控制和精密制造等。此外，TSN 的流量调度功能通过优先级排队和时间感知整形机制，确保关键数据流在网络中获得优先传输，从而降低数据传输的延迟和抖动。结合 OPC UA 的服务质量管理，能够有效确保高优先级的控制指令和关键数据在网络拥塞时依然能够及时传输，提升系统的整体实时性能和可靠性。同时 TSN 还能有效减轻工业底层大量数据传输时的网络负担，该组合技术具有很好的应用前景。

2.5.3　基于 OPC UA 技术的数采 – 通信 – 设备互联一体化网络

由于 OPC UA 技术独立于制造厂商的原始应用、编程语言以及操作系统，且在 Windows、Linux、Unix 等操作系统具有跨平台开发特性，保证了该技术在工业自动化及其他行业的适用性，能够有效建立数据采集 – 通信 – 设备互联一体化网络，进而实现流程工业自动化系统中独立单元之间的标准化互联互通，顺应工业自动化系统向开放、互操作、网络化、标准化方向发展的趋势。

如图 2-17 所示，OPC UA 技术能够在现场级、控制级、工厂级以及企业级中实现 OPC UA 服务器、客户端的部署与串联，进行数据的安全、高速、标准化的传输，打通数据网络的纵向连接。优化后的建模过程能够更好地实现对多源异构数据的抽象与统一描述，通过统一语义（设备、节点概念）互操作性的特性，实现数据的融合与解析。在相同数据层级不同设备中部署的 OPC UA 服务器、客户端，可以实现数据网络的横向连通。

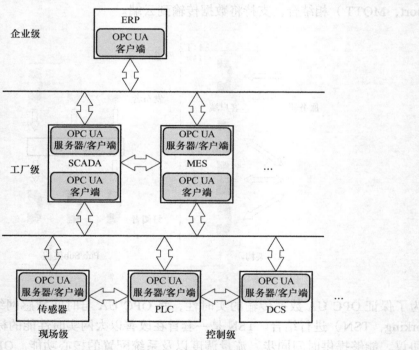

图 2-17　OPC UA 技术应用示意图

在基于 OPC UA 技术进行数据采集 – 通信 – 设备互联一体化网络开发时，首先需要深度理解目标设备或系统。这包括明确服务器 / 客户端的应用场景、数据层级，以及确定需要收集、储存和传输的数据元素和包含的异构数据源。这一阶段的目标是清晰地定义业务需求，为后续的开发活动提供方向；其次需要建立设备或系统的数据信息模型。通过对实际设备或系统进行抽象，建立了一个标准化的信息模型，实现了从物理空间到虚拟数据空间的映射；然后根据开发语言、操作系统、所需功能、性能等因素选择合适的 OPC UA 开发库，确保选择的开发库能够满足开发需求，提供高效、稳定的服务；最后在设备或系统中开发 OPC UA 服务器，实现信息模型的实例化，通过节点映射关系、数据采集策略、数据缓存策略实现对多源异构数据源的绑定，并绑定各类数据操作方法，设置事件与报警、历史访问、访问安全等功能并运行 OPC UA 服务器。

2.6　工业数据的治理与存储

在经过采集、通信协议转换后，多业务多形态的工业数据被收集整合，考虑到多源异构系统的数据存在彼此独立、相互封闭的问题，流程工业数据难以在系统之间交流、共享和融合，进而形成了"信息烟囱"。随着信息化、数字化、智能化技术在工业制造领域的不断深入，企业内部与外部数据共享、交互的需求日益强烈，亟须对流程工业数据进行统一治理并存储，对下可统一并存储不同领域的数据，对上可规避数据冗余、优化数据质量，从而降低数据建设成本，提高数据治理效率。

2.6.1　数据治理

在过往信息化建设的不同阶段，流程工业企业陆续提出了各类工业管理系统以及一些与上下游厂商协同的编码系统、质检分析系统等，这些系统建设缺乏总体规划，导致各系统的工艺工厂定义、基础数据语义彼此独立，生产全流程的数据存在口径不一致的问题，使得众多数据只能在自身系统里流转，难以在全流程范围内发挥更大价值。数据治理通过高效集成异构的工业数据，解决数据定义不同、字段命名不规范、口径不一致等问题，以全局性的思想构建企业级的数据架构和完备的数据服务体系，从而避免数据和研发重复，实现数据基础服务能力的逐级进化和价值的持续叠加，快速响应应用需求的迭代优化。

数据治理遵循"高内聚低耦合"的原则，需要考虑应用特性和访问特性两个方面，将业务相近或相关的数据设计为一个逻辑或物理模型，将高概率并发访问的数据放在一起，将低概率并发访问的数据分开管理存储。数据治理主要包含数据标准化、元数据管理、主数据管理、数据主题模型设计、数据质量管理、数据安全管理和数据生命周期管理，各内容相互协同，形成一个全面的数据治理框架，以打造统一调度、精准服务、安全可用的数据共享服务体系。通过系统化的数据治理，企业能够提升数据管理水平，优化业务流程，支持数据驱动的决策和创新，增强竞争力。

1. 数据标准化

数据标准化是数据治理的基石，通过统一的数据标准和格式，确保各业务系统之间的数据一致性和互操作性。这一过程包括定义数据字典、制定数据标准、规范数据接口和数据交换格式等。统一的数据标准不仅可以降低数据整合的复杂性和成本，还能提高数据的质量和使用效率，避免数据冗余和数据冲突，从而减少数据孤岛、流转不畅、应用繁琐等问题的发生，支持企业内外部的高效协同工作。

2. 元数据管理

元数据管理在数据治理中起着至关重要的作用。元数据不仅仅表示数据的类型、名称、值等信息，而是带有关于数据的组织、数据域及其关系的信息，能够进一步提供数据的上下文描述，使得数据的来源、定义、用途和关系清晰可查。元数据管理包括元数据的采集、存储、维护和使用，通过建立元数据目录和元数据仓库，提升数据的可理解性和可追溯性。良好的元数据管理不仅支持数据资产的高效管理和利用，还能提高数据质量，增强数据的透明性和可靠性。

3. 主数据管理

不同于元数据，主数据是用来描述企业内核心业务实体并具备高度"可复用性"的数据，这些数据往往存在于多个异构的应用系统中，如果不进行梳理与整合，极有可能造成数据的重复开发，带来资源的浪费和后续数据对接上的问题。因此需要对分散在各处的主数据进行集中维护、收集，并确保主数据在应用场景下的完整、唯一与准确，从而支持主数据对外查询和分发任务。

4. 数据主题模型设计

数据主题模型设计是在数据标准化、元数据定义和主数据定义的基础上，采用标准统一、流程规范的方案，分类构建不同应用主题的数据资源库。数据主题模型设计包括确定数据主题、定义数据结构和关系、设计数据仓库和数据集市等。这一设计过程确保了数据结构的合理性和扩展性，支持复杂业务场景的数据分析和应用。通过合理的数据主题模型设计，企业可以更好地组织和管理数据资源，提升数据分析的深度和广度。

5. 数据质量管理

数据质量管理是数据应用的前提，能为企业风险把控、分析决策、生产运营提供更精准的高质量数据，提升工业数据分析的效率。数据质量管理通过制定和实施数据质量标准和控制措施，确保数据的准确性、完整性、及时性和一致性。数据质量管理包括数据质量评估、数据清洗、数据校验和数据质量监控等环节。定期监测和评估数据质量，及时发现和解决数据问题，可以有效防止数据错误传播和数据质量下降。高质量的数据是企业做出正确决策和高效运营的基础，数据质量管理在数据治理中至关重要。

6. 数据安全管理

在数据安全方面，工业生产中含有大量重要且敏感的数据，例如，原料配方、控制策略等工艺参数数据，以及客户信息、生产计划等生产运营数据，敏感数据泄露对企业的影响是不可逆的。数据安全管理旨在通过访问控制、加密、审计等手段，保障数据的机密性、完整性和可用性。数据安全管理包括制定数据安全策略、实施数据保护措施、监控数据访问和使用、开展数据安全审计等。有效的数据安全管理可以防止数据泄露、篡改和丢失，确保数据在整个生命周期内的安全。随着数据成为企业的重要资产，数据安全管理在数据治理中显得尤为重要，关系到企业的核心利益和合规性。

7. 数据生命周期管理

数据生命周期管理能提高系统运行效率，大幅减少数据储存成本，更好地服务应用需求。数据生命周期管理涉及数据从产生到销毁的整个过程，旨在根据数据的使用价值和法律法规要求，合理规划和管理数据的产生、存储、使用、归档和销毁等环节。数据生命周期管理包括数据归档策略、数据备份与恢复、数据清理和销毁等措施。通过优化数据资源的利用效率，降低数据管理成本和风险，可以确保数据在其生命周期内始终处于最佳状态。数据生命周期管理不仅有助于提升数据管理水平，还能提高数据的合规性和安全性。

2.6.2　数据存储

来源于各流程工业数据源的海量数据在经过采集、通信与数据转换、治理后，需要存储于数据库中，以便进行后续的数据调取与数据分析。数据库是一种按照数据结构来组织、存储和管理数据的仓库，能够长期存储于计算机内部，有组织、可共享，并能够对数据集进行统一管理。为了更高效地组织、维护以及利用数据，数据库可以分为关系型数据库（SQL）和非关系型数据库（NoSQL）。

关系型数据库采用关系模型组织数据，数据在该类数据库中以行和列的二元表现形式存储并有组织地形成数据表，具有较好的通用性。由于关系型数据库按照结构化方法存储数据，在进行数据存储前必须定义表的结构（所存储数据的形式与内容），虽然保证了该类数据库具有较高的可靠性与稳定性，但进行数据存储后难以修改数据表的结构。此外，由于进行数据分析需要使用的数据集往往涉及多张数据表，数据表间的逻辑关联较为复杂，且随着数据表数量的增加，在数据库中进行数据管理的难度也会相应增大，因此需要进行优化与改进来满足海量数据的快速查询、非结构化数据的应用等需求。如表 2-1 所示，现属 EMC 公司的 Greenplum 关系型数据库集群，采用海量并行处理（massive parallel processing，MPP）架构，具有查询速度快和数据装载速度快的优点；同样采用 MPP 架构的分布式列式存储关系型数据库达梦，具备高效能、低成本的海量数据实时分析能力；甲骨文公司开发的 Oracle 数据库采用数据共享架构，支持多个进程之间的数据共享和管理，减少了系统资源的占用，提高了数据库的性能和可用性。

而随着海量设备的互联、数据共享以及云计算的发展，需要对获取到的半关系型和非关系型数据进行相关数据分析，关系型数据库逐渐难以满足流程工业企业存储、管理海量的多源异构数据的需求，非关系型数据库开始被设计和应用，统称为 NoSQL 数据库。相对于 SQL 数据库，NoSQL 数据库具有较高的读写性能、灵活的数据模型以及高可用性，支持多种数据模型，包括键值存储、文档存储、列族存储和图数据库，能够高效地处理非结构化和半结构化数据。NoSQL 数据库通过分布式架构，实现高可用性和横向扩展，适用于大数据处理、实时分析和高并发应用场景。在表 2-1 中 HBase 数据库属于列存储数据库，MongoDB 属于文档型数据库，Redis 属于键值存储数据库。非关系型数据库强调数据库对数据的高并发读写和大规模存储能力。针对读取操作远多于写入操作类的数据，NoSQL 数据库利用缓存对数据操作进行性能优化，由于 NoSQL 数据库不包含关系型数据库中所要求的关系特性，所存储的数据间不存在关联关系，因此在数据架构层面上的可扩展性强，在海量数据存储情况下也表现出非常高的读写性能。另外，由于非关系型数据库不需要预先设计数据存储格式，可以灵活自定义数据格式并进行数据存储，能够更好地应用于数据模型复杂、对数据库性能要求较高的场景。

流程工业企业需要将现场设备和处于不同工业层级系统中的海量数据进行有效互联，为企业内部各种信息应用系统提供集成、一致的数据源，避免数据因缺乏关联性导致难以流通利用而变成死数据，打破"数据孤岛""数据烟囱"的现状。因此，需要创新性地开发具有更高访问性能和容错能力的存储系统、部署大数据存储工具，来为动态增长的工业大数据提供可伸缩、可靠和高效的存储服务。

47

表 2-1　用于大数据存储的主流数据库

分类	现属公司	数据库名称	主要特点
SQL	EMC	Greenplum	分布式 MPP 列式数据库
	CEC	达梦	高效能、低成本的海量数据实时分析
	Oracle	Oracle	数据共享架构，占用系统资源少
NoSQL	Google	HBase	分布式、面向列、开源
	10 gen	MongoDB	面向文档、操作简单、完全免费
	VMware	Redis	超高性能的键值数据库

　　随着大数据技术的不断更新与迭代，从数据库、数据仓库到数据湖，以及数据平台和数据中台的各类数据存储模式不断发展。流程工业企业为打破"数据孤岛"的现状，不断引入这些数据存储与管理框架。

　　数据库结构简洁、易于理解，能够开展简单、日常的数据事务处理，但在进行数据的多维度分析时面临数据调取困难；数据仓库是位于多个数据库上的存储库，面向主题的、集成的、稳定的、反映历史变化的数据集合，数据仓库存储的大量历史数据，可以反映时间变化的趋势和模式，支持企业进行长时间跨度的分析和数据驱动的决策；数据湖是存储企业不同种类数据的大型仓库，可供数据存取、处理、传输等，且不需要预定义模型就能进行数据分析，也可直接为上层数据应用提供服务；数据平台是一个综合性的信息技术架构，旨在支持数据的采集、存储、管理、处理和分析，以提供统一的数据服务和支持数据驱动的决策。数据平台不仅提高了数据处理的效率和灵活性，还为企业的商业智能和分析应用提供了坚实的基础；数据中台则弥补了数据平台的缺陷，具备全局的数据仓库和数据协调共享能力，能够提高对数据存储、管理以及分析的效率。

　　通过提供流程工业行业通用的数据模型、核心业务指标，以及垂直应用场景的数据，在经过数据治理后实现工业数据模型的品质化、标准化、统一化。通过数据资产运营等数据业务，集中管理与共享流程工业企业收集的大数据，打破数据孤岛，建立体系数据平台。最后提供数据接口服务，以流程工业企业数据业务应用为导向，基于数据资产，提高数据获取质量与数据部署效率。

本章小结

　　流程工业数据基础服务是支撑流程工业企业发展及其智能化转型的中枢系统，本章围绕工业数据基础的发展、工业数据接入、数据传输与网络通信、工业数据通信协议、工业数据互操作性标准、工业数据治理与存储六个方面进行阐述。通过对流程工业数据发展现状及趋势的解读，总结归纳出流程工业数据基础服务的建设要采集接入全域数据、遵循并包容各类通信协议，并对数据进行集中治理和存储，从而形成具有数据共享、集中配置和能力沉淀等功能的数据基础服务体系，为后续数据挖掘及建模提供良好的基础。

习题

2-1　流程工业基础服务发展的驱动力是什么？

2-2　人机界面技术在未来交互场景会有怎样的发展趋势？（如 VR、AR 等技术）

2-3　现场总线和工业以太网的定义、技术特点与区别是什么？

2-4　 OPC 技术是什么？有哪些特点？

2-5　结构化查询语言（SQL）的程序功能和常见语句有哪些？

2-6　某化工厂正在实施数字化转型，目标是实现生产过程的全面数据化管理，从而提高生产效率和产品质量。为了实现这一目标，化工厂需要将生产过程中产生的各种数据从现场采集，汇聚到集中存储系统中，供后续的数据分析和处理使用。请结合实际生产环境，阐述如何将工业数据从现场设备采集，汇聚到集中存储系统中的整个过程，并给出一个简要的流程图，展示从数据采集到数据存储的整体流程。

第 3 章　流程工业大数据挖掘与智能建模

随着第四次工业革命的深入展开，流程工业大数据日益成为产业发展的重要战略资源，是促进制造业数字化、网络化和智能化发展的关键因素。流程工业大数据中能够反映生产效率、设备状态、能源消耗等多种指标，如何利用数据挖掘与智能建模技术获得流程工业过程关键信息，建立描述工业过程运行特点的智能模型，充分发挥流程工业大数据价值，以支持决策制定、优化生产流程、提高生产率和质量等，对实现生产过程智能化具有重要意义。本章以流程工业大数据挖掘与智能建模为主线，基于流程工业大数据的范畴及特征，整理归纳了流程工业数据预处理、流程工业数据关系分析技术，随后以流程工业应用需求为导向，给出了流程工业大数据技术在流程工业建模上的应用实例。

3.1　流程工业大数据挖掘概述

随着信息技术的快速发展和工业互联网的广泛应用，在工业过程基础自动化系统和企业数字化平台积累了大量数据，在流程优化、设备运维、能源调度等工业生产环节，流程工业新模式新业态不断涌现。在实际生产过程中，不同环节、位置、区域采集并存储了大量具有时间和空间关联性的过程数据，亟待挖掘隐藏在海量数据背后的潜在价值。

相比于大数据技术在互联网服务领域的成熟应用，流程工业大数据技术的推广更加复杂。由于工业生产过程机理复杂、制造环节多、流程长，流程工业过程数据规模庞大，数据来源涵盖各生产部门不同类型数据，数据结构复杂、相互关联。因此，流程工业大数据具有大体量、多源、高维、强关联性、价值密度低等特点，难以直接用于流程工业过程建模、优化与决策。针对流程工业过程数据量大、数据多样化、复杂度高等挑战，流程工业大数据挖掘技术通过大数据处理、数据挖掘、机器学习等多种技术手段，实现对工业生产过程的准确感知、精准控制和动态优化。

流程工业大数据挖掘主要利用大数据技术和数据挖掘算法发现数据中蕴含的信息，关键技术包括：对数据噪声进行滤波，修复缺失数据，消除工业指标之间量纲差异的影响，改善工业数据质量；分析工业数据关系，包括相关性分析、因果性分析和数据拟合，解释工业现象的关联性，并进行知识推理；提取工业生产过程数据特征及领域知识，通过工艺机理描述数据间的定性关系，分析历史生产数据和关联关系，为复杂流程工业过程建立准确、可靠的生产过程模型；对工业模型的准确性、稳定性等指标进行评估。

流程工业大数据挖掘技术结合大数据技术和数据挖掘算法，分析、处理和挖掘工业领域数据中潜在的规律、趋势和价值信息，为流程工业过程的生产品质监测、能源调度决策、设备异常预警等场景提供技术支撑。一方面，对设备状态、工艺指标、物料使用情况及效率进行在线监测，通过产能、工况的分析预测，优化操作参数与生产方案，提高生产效率和产品质量；另一方面，发现潜在故障与数据异常特征，实现对设备状态和生产过程的监控，保障流程工业过程的安全和稳定。

3.2　流程工业大数据的定义与特征

工业数据体量庞大且种类丰富，流程工业过程的复杂动态特性赋予了工业数据区别于传统大数据的一系列特征，这些特征给工业数据价值挖掘带来新的挑战。本节从流程工业大数据的定义与基本特征两个方面来阐述流程工业大数据的内涵，为后续流程工业大数据的预处理、关联性分析、建模理清思路和方向。

3.2.1　流程工业大数据的定义内涵

流程工业大数据是工业领域产品和服务全生命周期数据总称，包括流程工业企业在研发设计、生产制造、经营管理、运维服务等环节中生成和使用的数据，以及工业互联网平台中的数据等。

如表 3-1 所示，从数据类型的角度，工业数据可以划分为结构化数据、半结构化数据和非结构化数据。结构化数据存储在关系数据库中，以二维表结构的形式来表达其信息内涵，具有严格的数据格式和长度规范，能够直观地描述对象的属性信息。典型的结构化数据包括环境数据、设备数据、能耗数据、产品数据等，除表中所示数据外，常见的结构化数据还包含设备参数（设备生产日期、规格型号、编号、性能等），在进行数据访问时可通过固有键值获取所需的结构化数据信息。非结构化数据的数据结构不完整，难以预定义数据规则和精准表示对象特征，需经特征提取后选择合适的特征来刻画描述对象，通常无法以二维表结构的形式来表达其信息内涵。典型的非结构化数据包括：知识数据（工艺机理、工程图样等）、物料信息（生产原料图片、生产原料信息文档）、生产监控信息（监控图片、视频、音频等）。半结构化数据则是指数据结构介于结构化与非结构化数据之间，是以来源于各类管理系统以及制造执行系统的 JSON 数据、XML 数据为代表的接口数据。半结构化数据的数据格式不固定，在进行数据访问时需要通过灵活的键值调整获取相应信息，如 JSON 数据同一键值下存储的信息包含数值类、文本类或列表类数据。

随着互联网、物联网技术与工业产业的深度融合，数据来源从企业内部的设备拓展到企业外部设备，不同来源以及不同结构的数据逐渐融合释放价值。在从传统生产模式到数据驱动的创新生产模式的转变过程中，产品全生命周期的智能化过程迫切需要借助流程工业大数据分析技术实现深层价值挖掘，助力生产过程的决策与优化。例如，在产品的研发过程中，将产品的设计数据、仿真数据、实验数据与产品使用过程中的各种实际工况数据的对比分析，可以有效提升仿真过程的准确性，减少产品的实验次数，缩短产品的研发周期。通过对产品本身传感数据、环境数据的采集、分析，可以更好地感知产品所处的工作条件，在保障安全性的前提下，实现对产品工作策略的优化调整，提升产品能效。

表 3-1 工业数据按数据类型的分类

结构化数据	非结构化数据	半结构化数据
环境数据 （环境温度、环境湿度、工作电压等） 设备数据 （设备温度、压力、速度等） 能耗数据 产品数据等 （属性数据、指标数据等）	知识数据 （工艺机理、工程图样等） 物料信息 （生产原料图片、生产原料信息文档） 生产监控信息 （监控图片、视频、音频等）	接口数据等 （JSON 格式、XML 格式等）

　　流程工业大数据可以描述流程工业生产各个环节的实际运行状态，为操作人员分析和优化制造过程提供宝贵的数据资源，是实现智能化制造的基础。融合流程工业大数据、人工智能模型与机理模型，可有效提高数据的使用价值，实现更高阶的智能化制造水平。

3.2.2　流程工业大数据的特征

　　工业数据来源与数据类型多样，数据会随着工业连续生产过程不断累积，当工业数据累积到一定量级后，传统数据处理技术在计算能力方面难以支撑，因而需要借助大数据处理技术与方法，提升数据的处理能力和计算效率。同时，在应用大数据分析技术进行工业数据挖掘时，除了考虑传统大数据的特点，还需要基于传统工业过程机理，明确工业数据的新特点及其处理难点，并以工业场景应用需求为导向，归纳其应用特点，制定合理的流程工业大数据处理规划和技术路线。流程工业大数据通常具有以下五个特征：

1. 数据来源丰富、类型多样

　　为了便于了解和控制整个生产过程各环节，流程工业过程一般设置了多类传感器，因此，工业数据十分丰富，数据量大且来源多样，包含过程运行数据、设备与人传输的数据，以及分散于各生产部门的多源不同类型的文本、图像、声音等数据。这些数据来源丰富、类型多样、结构复杂、存储形式各不相同，具有自治性、分布性和异构性。这些特性给基于数据的过程控制和管理增加了难度，因此，需要对数据进行集成或融合等相应的处理，以消除数据类型和结构上的差异，解决多源异构数据的来源多样、结构异构等问题。

2. 数据质量参差不齐

　　在工业生产中，受测量设备、环境以及异常干扰的影响，数据包含如噪声等不真实数据，具有离群点、缺失值等异常样本。因此，工业数据的质量参差不齐，真实有用的数据和噪声等数据混杂且难以区分，不能简单地删除或忽略，需要在进行数据知识挖掘或建模之前对数据进行预处理，如缺失值填补、平滑滤波、异常值剔除等预处理方法，保留有用信息，从而获得高质量的工业数据。

3. 数据时空尺度跨度大

　　流程工业过程向大规模、动态性、集成化发展，多单元、多产品生产动态运行，采集到的过程数据涉及多个空间层面：底层设备层、过程运行层（反映过程状态）、管理指标层等，不同空间层面的数据采集规则不尽相同，横向、纵向、端到端等这些不同空间尺度的信息集成到一起；此外，工业数据的大跨度还体现在时间尺度上，不同的服务往往要融合毫秒级、分钟级、小时级等多个时间尺度的信息。

4. 数据源众多且数据间协同性高

流程工业过程中包含的物化反应通常十分复杂，在认识流程工业过程时需要了解其全貌。因此，经常需要尽可能全面地收集与生产目标有关的各类数据信息，从多个方面对系统进行描述。对于具有非线性、机理不清晰等特点的流程工业过程，多要素特征也会使待分析的科学问题维度不断增加，不确定性不断增加。同时，工业系统往往强调子系统间的动态协同，当聚焦到具体的某台设备、某个生产指标变化时，工业系统需要兼顾工艺流程和生产调度等数据、信息的变化，需要进行信息集成，促成信息和数据的自动流通，加强信息感知能力，减小面临的不确定性。

5. 数据内部蕴含强机理

在工业生产运行过程中，任何生产单元及其子系统发生的数据变化、展现出的各类现象特点，都可能通过物质流、能量流、信息流在不同系统层级间传播并不断演化，因而表现出较强的机理特性和因果关联性。同时，在利用工业数据进行建模的过程中，对于系统机理的准确分析保证着数据分析结果的稳定、可靠。通过机理分析来处理数据间定性的问题，运用数据来确定各类定量关系，进而建立准确、可靠的数据分析模型。此外，由于流程工业过程对安全性和确定性的高度要求，工业数据挖掘及分析也必须强调机理的作用，以保证获得具有科学依据的知识，用于指导和优化流程工业过程。

总而言之，流程工业大数据既具有传统大数据的特点，也具有其流程工业过程背景下的特殊性及应用特点。因此，对流程工业大数据进行分析与挖掘，需要针对其自身特点，结合新兴数据处理技术的优势，充分发挥工业数据的价值，在生产运行、调度优化、设备管理等方面进行指导决策，从而促进流程工业过程向数字化和智能化发展。

3.3　流程工业数据预处理方法

流程工业数据具有复杂性、质量参差不齐、信息价值密度低等特点，使原始数据存在噪声与干扰、数据缺失、量级不一致等问题，影响分析与挖掘结果的准确性。为提高流程工业过程数据的质量，本节针对数据缺失、数据噪声、数据尺度不一、数据多维等问题，提供对应的数据预处理方法，包括缺失值填补、离群点判断与数据滤波、数据归一化。

3.3.1　缺失值填补

流程工业数据缺失是指由于生产运行、检测装置、网络传输等问题造成整条数据信息或部分维度数据丢失的现象。其具体表现为：一般某参数为规律时间采样，但时常出现前一条数据与后一条数据时间间隔增大的情况。图 3-1 所示为某工业加热炉的炉温数据，该参数的采样时间为 5s，但图中虚线内的三组数据为空白，说明存在不同程度的数据缺失。

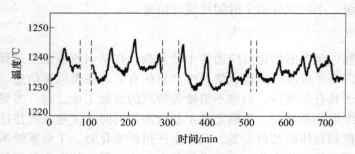

图 3-1　炉温数据缺失示意图

对于缺失数据的填充预处理，常用的方法如下。

1. 忽略缺失值与手动填补缺失值

对于某些特定的流程工业数据记录，如因通信问题导致的稳定工况下属性值缺失，可以直接将缺失数据的记录在数据集中进行排除，但该种方法适用范围小，尤其当流程工业数据记录中每个属性的遗漏值记录比例相差较大时，预处理效果不佳。对于属性值的缺失值能通过知识确定的流程工业数据记录，可以通过工艺操作员的经验以及相关行业专家的知识，手动进行缺失值的填补。但该类方法通常耗时久，对于存在大量缺失数据的数据集而言，可行性较差。

2. 使用算法自动填补缺失值

对于出现属性值缺失的流程工业数据，可以采用如指定值、数据前值后值、样本数据均值、同类别数据均值以及算法处理值，进行缺失值自动填补。

指定值填补指对缺失值均采用事先确定好的值来填补。虽然构建此类方法较为简单，但当流程工业数据记录中某个属性的缺失值较多时，采用此种方法，很可能会误导后续数据挖掘进程。在使用指定值填补时，需要预先仔细分析填补后的情况，以尽量避免对最终挖掘结果产生较大误差。

数据前值后值填补是指对于确定属性的所有缺失值均采用其前值或后值来填补。此类方法对于数据平稳变化的流程工业数据集有较好的适应性，但当流程工业过程工况变化剧烈、数据波动剧烈时，采用数据前值后值方法可能会遗漏重要数据波动，进而误导后续数据分析与挖掘结果。

样本数据均值填补是指通过计算某一属性值的平均值来填补该属性的所有缺失值。例如，通过输送带运送原料，在工况稳定（不发生切换）情况下，可以用输送带的平均速度来填补接下来一段合适时间内"输送带速度"属性的所有缺失值。

同类别数据均值填补是指通过同类别的属性值的平均值填补缺失值，此种方法较为适合在进行流程工业数据分类挖掘时使用。例如，对于钢铁冶金过程的冷轧子过程中带钢板温度的数据缺失值，可以选取在相同工况类别下的历史温度平均值，填补缺失数据在某段时间内的温度原始数据。

此外，对于一些出现属性值缺失的流程工业数据记录，可以利用回归分析、贝叶斯计算公式或决策树等算法进行处理，结合可靠的流程工业数据集来共同推断发生缺失的流程工业数据记录特定属性的最大可能的取值。例如，对于高炉冶炼过程中高炉炉缸内置某个损坏的测温热电偶的温度数值，利用相邻正常工作的热电偶的测温数据、高炉设计建造时的结构参数以及传热机理与工艺知识，选取合适的算法对缺失的温度数据进行推断。此种方法在流程工业数据缺失值填补领域较为常用，与其他方法相比，能够最大限度地利用各类工艺知识与可靠的流程工业数据集中包含的信息，并结合各类算法的优点，来推断缺失的数据。

3.3.2　离群点判断与数据滤波

在流程工业数据采集和传输过程中，由于生产过程的工况波动、局域网信号波动等原因，使得数据产生噪声毛刺或随机错误，从而出现离群值。对于因工艺机理产生的在局部反复出现的离群值，其具有特定的工业意义，需要区别于噪声，并作为有效信息最大程度保留；对于没有任何工业意义的离群值，如传输过程中因信号干扰产生的数据瞬时异常波动等异常数据，会对后续数据处理产生负面影响，需要进行数据滤波。如图 3-2 所示的来源于实际现场的某工业炉温度时序图，在生产过程中，整体的温度变化相对缓慢，而其中菱形标记的数据点偏离主趋势较远，且在短时间内数据发生急剧变化，可判断为异常离群点，应当进行数据滤波处理；椭圆标记的数据点升降相对平缓，且该升降趋势在数据序列中重复出现，可判断为反映实际生产情况、表征温度变化信息的特定数据点，应当被保留。

55

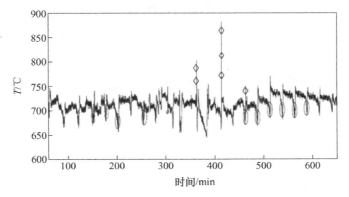

图 3-2　某工业炉的数据噪声和离群点

异常离群点判断通常采用统计方法来处理，如偏差分析、正态分布法等，将偏差过大、分布距中心点过远或过于远离拟合表达式的数据判断为异常离群点。同时，对于因缺乏数据标准而产生属性不一致的数据，通常可以通过分析数据字典、元数据属性等方式，明确数据间关系来判断是否属于异常离群点。在完成离群点判断后，需要对有效离群点保留和对异常离群点的数据滤波，接下来将具体介绍常见的数据滤波预处理方法。

1. 限幅滤波

限幅滤波方法根据生产经验确定出相邻两次采样间允许的最大偏差值 e，每当检测到新采样值，将本次采样值与前一次历史采样值进行求差处理，将差值与所允许的最大偏差值 e 进行比较：当差值大于 e 时，则表明本次采样新值可能为干扰信号，将本次采样新值剔除，用前一次历史采样值替代本次采样值；当差值小于 e 时，则表明本次采样新值没有受到干扰，采样值有效。使用限幅滤波方法去除噪声的公式如式（3-1）所示。

$$y[n] = \begin{cases} x[n], & |x[n]| \leqslant e \\ e \cdot \mathrm{sgn}(x[n]), & |x[n]| > e \end{cases} \tag{3-1}$$

式中，n 为采样样本编号；$x[n]$ 为输入信号；$y[n]$ 为输出信号；e 为限幅值；sgn 为符号函数。

该类方法适用于慢变化物理参数的采样，如温度、物理位置等测量系统的采样，当此类系统的传感器受随机干扰而引起信号失真时，可以采用限幅滤波方法进行噪声数据的去除，但此类方法难以应对周期性干扰，且数据平滑效果一般。对于图 3-3 所示的与脉冲噪声合成后的数据序列，使用限幅滤波后的效果如图 3-4 所示，对于获取到的原始流程工业数据序列进行遍历，如果迭代中的当前值与前值间的差值绝对值超过设定值（限幅），则将前值的数值赋值给当前值，再进行下一轮迭代，直至遍历待滤波的流程工业数据序列。

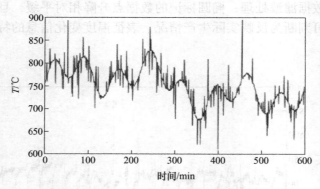

图 3-3　含噪声合成数据序列

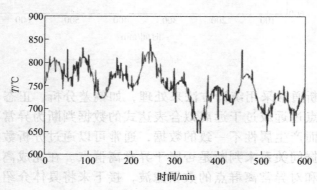

图 3-4　限幅滤波后数据效果示意图

2. 中值滤波

中值滤波的噪声去除方法是首先对待采样参数进行连续采样，将采样值按数值大小排列后，选取采样序列的中间值作为该参数的有效采样结果。与限幅滤波方法类似，这类方法同样适用于慢变化的物理参数的采样，但难以应对如流量、速度等快速变化的参数。使用中值滤波方法去除噪声的公式如式（3-2）所示。

$$y[n] = \mathrm{median}(x[n-w]:x[n+w]) \tag{3-2}$$

式中，$x[n]$ 为原始信号序列；$y[n]$ 为去除噪声后的信号序列；w 为窗口大小；median 为取中值操作。

对于如图 3-3 所示的含噪声原始数据源，使用中值滤波后的效果如图 3-5 所示。对于获取到的原始流程工业数据序列以设定的时间窗口长度为单位进行遍历，对于当前迭代中时间窗口内的数据从小到大进行排序，将时间窗口的中间值赋值给当前值，随后滑动窗体，进入下一轮迭代，直至遍历完待滤波的流程工业数据序列。

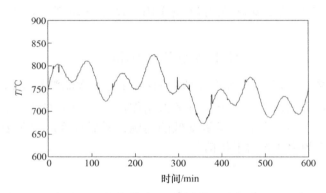

图 3-5　中值滤波后数据效果示意图

3. 滑动算术平均值滤波

滑动算术平均值滤波的噪声去除方法是通过对待采样参数设置数据循环队列，将 N 次采样的数据依次存放，每当新数据加入队列后，需要先丢弃队列中最早的采样值，再将新数据存入循环队列队尾，并计算队列中 N 个数据的算术平均值作为当前有效数据值。使用滑动算术平均值滤波方法去除噪声的公式如式（3-3）所示。

$$y[n] = \frac{1}{w}\sum_{i=0}^{w-1} x[n-i] \tag{3-3}$$

式中，$x[n]$ 为原始信号序列；$y[n]$ 为去除噪声后的信号序列；w 为窗口大小。

该方法主要用于对压力、流量等周期脉动的采样值进行平滑加工处理，当 N 值选取较大时，对初始信号的平滑效果较好，但灵敏度较低；当 N 值选取较小时，对初始信号的平滑效果较弱，但灵敏度较高。对于如图 3-3 所示的含噪声原始数据源，使用滑动算术平均值滤波后的效果如图 3-6 所示。

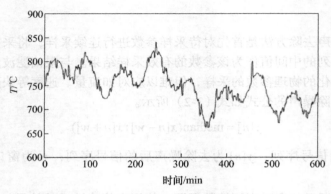

图 3-6　滑动算术平均值滤波后数据效果示意图

4. 一阶滞后滤波（低通数字滤波）

一阶滞后滤波的噪声去除方法是通过采用本次采样值与上次滤波输出值进行加权，获得有效滤波值，使得输出对输入有反馈作用。使用一阶滞后滤波去除噪声的公式如式（3-4）所示。

$$y[n] = \alpha x[n](1-\alpha)y[n-1] \tag{3-4}$$

式中，α 为滤波系数；$x[n]$ 为本次采样值；$y[n-1]$ 为上次滤波输出值；$y[n]$ 为本次滤波输出值。该类方法对周期性干扰具有良好的抑制作用，适用于波动频率较高的场合，但由于其算法原理，会存在相位滞后、灵敏度低的问题，滞后程度取决于 α 值大小，且不能消除滤波频率高于采样频率 1/2 的干扰信号。

5. 数字滤波器

根据网络结构的实现形式或者冲激响应函数的时域特性可以将数字滤波器分为有限冲激响应（finite impulse response，FIR）滤波器和无限冲激响应（infinite impulse response，IIR）滤波器。在设计 FIR 滤波器时可以根据对阻带衰减及过渡带的指标要求，选择窗函数类型（矩形窗、三角窗、汉宁窗、汉明窗等），并估计窗口长度，再构造希望逼近的频率响应函数，计算系统函数，最后进行加窗得到结果。可以利用模拟滤波器来设计 IIR 滤波器，如巴特沃斯、契比雪夫和椭圆滤波器等，这些模拟滤波器的设计通常依据特定的频率响应指标（如通带波动、阻带衰减等），通过数学变换，将模拟滤波器的公式转换成数字滤波器的公式。IIR 滤波器的公式如式（3-5）所示。

$$y[n] = b_0 x[n] + b_1 x[n-1] + \cdots + b_M x[n-M] - a_1 y[n-1] - \cdots - a_N y[n-N] \tag{3-5}$$

式中，$x[n]$ 为原始信号序列；$y[n]$ 为去除噪声后的信号序列；$b_0, b_1, \cdots, b_M$ 为前向系数；$a_1, \cdots, a_N$ 为反向系数；M 和 N 分别为前向和反向系数的长度。

6. 最大最小值滤波

最大最小值滤波的噪声去除方法常用于图像处理，首先对图像内包括中心像素的所有像素值按照大小进行排序，然后将中心像素值与图像内像素值的最小值进行比较，如果中心像素值小于最小值，则将中心像素值替换为最小值。最大值滤波与最小值滤波去除噪声的公式如式（3-6）所示。

$$y_{\max}[n] = \max\{x[n-w:n+w]\}$$
$$y_{\min}[n] = \min\{x[n-w:n+w]\}$$

(3-6)

式中，$x[n]$ 为原始信号序列；$y[n]$ 为去除噪声后的信号序列；$y_{\max}$ 和 $y_{\min}$ 分别为采用最大值与最小值滤波方法去除噪声后的信号序列；w 为窗口大小；$\max$ 与 $\min$ 分别为取最大值和最小值操作。

3.3.3　数据归一化

流程工业数据来源多样，往往具有不同的量纲和单位，为了消除指标之间的量纲影响，需要进行数据标准化处理。归一化处理是典型的数据标准化处理，在机器学习和深度学习任务中，输入数据往往具有不同的特征和量纲，这会对模型的训练和性能产生影响。通过数据归一化，能够使数据被限定在一定的范围内（如 0～1 或者 -1～1），从而消除奇异样本数据以及数值型属性因大小不一而造成挖掘结果的偏差，提高数据质量，使模型更容易学习到数据之间的规律，提高模型的收敛速度和泛化能力，解决因不同变量属性取值范围不同而影响数据挖掘结果公正性的问题。常用的数据归一化方法如下：

1. 零均值化方法

零均值化方法指在给定某一数值型的原始数据集合后，将每一属性的数据都减去该属性的均值，形成一个新数据的集合，变换后各属性数据之和与均值都为零。公式如式（3-7）所示。

$$\hat{x} = x - \bar{x}$$

(3-7)

式中，$\hat{x}$ 为零均值化后的数据；x 为原始数据；$\bar{x}$ 为原始数据的均值。多个属性经过零均值化变换后，都以零为均值分布，各属性的方差不发生变化，各属性间的协方差也不发生变化。

零均值化变换在很多场合中得到应用，如对信号数据零均值化，可以消除直流分量的干扰。如果将多个属性构成的数据看成是空间中的点，那么经过零均值化的数据相当于在数据空间上进行了平移，其分布形状不发生改变。

2. z 分数变换方法

标准分数（standard score）也称 z 分数，公式如式（3-8）所示。

$$z = \frac{x - \bar{x}}{s}$$

(3-8)

式中，x 为原始数据；$\bar{x}$ 为样本均值；s 为样本标准差。变换后数据均值为 0，方差为 1。z 值表示原始数据和样本均值之间的距离，以标准差为单位计算。在原始数低于平均值时，z 为负数，反之则为正数。

3. 最小 – 最大规范化方法

最小 – 最大规范化（min–max normalization）又称离差标准化，通过对原始数据的线性转化，将数据按比例缩放至一个特定区间，其公式如式（3-9）所示。

$$x' = x'_{\min} + \frac{x - x_{\min}}{x_{\max} - x_{\min}}(x'_{\max} - x'_{\min}) \tag{3-9}$$

式中，$x_{\min}$ 和 $x_{\max}$ 分别为原数据 x 的分布区间 $[x_{\min}, x_{\max}]$ 的最小值和最大值；$x'_{\min}$ 和 $x'_{\max}$ 分别为缩放后的特定区间 $[x'_{\min}, x'_{\max}]$ 的最小值和最大值；x' 为格式化后的数据。当多个属性的数值分布区间相差较大时，使用最小 – 最大规范化可以将这些属性值变换到相同区间。

3.3.4 数据预处理案例

1. 数据介绍

在单容水箱液位控制系统中，水箱液位值为被控量，进水管流量值是控制量，进水管压力值会随着进水管流量值的变化而改变。本案例采集单容水箱液位控制系统中的 120 组数据，其中每 1s 采集一组，每组数据都包含进水管流量值、水箱液位值和进水管压力值三个变量。

码 3-1【代码】
数据预处理

2. 结果分析

水箱的原始采集数据和预处理后的数据如图 3-7 所示。由于数据采集设备故障、传输干扰、外界干扰等原因，原始数据出现测量值缺失和噪声毛刺。为了提升数据质量，减小不同量纲单位之间差异导致的误差，本案例对原始数据进行预处理，具体包括利用列前列后的均值对缺失值进行填补、中值滤波去除噪声毛刺、最小 – 最大规范化将原始数据按比例缩放到区间 0 ～ 1 之内。

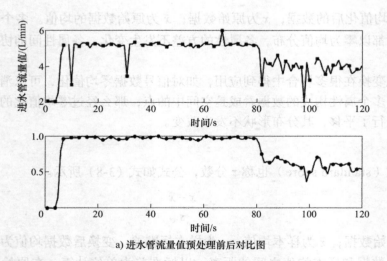

a) 进水管流量值预处理前后对比图

图 3-7 数据预处理前后对比图

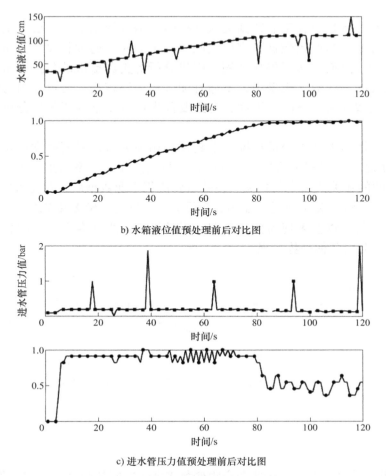

b) 水箱液位值预处理前后对比图

c) 进水管压力值预处理前后对比图

图 3-7　数据预处理前后对比图（续）

61

经过缺失值填补、异常值剔除、归一化等数据预处理操作之后，原始数据中的噪声和干扰得到了有效处理，数据曲线变得平滑，三组变量数据均统一到了同一尺度上，避免了不同特征之间的量纲问题。数据预处理操作提高了原始数据的质量和准确性，为后续特征提取、建模、优化等操作奠定了基础。

3.4　流程工业数据的关联性分析技术

流程工业数据库中存储着具有强关联性以及丰富信息内涵的海量的原始数据。通过对流程工业数据的信息挖掘，从实际数据出发，解释工业现象的关联性，挖掘流程工业数据背后隐藏的价值信息，有助于推动工业生产制造的各类复杂系统、各个工艺环节中信息共享，更好地利用现有的数据帮助工作人员高效、便捷地进行生产调控、预测、决策。本节将从数据相关性分析、因果性分析以及数据拟合三部分对流程工业数据的关联性分析技术展开介绍。

3.4.1 相关性分析

数据相关性分析是流程工业数据关联性探索的信息挖掘中的重要分支，常用在数据探索阶段。一方面，当原始数据各字段之间关系未知时，通过相关性分析，可以确定各字段间的相关性，进而后续开展如预测、因果分析等更深层次的数据分析工作；另一方面，在数据挖掘的一些数学模型中，不适宜加入相关性较高的变量，因为会导致模型复杂度的上升与模型效果的下降，因而，有必要预先进行变量的相关性分析并做出相应筛选处理。

数据的相关性用于度量变量在统计上具备的相关关系的紧密程度：相关系数的取值范围在 –1 ～ 1 之间，当相关系数大于 0 时，变量间的相关关系为正相关；当相关系数小于 0 时，变量间的相关关系为负相关。在获取到流程工业数据后，首先可以通过散点图来定性了解变量间大致的关系情况。如图 3-8 所示，当随机变量 X 和 Y 之间不存在相关关系时，散点图上的数据点会表现为任意分布；当随机变量之间存在一定的相关性时，散点图上的数据点就会以某种趋势呈现。

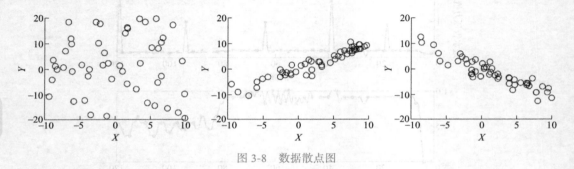

图 3-8　数据散点图

1. Pearson 相关系数

Pearson 相关系数是用于描述两个定距变量 X 和 Y 之间的线性相关关系程度的统计量，取值范围在 –1 ～ 1 之间，其表达符号为 r_{xy}，计算公式如式（3-10）所示。

$$r_{xy} = \frac{n\sum XY - \sum X \sum Y}{\sqrt{[n\sum X^2 - (\sum X)^2] - [n\sum Y^2 - (\sum Y)^2]}} \tag{3-10}$$

式中，n 为变量 X 和 Y 的样本数量。当 $r_{xy} > 0$ 时，变量之间为正相关关系；当 $r_{xy} = 0$ 时，变量之间不存在相关关系；当 $r_{xy} < 0$ 时，变量之间为负相关关系。同时，Pearson 相关系数 r_{xy} 绝对值的大小代表着变量之间相关性的强弱，r_{xy} 绝对值越大，相关性越强。

计算得到的 Pearson 相关系数按以下取值区间来判断变量之间相关性的强弱：当 r_{xy} 的绝对值处于区间 [0.8,1.0] 内，认为变量间具有极强相关关系；当 r_{xy} 的绝对值处于区间 [0.6,0.8) 内，认为变量间具有强相关关系；当 r_{xy} 的绝对值处于区间 [0.4,0.6) 内，认为变量间具有中等强度相关关系；当 r_{xy} 的绝对值处于区间 [0.2,0.4) 内，认为变量间具有弱相关关系；当 r_{xy} 的绝对值处于区间 $[0,0.2)$ 内，认为变量间具有极弱相关关系或无相关关系。

采用 Pearson 相关系数方法可以提高计算效率，通过公式快速建立数学模型，并进行客观的定量分析，可避免定性分析的不确定性。但 Pearson 相关系数只有在两个变量的标准差都不为零的情况下才会有意义。因此，Pearson 相关系数适用于：

1）两个变量都是连续数据，且它们之间存在着线性关系。

2）两个变量都服从正态分布，或者服从正态的单峰分布。

3）两个变量的观测值之间成对存在但又相互独立。

2. Spearman 相关系数

Spearman 相关系数是使用单调函数来估计两个变量 X、Y 之间相关性的统计量，数值大小介于 $-1 \sim 1$ 之间，通常表达符号为希腊字母 ρ。当两个集合中的元素均不相同，且两个变量之间存在着完全单调关系时，两个变量之间的 Spearman 相关系数能够达到 -1 或 1，其计算公式如式（3-11）所示。

$$\rho = 1 - \frac{6\sum_{i=1}^{N} d_i^2}{N(N^2-1)} \tag{3-11}$$

式中，随机变量 X、Y 中均有 N 个元素。X_i、Y_i 分别为两个随机变量中的第 $i(1 \leqslant i \leqslant N)$ 个取值，对 X、Y 中的元素同时进行升序或降序排序时，会得到两元素有序排列的集合 x、y，其中元素 x_i 是 X_i 在 X 中的排行，y_i 是 Y_i 在 Y 中的排行。d 为将集合 x、y 中的元素对应相减而得到的一个有序差分集合，其中 $d_i = x_i - y_i (1 \leqslant i \leqslant N)$。可以通过 x、y 或者 d 计算出随机变量 X、Y 之间的 Spearman 相关系数。

Spearman 相关系数对数据的分布没有严格要求，只要两个变量的观测值是成对有序排行集合，或可由连续变量观测值转化为成对有序排行集合。因此，使用 Spearman 相关系数对变量之间进行相关性刻画时原则上不用考虑对象变量的样本容量和总体分布。

3. Kendall 相关系数

Kendall 相关系数是用以估计两个变量 X、Y 之间相关性的统计量，数值大小介于 $-1 \sim 1$ 之间，通常表达符号为希腊字母 τ。当 $\tau = 1$ 时，表示两个随机变量完全正相关；当 $\tau = -1$ 时，表示两个随机变量完全负相关；当 $\tau = 0$ 时，表示两个随机变量相互独立。

假设有 X 和 Y 两个随机变量，它们均有 N 个元素，X_i 和 Y_i 分别为在 X 和 Y 中取的第 $i(1 \leqslant i \leqslant N)$ 个值，X_j 和 Y_j 分别为在 X 和 Y 中取的第 $j(1 \leqslant j \leqslant N)$ 个值。X 与 Y 中相对应的两个元素会组成一个元素对集合。当 XY 中的任意两个元素 (X_i, Y_i) 与 (X_j, Y_j) 的排行相同时 $((X_i > X_j \bigcap Y_i > Y_j) \bigcup (X_i < X_j \bigcap Y_i < Y_i))$，认为这两个元素一致。当排行不相同时 $((X_i > X_j \bigcap Y_i < Y_j) \bigcup (X_i < X_j \bigcap Y_i > Y_j))$，认为这两个元素不一致。当 $X_i = X_j$ 或 $Y_i = Y_j$ 时，认为这两个元素之间的关系既不属于一致也不属于不一致。

Kendall 相关系数有两个计算公式 τ_a 和 τ_b，τ_a 计算公式如式（3-12）所示，τ_b 计算公式如式（3-13）所示。

$$\tau_a = \frac{C-D}{\frac{1}{2}N(N-1)} \tag{3-12}$$

$$\tau_b = \frac{C-D}{\sqrt{C+D+t_x+t_y}} \tag{3-13}$$

式中，N 为样本数量；C 为 X 和 Y 中完全正相关的元素对数；D 为 X 和 Y 中完全负相关的元素对数；t_x 和 t_y 分别为 X 和 Y 中存在并列排名的个数。τ_a 仅适用于集合 X 和 Y 中均不存在相同排名的情况，τ_b 能适用于集合 X 和 Y 中存在相同排名的情况。

3.4.2 因果性分析

生产运行过程中，任何生产单元及其子系统发生的各类现象、特征和故障，都可能通过信息流、物质流、能量流在不同层次的系统间传播并不断演化，流程工业数据因而表现出较强的因果关联性。流程工业过程运行中产生的设备故障的传播与演化，会对生产过程的稳定运行和最终的产品质量产生影响，难以对运行工况、关键质量和原料成分等指标进行在线测量与智能感知，这就使得对流程工业过程中的数据进行因果性分析变得复杂。采取合适的流程工业数据因果性分析技术来保障流程工业过程的高质量、高效运行，将对抑制产品质量下降、发挥工业流程运行潜力具有重要意义。

因果分析法是一种用于确定事件之间因果关系的方法。流程工业数据中的因果分析方法通过分析和挖掘流程工业过程中各个变量之间的因果关系，构建因果拓扑图，实现因果关系的确定以及传播路径识别。因果分析方法有互相关分析（cross-correlation analysis，CCA）、格兰杰因果关系（granger causality，GC）、传递熵（transfer entropy，TE）等，上述方法在实际工程应用中的优势和劣势见表 3-2，接下来将具体介绍。

表 3-2 因果分析方法分类

方法分类	优点	不足
CCA	原理简单易懂，易于实现	处理非线性关系效果差，无法判断直接与间接关系
GC	适用于时间序列数据分析，具有预测功能	处理非线性关系效果差，要求数据平稳，否则容易产生误判
TE	能够处理非线性和非高斯数据	计算复杂度高，需要大量数据，无法判断直接与间接关系

1. 互相关分析法

CCA 法通过分析流程工业过程变量之间的时滞关系和关联信息来推断它们之间的因果关系，并结合显著性检验和因果假设构建因果拓扑图，实现因果溯源与因果非关系的传播路径识别。流程工业过程两变量之间的时滞 $\lambda_{i,j}$ 如式（3-14）所示。

$$\lambda_{i,j} = \begin{cases} k^{\max}, & \phi^{\max} + \phi^{\min} \geqslant 0 \\ k^{\min}, & \phi^{\max} + \phi^{\min} < 0 \end{cases} \tag{3-14}$$

某流程工业过程中有两个变量 x_i 和 x_j，$\phi^{\max}$ 和 $\phi^{\min}$ 分别为变量间互相关函数的最大值和最小值，$k^{\max}$ 和 $k^{\min}$ 是对应的时延常数。

可以通过式（3-14）来判断因果关系的传播方向。当 $\lambda_{i,j} > 0$ 时，传播方向为 $x_i \to x_j$；当 $\lambda_{i,j} < 0$ 时，传播方向为 $x_j \to x_i$。$\rho_{i,j}$ 是 x_i 和 x_j 之间的关联系数，如式（3-15）所示。

$$\rho_{i,j} = \begin{cases} \phi^{\max}, & \phi^{\max} + \phi^{\min} \geqslant 0 \\ \phi^{\min}, & \phi^{\max} + \phi^{\min} < 0 \end{cases} \tag{3-15}$$

通过式（3-15）判断变量之间的相关关系。当 $\rho_{i,j} > 0$ 时，两变量之间为正相关；当 $\rho_{i,j} < 0$ 时，两变量之间为负相关。

CCA 法为判别流程工业数据时间序列因果关系提供了一种实用有效的方法。该方法主要用于检测和量化多变量之间的线性关系，适用于分析平稳时间序列间的相关性，对于均值和协方差这类随着时间推移而变化的非平稳时间序列的流程工业过程数据，CCA 法往往难以准确地描述时间序列间的非线性相关关系；此外，CCA 法通常基于成对的变量进行分析，即对每一对变量进行检验，其无法判断直接与间接因果关系，难以处理某些高维度、强耦合的流程工业数据。

2. 格兰杰因果关系分析法

GC 法通过多元线性回归等技术挖掘流程工业过程变量时间序列之间的滞后关系，从而构建因果拓扑图，实现因果溯源与因果非关系的传播路径识别。对于某流程工业过程中的两个广义平稳时间序列 $\boldsymbol{x}_t$ 和 $\boldsymbol{y}_t$，可用互回归无约束形式进行建模，如式（3-16）所示。

$$\begin{pmatrix} \boldsymbol{x}_t \\ \boldsymbol{y}_t \end{pmatrix} = \sum_{k=1}^{p} \begin{pmatrix} \boldsymbol{A}_{xx,k} & \boldsymbol{A}_{xy,k} \\ \boldsymbol{A}_{yx,k} & \boldsymbol{A}_{yy,k} \end{pmatrix} \begin{pmatrix} \boldsymbol{x}_{t-k} \\ \boldsymbol{y}_{t-k} \end{pmatrix} + \begin{pmatrix} e_{x,t} \\ e_{y,t} \end{pmatrix} \tag{3-16}$$

式中，$\boldsymbol{A}_{xy,k}$ 为 $\boldsymbol{y}_{t-k}$ 对 $\boldsymbol{x}_t$ 的影响；$\boldsymbol{A}_{yx,k}$ 为 $\boldsymbol{x}_{t-k}$ 对 $\boldsymbol{y}_t$ 的影响；p 为模型阶次；$e_{x,t}$ 和 $e_{y,t}$ 为残差。

当不考虑 $\boldsymbol{y}_{t-k}$ 对 $\boldsymbol{x}_t$ 的影响时，自回归约束形式如式（3-17）所示。

$$\boldsymbol{x}_t = \sum_{k=1}^{p} \boldsymbol{A}_{xx,k} \boldsymbol{x}_{t-k} + e'_{x,t} \tag{3-17}$$

式中，$e'_{x,t}$ 为残差。

基于上述两式，GC 法定义的 $y(t)$ 对 $x(t)$ 的因果关系测度如式（3-18）所示。

$$F_{y \to x} = \ln \frac{\mathrm{var}(e'_{x,t})}{\mathrm{var}(e_{x,t})} \tag{3-18}$$

式中，$\text{var}(e'_{x,t})$ 和 $\text{var}(e_{x,t})$ 为 $e'_{x,t}$ 和 $e_{x,t}$ 的方差。若 $F_{y\to x} > 0$，则表明 y 对 x 存在因果关系（即 y 为因变量，x 为果变量），反之则表明 x 对 y 存在因果关系。可对上式进行推广，实现对多维时间序列进行因果性分析。

3. 传递熵分析法

TE 法是基于信息论来对数据进行非对称式测量，其能够统一量化信号复杂度变化与信息传递方向，用于描述由于信息流动所产生的方向性动态信息，通过计算条件概率函数和设计合理的方向性测度，构建因果关系矩阵，实现因果溯源和因果非关系的传播路径识别。对于某流程工业过程中的两个广义平稳时间序列 x_t 和 y_t，y_t 对 x_t 的 TE 定义为 x 与 $y_{t-1}^{(t-p)} = [y_{t-1}, \cdots, y_{t-p}]$ 在 $x_{t-1}^{(t-p)} = [x_{t-1}, \cdots, x_{t-p}]$ 下的条件互信息，如式（3-19）所示。

$$
\begin{aligned}
T_{y\to x} &= I(x, y_{t-1}^{(t-p)}, x_{t-1}^{(t-p)}) \\
&= H(x \mid x_{t-1}^{(t-p)}) - H(x \mid x_{t-1}^{(t-p)} - y_{t-1}^{(t-p)}) \\
&= \sum_{x,y} p(x_t, x_{t-1}^{(t-p)}, y_{t-1}^{(t-p)}) \ln \frac{p(x \mid x_{t-1}^{(t-p)} - y_{t-1}^{(t-p)})}{p(x_t \mid x_{t-1}^{(t-p)})}
\end{aligned} \tag{3-19}
$$

式中，$H(x \mid x_{t-1}^{(t-p)})$ 和 $H(x \mid x_{t-1}^{(t-p)} - y_{t-1}^{(t-p)})$ 为条件熵；$p(x \mid x_{t-1}^{(t-p)} - y_{t-1}^{(t-p)})$ 和 $p(x_t \mid x_{t-1}^{(t-p)})$ 为条件概率分布函数；$p(x_t, x_{t-1}^{(t-p)}, y_{t-1}^{(t-p)})$ 为联合概率分布函数。若 $T_{y\to x} > 0$，则表明 y 对 x 存在因果关系，反之则表明 x 对 y 存在因果关系。如果想要对多维时间序列进行因果性分析，则可对上式进行形式的推广。当 x 与 y 为联合高斯分布时，$F_{y\to x}$ 与 $T_{y\to x}$ 之间满足式（3-20）所示的等价关系。

$$
\begin{aligned}
F_{y\to x} &= 2T_{y\to x} \\
&= \ln \frac{\left| \sum (x \mid x_{t-1}^{(t-p)}) \right|}{\left| \sum (x \mid x_{t-1}^{(t-p)}, y_{t-1}^{(t-p)}) \right|} \\
&= \ln \frac{\text{var}(e'_{x,t})}{\text{var}(e_{x,t})}
\end{aligned} \tag{3-20}
$$

式中，Σ 为协方差。

当时间序列平稳且采样数据充足时，可以通过 TE 法对线性和非线性的时间序列进行因果关系分析，对流程工业过程中的非线性过程的因果溯源与因果非关系的传播路径识别能有较好效果。在构建因果拓扑图之前，需要通过信号处理的方法对时间序列进行分析和类型判别，TE 方法能够发挥出更好的效果，为现场运行人员做出快速决策提供及时的参考信息。此外，TE 方法中联合概率函数存在计算量较大的问题，在实际应用中会影响因果拓扑图的构建效率。因此，可以通过根源因变量的目标候选集筛选方法来提高 TE 法的因果关系分析效率。

66

3.4.3　数据拟合

流程工业数据因工艺生产过程的内在机理而存在众
多关联性，在数据层面体现为变量之间服从能够用参数
化的分布模型进行描述的概率分布。因此，通过合适的
检验方法，对流程工业数据进行概率分布检验，进而选
取恰当的概率分布模型并计算出模型参数，用以定性、
定参数化地描述流程工业数据集，能够在一定程度上实
现对无序、繁杂的原始数据集进行内部结构、内在关联
的分析，数据拟合示意图如图 3-9 所示。

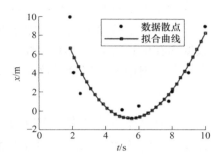

图 3-9　数据拟合示意图

流程工业数据的数据拟合即在获取到数据后，判断数据集的观测经验分布是否符
合已知的概率理论分布，选取诸如连续函数、离散方程等的数学模型来进行模型参数求
解，保证求解后的模型描述的数据规律能基本与数据集内部的数据关系相吻合。典型的
检验方法为柯尔莫可洛夫 – 斯米洛夫（Kolmogorov–Smirnov，KS）检验，其检验原理
为：对于为观察序列值的经验分布函数 $F_{1,n}(x)$ 与理论序列值的经验分布函数 $F_{2,m}(x)$（n、
m 为样本容量）计算样本累积分布函数与理论累积分布函数的绝对差（最大间隔距离）
$D_{n,m} = \max\left|F_{1,n}(x) - F_{2,m}(x)\right|$，随后进行假设 H_0——观察序列与理论序列来自同一分布，以
及假设 H_α——观察序列与理论序列来自不同分布。当式（3-21）成立时拒绝 H_0 假设，即
观察序列与理论序列来自不同分布；反之则接受 H_α 假设。

$$D_{n,m} > c(\alpha)\sqrt{\frac{n+m}{nm}} \tag{3-21}$$

式中，α 为显著水平因子。

$$c(\alpha) = \sqrt{-\frac{1}{2}\ln\left(\frac{\alpha}{2}\right)} \tag{3-22}$$

不过在大多数实际应用的假设检验中，一般采用更加易于理解检验假设 p 值
（p–value）与 α 的比较结果来判断是否拒绝 H_0 假设，该种检验方式的计算公式实际由
式（3-21）和式（3-22）推导得到，以下仅给出最终结果：

$$2\mathrm{e}^{-2(D_{n,m})^2}\frac{nm}{n+m} < \alpha \tag{3-23}$$

$$p = 2\mathrm{e}^{-2(D_{n,m})^2}\frac{nm}{n+m} \tag{3-24}$$

通过计算 $D_{n,m}$ 值以及检验假设 p 值进行假设检验判断，$D_{n,m}$ 越小表明待检验的两个分
布差距越小，分布规律越一致；反之则说明待检验的两个分布差距越大。p 值小于 α 则拒
绝 H_0 假设，即观察序列与理论序列来自不同分布；若大于 α 则接受 H_0 假设，即观察序列

与理论序列来自相同分布。通常情况下，属于相同分布的序列间 $D_{n,m}$ 值越小，p 值越大。

在确定了检验方法后，需要选取合适的概率分布模型来进行分布检验，并计算出表征数据内在信息的分布模型参数。广泛应用于流程工业数据拟合的概率拟合模型包括卡方分布拟合、泊松分布拟合以及高斯分布拟合等，下面将逐一介绍这些概率分布模型的结构。

1. 卡方分布拟合

卡方分布是统计推断中应用广泛的概率分布之一，其定义为：若 k 个独立的随机变量 $Z_1, Z_2, \cdots, Z_k$ 均符合标准正态分布 $N(0,1)$，则这 k 个随机变量的平均和为服从自由度为 k 的卡方分布，记为 $X \sim x^2(k)$，也可以记为 $X \sim x_k^2$。通常在确定 KS 检验结果符合卡方分布拟合后，卡方分布用于计算数据的概率分布模型参数以及卡方分布自由度，用于辅助后续的数据分析。卡方分布概率密度函数如式（3-25）所示，其概率密度及分布函数示意图如图 3-10 所示。

$$f(x;k) = \frac{1}{2^{\frac{k}{2}} \Gamma\left(\frac{k}{2}\right)} x^{\frac{k}{2}-1} e^{-\frac{x}{2}} \tag{3-25}$$

式中，$x \geq 0$ 为随机变量的取值；k 为卡方分布的自由度参数；Γ 为伽玛函数。

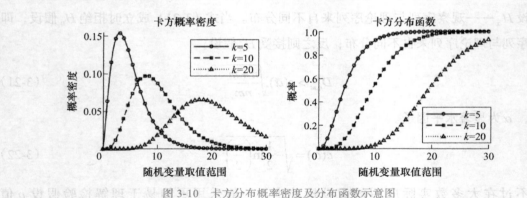

图 3-10　卡方分布概率密度及分布函数示意图

2. 泊松分布拟合

泊松分布适合描述单位时间内随机事件发生的次数，其概率密度函数如式（3-26）所示。

$$P(X = k) = \frac{\lambda^k}{k!} e^{-\lambda} \tag{3-26}$$

式中，λ 为单位时间（或单位面积）内随机事件的平均发生次数，泊松分布的期望和方差均为 λ。通常在确定 KS 检验结果符合泊松分布拟合后，通过计算数据经泊松分布拟合后的概率分布模型参数以及泊松分布的期望（方差），用于辅助后续的数据分析。泊松分布概率密度及其分布函数示意图如图 3-11 所示。

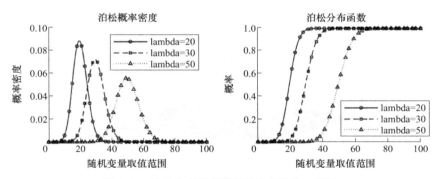

图 3-11　泊松分布概率密度及分布函数示意图

3. 高斯分布拟合

若随机变量 X 服从一个期望 μ，协方差 σ 的概率分布，且其概率密度函数如式（3-27）所示，则这个随机变量就服从正态分布，记作 $X \sim N(\mu, \sigma^2)$。

$$f(x) = \frac{1}{\sqrt{2\pi}\sigma} \exp(-\frac{(x-\mu)^2}{2\sigma^2}) \tag{3-27}$$

正态分布有两个参数，即期望 μ 和方差 σ^2，当 $\mu = 0, \sigma = 1$ 时，高斯分布简化为标准正态分布。通常在确定 KS 检验结果符合高斯分布拟合后，计算数据经高斯分布拟合后的概率分布模型参数以及高斯分布均值、标准差，用于辅助后续的数据分析。一维高斯分布概率密度及其分布函数如图 3-12 所示。

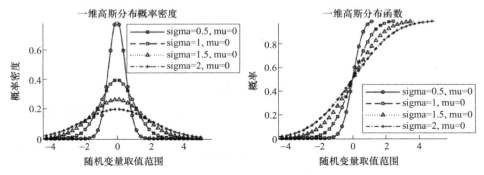

图 3-12　一维高斯分布概率密度及分布函数示意图

二维高斯分布概率密度（二维高斯曲面）示意图如图 3-13 所示，其中期望向量 μ 表示数据在每个维度上的中心位置，二维高斯曲面会随着 μ 的变化在 xOy 平面上移动；σ 是二维高斯曲面协方差矩阵。σ_{11} 和 σ_{22} 分别表示 x 维和 y 维变量的方差，它们决定了高斯曲面在每个维度上的"跨度"：方差越大，数据在该维度上的分布越广。σ_{12} 和 σ_{21} 分别表示 x 维和 y 维变量之间线性关系的强度和方向：$\sigma_{12}\sigma_{21} > 0$ 说明 x 与 y 呈正相关（ x 越大 y 越大），$\sigma_{12}\sigma_{21}$ 值越大，正相关程度越大；$\sigma_{12}\sigma_{21} < 0$ 说明 x 与 y 呈负相关；否则不相关。

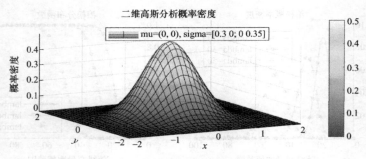

图 3-13　二维高斯分布概率密度示意图

　　高斯分布是广泛应用于数据集概率分布拟合的分布模型，以下将以经典的鸢尾花数据集为例进行高斯混合分布拟合的应用帮助理解。

　　鸢尾花数据集是机器学习和统计学中常用的数据集之一，由统计学家和生物学家 Ronald Fisher 在 1936 年收集整理。该数据集包含了 150 个样本，分为 3 类，每类包含 50 个样本。每个样本都包括了四个特征：花萼长度、花萼宽度、花瓣长度和花瓣宽度，这些特征被用来描述鸢尾花的不同品种。

　　数据集的拟合过程如图 3-14 所示。鸢尾花数据集符合二维高斯混合（多个二维高斯分布的组合），数据集中包括叶子长度以及叶子宽度两个数据维度，不同种类的鸢尾花的叶子长度以及叶子宽度以一定规律分布在特定范围内，内在分布规律基本服从高斯分布。鸢尾花数据集的叶子长度与叶子宽度数据的分布具有较为明显的类别特征（在示范的拟合过程中，鸢尾花类别的标签不用于拟合过程，仅进行拟合结果的验证）。

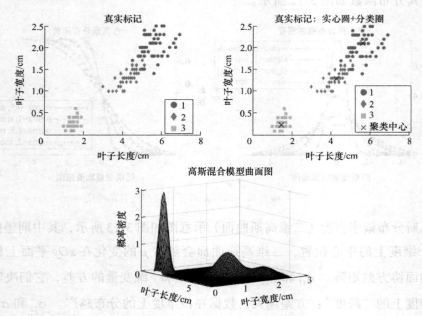

图 3-14　混合高斯分布拟合过程示意图

　　通过高斯拟合算法，可以在不需要标签的情况下对数据集进行拟合分类，得到聚类中心（高斯均值）以及分布标准差，分布标准差可以用以评价数据在拟合出的聚类中心点周围的分布密集与系数情况，进一步可视化数据集的分布规律。最终，在高斯模型的曲面图中也可以较为清晰地看到拟合后的数据集在概率分布密度上表现出的内在规律。

3.4.4　相关性分析案例

单容水箱液位控制系统中的水箱液位值、进水管流量值、进水管压力值三个变量之间存在着关联性，为了研究各变量之间的相关关系和紧密程度，本案例通过预处理之后的数据对三个实验变量分别进行相关系数计算。因为 Spearman 相关系数适用范围广泛、不受数据分布的影响且可用于评估非线性相关关系，对单容水箱液位控制系统中采集的各变量预处理之后的数据进行 Spearman 相关系数计算，得到的结果见表 3-3。

表 3-3　各变量之间 Spearman 相关系数

项目	水箱液位值	进水管流量值	进水管压力值
水箱液位值	1	−0.524	−0.472
进水管流量值	−0.524	1	0.759
进水管压力值	−0.472	0.759	1

进水管压力值和进水管流量值的 Pearson 相关系数的绝对值在 0.6 ～ 0.8 之间，则进水管压力值和进水管流量值之间有高度的正相关，也被认为是强相关性。进水管压力值和水箱液位值之间的 Pearson 相关系数绝对值在 −0.6 ～ −0.4 之间，则进水管压力值和水箱液位值之间具有中等程度的负相关，也被认为是中等相关性。进水管流量值和水箱液位值之间的 Pearson 相关系数在 −0.6 ～ −0.4 之间，则进水管流量值和水箱液位值之间具有中等程度的负相关，也被认为是中等相关性。

对单容水箱液位控制系统中的各变量进行相关性分析，获得各个变量之间的相关性强度和方向，发现潜在的关联关系，筛选出对液位控制系统影响大的变量。通过监测变量之间的偏离或异常关系，能够及时识别系统中的异常情况和潜在故障，有助于及时采取措施进行修复和维护。

码 3-2【代码】
相关性分析

3.5　流程工业过程建模技术

流程工业过程建模是将工业生产过程抽象为数学模型的过程，根据历史数据与实时监测信息，利用统计分析、机器学习、深度学习等技术，解决流程工业过程的软测量、时空预测和故障预警等问题，实现对生产过程的预测、监测、控制和优化。

3.5.1　流程工业过程建模任务

流程工业生产连续性高、物料变化频繁、机理变化复杂。受工艺和技术的限制，部分指标无法直接通过硬件传感器在线实时测量。流程工业过程大数据集成后，复杂数据分析的难度提高，存在诸多难以准确测量的物料属性、工艺参数等。因此，提取工业生产过程数据特征及领域知识，对复杂系统的运行规律实现建模和状态估计，是提升工业自动化水平的有效技术手段。

1. 关键参数软测量

软测量是一种利用数学建模和计算机技术，在流程工业过程中对难以直接测量的参数或变量进行间接估计、预测和控制的方法。它通过分析过程数据，建立数学模型，利用模型对相关参数进行估计，实现对流程工业过程的实时监测和优化控制。软测量的核心目标是在缺乏直接测量手段或直接测量成本较高的情况下，利用已有的过程数据和数学模型，实现对关键参数的准确估计和预测，从而提高工业生产的效率和质量。

软测量在工业领域中的应用具有重要的意义，可以帮助企业降低数据获取成本，实现关键参数的检测，克服实时监控和控制以及优化生产过程等方面的挑战，提高生产效率，降低成本，提高产品质量。

（1）关键参数软测量任务 随着工业自动化水平的不断提高，对于生产过程中关键参数的实时监测和控制需求日益迫切。传统的硬测量方法往往需要大量的传感器和仪器设备，安装和维护成本高昂，并且某些关键参数难以直接测量，或者传感器成本高昂、易受环境干扰。软测量技术的出现填补了传感器技术的局限性，通过建立数学模型来实现对这些难以直接测量的参数的估计和预测，弥补了传统测量方法的局限。

（2）软测量建模方法 软测量建模方法可分为机理模型、数据驱动模型和混合模型三类。

1）基于机理分析的软测量模型。基于机理分析的建模方法先对研究对象的工艺和机理进行分析，通过物理和化学分析确定不可测目标变量与可测辅助变量之间的关系，并构建目标变量与辅助变量之间的物理或化学关系方程式。通过这些方程式，利用可测的辅助变量间接计算出目标变量，从而完成对目标变量的软测量。典型的机理分析模型有运动方程式、状态方程式、反应动力学方程式、物料平衡方程式等。

2）基于数据驱动的软测量模型。数据驱动的软测量是当前软测量技术研究的主要方向之一。随着信息科学的快速发展和 DCS 在企业和工业现场的广泛应用，大量数据被收集和存储。这些数据包含了生产过程内部反应的演化信息，为基于数据的软测量提供了可靠基础。与传统的过程机理模型不同，基于数据的软测量方法仅利用流程工业数据，无须先验条件或专业知识，属于黑箱模型。计算相对简单，只需选择合适的算法，捕捉易测辅助变量与难测量目标输出之间的非线性关系。常见的数据驱动软测量方法包括多元统计回归、统计学习和深度学习。

3）基于机理分析和数据驱动的混合模型。基于机理分析和数据驱动结合的混合软测量模型，即采用二者相结合的折中方法：从机理分析出发确定模型的结构，根据收集到的历史数据进行参数估计以建立满足要求的过程机理模型。例如，反应过程中在进行机理分析的基础上，对于反应动力学常数、传热系数、反应速率等，利用实际能够检测到的数据来加以修正或确定。这类模型在保证模型精度的同时也兼顾了模型的可解释性。

（3）未来趋势与挑战 工业环境中的数据收集和分析涵盖了丰富多样的数据类型，包括结构化数据、文本、图像、视频和语音等。这种多样性为流程工业过程的软测量建模提供了丰富的过程信息，但也带来了一些挑战。虽然可利用的信息类型更多样，但利用多模态流程工业数据实现精确软测量是一项艰巨任务。未来研究的重点在开发能够融合多模态建模信息的策略、技术和工具，以及有效提取具有决策价值的特征变量信息，这将推动工业软测量方法的发展。

2. 工业生产过程指标预测

生产过程指标预测可以帮助企业预测生产过程中各种指标的变化趋势，从而及时调整生产计划、优化资源配置、提高生产效率和产品质量。流程工业过程中包含大量按照时间顺序记录的各种数据，上述数据通常与时间相关联，记录了生产过程中不同时间点的各种参数、指标或状态，可以反映生产过程的动态变化和趋势。通过提取数据特征和领域知识，对工业生产过程指标进行预测建模，可以解决设备参数预测、产能预测、能耗预测等问题，优化工业决策，提升工业企业经济效益。

（1）生产过程指标预测建模任务　生产过程指标预测常采用基于机理建模的方法，依据物料平衡、热量平衡和动力学方程建立数学模型，然而其高度依赖对工艺过程的认知，导致预测周期长、难度大。随着计算机和网络技术的发展，企业通过工业系统采集并存储大量的运行过程数据。基于数据驱动的方法通过建立输入－输出变量间的关系模型，能够克服上述不足，有效完成预测任务，其关键步骤包括特征变量选择、预测模型建立和模型参数优化。

（2）生产过程指标预测建模方法　由于工业生产数据具有典型时序数据特点，生产过程指标预测可视为时间序列预测建模任务，主要预测建模方法包括基于统计学算法的预测方法、基于集成学习的预测方法、基于深度学习的预测方法。

1）基于统计学算法的预测方法。统计学算法是指采用序列分解或微分思想，使用加性、积分或频域模型将原序列分解为多个子序列的方法。该方法能够拟合包含随机噪声的线性函数，函数含义清晰，可解释性强，被广泛运用于平稳线性时间序列的建模。

2）基于集成学习的预测方法。集成学习算法的主要思想是串行使用多个弱分类器逼近预测目标。相较于统计学算法，集成学习算法在具有丰富的专家特征选择经验时，使用较少的参数量即可在稠密的多元时序数据上表现出良好的泛化能力。但是针对流程工业数据中存在的稀疏、纬度较高的特性难以处理。

3）基于深度学习的预测方法。深度学习方法利用非线性功能激活技术，将数据从原始特征空间转换为新的特征空间，进而获得原始特征的高级特征。该方法具有强大的非线性表达能力，充分挖掘时间序列数据隐藏的特征，能够在复杂工业系统中预测输出的条件概率分布。常见基于深度学习的时空序列预测方法包括卷积网络、循环神经网络和Transformer模型等。

（3）未来趋势与挑战　流程工业过程中，生产过程指标预测建模的研究引起学者广泛关注并得到快速发展，但仍有诸多内容需要进一步探索。例如，模型对训练集数据依赖程度较大，模型的选取仍然依赖个人经验，模型难以捕获工业运行过程数据中的动态关系。

数据处理和模型设计是提高时序数据预测模型精度的关键。一方面，对于数据质量低的流程工业数据，需要针对其特点选取预处理和特征提取方法，有时需要考虑进行知识迁移。另一方面，对于具有强时滞性的流程工业数据，需要能够综合解决时滞性和模型动态关系，建立实时在线更新模型。

3. 流程工业过程故障诊断

国际自动控制联合会技术过程故障诊断与安全性委员会把流程工业过程故障定义为：

系统中至少有一个特性或者参数与正常的条件相比，出现了较大偏差。流程工业过程故障会对生产安全、效率、产品质量造成不良影响，因此，流程工业过程故障诊断技术一直是工业领域的研究热点。

（1）流程工业过程故障诊断 故障诊断主要包括针对已经发生的故障进行辨识、隔离、根源诊断与传播路径识别四个方面。故障诊断的主要目的是基于选定的模型，通过流程工业过程中产生的状态数据获取有用的故障数据特征，进而利用算法和规则实现故障诊断。典型的故障诊断步骤包括：判断故障是否发生；确定故障相关变量、大小及类型；定位故障的根源并识别故障的传播路径，为现场运行人员快速做出维护决策提供信息支撑。这里将上述故障诊断过程概括为故障检测、故障溯源与故障识别，示意图如图 3-15 所示。

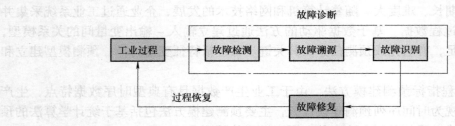

图 3-15　故障诊断过程示意图

通过故障诊断技术及时且准确地检测、溯源和识别工业系统或运行设备的故障，能够确保流程工业过程高质、高效、安全地进行，具有重要的工程应用价值。

（2）基于 PCA 的故障检测指标计算 如图 3-16 所示，流程工业过程故障诊断方法包括基于经验知识的方法、基于机理模型的方法以及基于数据驱动的方法。

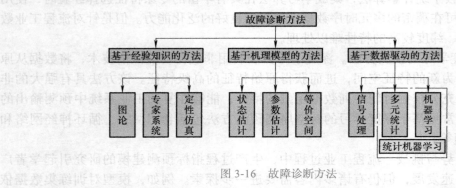

图 3-16　故障诊断方法

1）基于经验知识的方法。根据工业生产经验和专家知识，利用逻辑推理和演绎的方法来描述故障传播途径，从而进行故障的检测、溯源和识别。在流程工业过程中，常用的方法包括图论法（如故障树）、专家系统法（如模糊专家系统）以及定性仿真法。这些方法可以帮助工程师快速准确地定位故障源，提高生产效率和产品质量。基于经验知识的方法在故障诊断过程中建模简单且结果可解释强，但需要完备的系统经验知识库，适用于生产经验和专家知识积累多，且规模小、流程简单的流程工业过程。

2）基于机理模型的方法。根据流程工业过程的物理化学反应规律、能量变化和过程变量之间的关系，建立内部机理和外部影响之间的输入输出数学模型，通过计算实际输出与数学模型预测输出之间的残差来实现故障诊断。在流程工业过程中，常见的方法包括参数估计法、状态估计法和等价空间法等。这些基于机理模型的故障诊断方法适用于机理信息充分且数学模型精确的流程工业过程。然而，流程工业过程往往具有非线性、动态性等特性，并且受到生产环境的不断变化、未知干扰和随机噪声的影响。因此，在建立足够精确的过程机理模型方面存在一定挑战性，这导致上述方法在面对复杂和不确定的流程工业过程时存在实用性和通用性不足的问题，通常更适用于处理机理清晰且固定的简单离散制造业中的机械和装配等过程。尽管如此，这些基于机理模型的方法仍然可以为特定领域提供有力的工具和方法，帮助理解和分析流程工业过程中的故障。

3）基于数据驱动的方法。通过提取数据中与操作状态相关的特征，建立符合数据统计分布的过程模型，将故障特征与故障模式进行映射，实现故障检测、溯源和识别。基于数据驱动的故障诊断方法具有广泛的应用背景，是未来故障诊断技术的重要发展方向。在流程工业过程中，常见方法包括信号处理法、多元统计法和机器学习法。

基于信号处理的故障诊断方法利用小波变换、频谱分析等技术，分析数据的时频域信息，实现故障检测和溯源；多元统计方法采用主成分分析、Fisher 判别分析等策略将数据映射到低维空间，提取数据的本质特征，并借助统计量和过程变量贡献度来反映流程工业过程的运行状态，从而实现故障的检测和溯源；机器学习方法则利用 K 近邻、支持向量机、人工神经网络等技术的模式识别能力，构建多分类模型来实现故障识别。

（3）故障诊断挑战与发展趋势　随着流程工业过程变得更加复杂和不确定，由于难以准确地理解系统内在机理、无法系统地积累生产经验和专业知识等原因，传统的基于经验知识和机理模型的方法相较于数据驱动方法的实用性和通用性不足。然而，当前大多数数据驱动方法有依赖原始数据或人工设计的特征。由于有限的计算资源限制着数据表征的能力，传统数据驱动的方法在简单条件下表现良好，但在面对现代大规模集成流程工业过程时常难以胜任。为满足现代工业对数据表征的高要求，近年来被深度学习技术越来越多的研究引入数据驱动故障诊断领域，有望成为该领域的主要研究方向。

3.5.2　流程工业过程智能建模方法

数据挖掘是指从大量的、不完全的、有噪声的、模糊的、随机的数据中，通过算法搜索隐藏于其中信息的过程。数据挖掘主要基于数据库、机器学习、模式识别等方法，高度自动化地分析生产过程数据，做出归纳性的推理，从中挖掘出潜在的模式，帮助决策者调整市场策略，减少风险，做出正确的决策。对于数据挖掘，数据库提供数据存储技术，机器学习和统计学提供数据分析技术。统计学提供的大部分技术都要在机器学习领域进一步研究，变成机器学习算法后才能进入数据挖掘领域。因而机器学习和数据库是数据挖掘的两大支撑，机器学习算法为数据挖掘提供解决实际问题的方法。

数据挖掘的基本任务包括分类与回归、聚类等，每种任务都可以看作是数据挖掘所能解决问题的一种类型。分类与回归是一种基于类标号的学习方式，这种类标号若是离散的就属于分类问题；若是连续的就属于回归问题，或者称为预测问题。从广义上来说，分类与回归都可视为预测问题，差异就是预测的结果是离散的还是连续的。分类与预测所用的通常是带有标签的数据集，因此，在机器学习中属于监督学习。常用的机器学习算法有朴素贝叶斯、随机森林、神经网络等。聚类分析可以理解为"物以类聚"思想在原始数据集中的应用，通过把原始数据聚成几类，从而使得类内相似度高，类间差异性大。聚类分析中常用的机器学习算法有划分聚类算法中的 k 均值聚类、层次聚类算法中的 AGNES 算法和基于密度的 DBSCAN 算法等。下面首先介绍分类问题中的常用算法。

1. 浅层机器学习

（1）朴素贝叶斯　贝叶斯方法是以贝叶斯定理为基础，使用概率统计的知识对样本数据集进行分类。朴素贝叶斯分类是以贝叶斯定理为基础并且假设所有输入事件之间是相互独立的分类方法，进行这个假设是因为独立事件之间的概率计算更简单。

在机器学习的分类算法中，神经网络、决策树等模型都是判别方法，也就是直接学习特征输出 Y 和特征 X 之间的关系 $X = f(X)$。但朴素贝叶斯是生成方法，它直接找出特征输出 Y 和特征 X 的联合分布 $P(X, Y)$，进而通过贝叶斯公式计算得出判定。

朴素贝叶斯算法的核心思想是通过考虑特征概率来预测分类，即通过计算样本出现在不同类别下的概率，找到概率最大的类别，从而确定特征所在的类别。假设样本数据集 $D = \{d_1, d_2, \cdots, d_n\}$，对应样本数据的特征属性集表示为 $X = \{x_1, x_2, \cdots, x_d\}$，类变量为 $Y = \{y_1, y_2, \cdots, y_m\}$，即 D 可以分为 y_m 类别。其中 $x_1, x_2, \cdots, x_d$ 相互独立且随机，则 Y 的先验概率表示为 $P_{prior} = P(Y)$，Y 的后验概率为 $P_{post} = P(Y|X)$，利用朴素贝叶斯算法，由先验概率 $P_{prior} = P(Y)$、$P(X)$、类条件概率 $P = P(Y|X)$ 计算得到的后验概率如式（3-28）所示。

$$P(X|Y) = \frac{P(Y)P(Y|X)}{P(X)} \tag{3-28}$$

朴素贝叶斯假设特征之间相互独立，给定类别为 y，可进一步表示为式（3-29）。

$$P(X|Y = y) = \prod_{i=1}^{d} P(x_i|Y = y) \tag{3-29}$$

由式（3-28）和式（3-29）可以计算得到后验概率如式（3-30）所示。

$$P_{post} = P(X|Y) = \frac{P(Y)\prod_{i=1}^{d} P(x_i|Y)}{P(X)} \tag{3-30}$$

由于 $P(X)$ 的大小不变，在比较后验概率时，只需比较式（3-30）的分子部分，得到属于类别 y_i 的朴素贝叶斯，如式（3-31）所示。

$$P(y_i|x_1, x_2 \cdots, x_d) = \frac{P(y_i)\prod_{j=1}^{d} P(x_j|y_i)}{\prod_{j=1}^{d} P(x_j)} \tag{3-31}$$

贝叶斯分类方法综合考虑了先验概率和后验概率，在避免出现单独使用样本信息的过拟合现象的同时，也防止了只使用先验概率的主观偏见。在数据集规模较大的情况下，贝叶斯分类算法表现出较高的准确率，同时算法本身也比较简单。

朴素贝叶斯方法是贝叶斯算法的相应简化，即假定给定目标值的属性是有条件地相互独立的，各个属性变量对于决策结果的权重没有大小之分。这种简化降低了贝叶斯分类算法的复杂性，使其在实际应用中更易实现。朴素贝叶斯算法是应用最为广泛的分类算法之一。朴素贝叶斯模型是使用最为广泛的分类模型之一。

（2）支持向量机　支持向量机（support vector machine，SVM）衍生于统计学习理论，能够在最小化训练误差和模型复杂度之间找到最佳平衡点，是一种研究小样本下的分类或回归估计问题比较经典的机器学习方法。由于秉承了统计学习理论的主要思想，SVM 可以在有限样本下得到全局最优，从而避免局部最优问题。

SVM 是一种有监督学习分类算法，适用于解决高维度、非线性等问题，其基本原理是通过选择核函数将数据映射到更高维度，以寻求一个最优超平面来最大化两类数据的分类间隔。SVM 具有较好的泛化能力，能有效地处理复杂分类问题。

SVM 能找到一个最优超平面，使得训练集中的点离分类面尽可能远的分开。它的功能包括最大化分类面两侧的空白区域，从而实现最优的数据分割。SVM 作为二分类模型，其学习策略是最大化间隔，可被转化为一个二次规划问题。

如图 3-17 所示，SVM 算法就是在寻找一个最优的决策边界来确定分类线 b，在高维空间中的 b 线称为超平面。

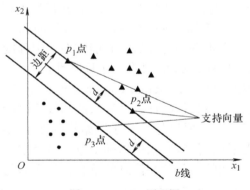

图 3-17　SVM 原理图

所提到的支持向量就是距离决策边界最近的点，即 p_1、p_2、p_3 点，假设没有这些支持向量点作为支撑的话，b 线的位置就会发生改变，图中的边距为两个间隔边界的距离。SVM 就是根据这些支持向量点来进行最大化，进而找到了最优的分类器。

超平面的方程如式（3-32）所示。

$$\boldsymbol{w}^{\mathrm{T}}\boldsymbol{x} + b = 0 \tag{3-32}$$

有了超平面的表达式后，就可以计算样本点到超平面的距离。假设 $P(x_1, x_2, \cdots, x_n)$ 为样本中的一个点，其中 x_i 表示第 i 个特征变量，该点到超平面的距离 d 就可以用式（3-33）来表示。

$$d = \frac{|w_1 x_1 + w_2 x_2 + \cdots + w_n x_n + b|}{\sqrt{w_1{}^2 + w_2{}^2 + \cdots + w_n{}^2}} = \frac{|\boldsymbol{W}^{\mathrm{T}} \boldsymbol{X} + b|}{\|\boldsymbol{W}\|} \tag{3-33}$$

式中，$\|\boldsymbol{W}\|$ 为超平面的范数；b 为常数，类似于直线方程的截距。

SVM 的结构如图 3-18 所示。

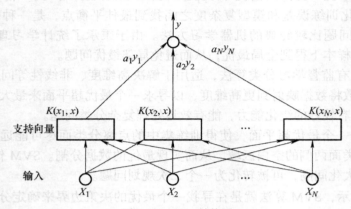

图 3-18　SVM 结构图

SVM 算法在提出之初就被成功地应用于手写数字的识别上，证明了其算法在理论上具有突出的优势。SVM 模型与许多机器学习算法能够很好地联合应用，这使得 SVM 有着众多性能更佳的改进模型。现如今 SVM 主要用于分类问题，主要的应用场景有字符识别、图像识别、行人监测、文本分类等领域，它能够在一定程度上得到全局最优解，但对于超高维度的数据和多分类问题，SVM 具有一定局限性。

（3）主元分析法　主元分析（principal component analysis，PCA）法是多元统计分析中最基本的投影模型之一，在数据统计、过程监测和故障诊断领域得到广泛应用。

PCA 的基本原理是降维，主要思想是基于原始指标变量的线性组合，组成一组新的相互无关的综合变量，即主元，代替原来的指标变量。每个主元保留了原始变量大部分信息，并去除了原始指标变量间的相关性和信息的重叠，从而简化了问题的结构。

下面对 PCA 法的数学原理进行讲解。假设 $\boldsymbol{x} \in \mathbf{R}^m$ 代表一个测量样本，包含了 m 个变量，每个变量有 n 个独立的采样，可以构造如下测量数据矩阵 $\boldsymbol{X} = (\boldsymbol{x}_1, \boldsymbol{x}_2, \cdots, \boldsymbol{x}_n)^{\mathrm{T}} \in \mathbf{R}^{n \times m}$，其中 $\boldsymbol{X}$ 的每一列均表示一个测量变量，每一行均表示一个样本。得到初始数据矩阵后，采用基于相关性的 PCA 方法将 $\boldsymbol{X}$ 的每一列减去相应的变量均值且除以相应的变量标准差，对 $\boldsymbol{X}$ 进行预处理。定义标准化后的样本 $\boldsymbol{x}$ 协方差矩阵为 $\boldsymbol{S} = \mathrm{cov}(\boldsymbol{x}) \approx \dfrac{1}{n-1} \boldsymbol{X}^{\mathrm{T}} \boldsymbol{X}$，然后对其进行特征值分解，并且按照特征值的大小降序排列。PCA 模型对 $\boldsymbol{X}$ 进行如式（3-34）公式分解。

$$\boldsymbol{X} = \hat{\boldsymbol{X}} + \boldsymbol{E} = \boldsymbol{T}\boldsymbol{P}^{\mathrm{T}} + \boldsymbol{E}$$
$$\boldsymbol{T} = \boldsymbol{X}\boldsymbol{P} \tag{3-34}$$

式中，$P \in \mathbf{R}^{m \times A}$ 为负载矩阵，由 S 的前 A 个特征向量构成；$T \in \mathbf{R}^{n \times A}$ 为得分矩阵，T 的各列被称为主元变量，A 表示主元的个数，同时也是得分矩阵的列数。从线性代数观点来看，得分矩阵的各列是互相正交的，则表示这些主元是统计线性无关的。主元的协方差矩阵可以由式（3-35）得到：

$$\lambda = \frac{1}{n-1} T^{\mathrm{T}} T = \begin{pmatrix} \lambda_1 & & & O \\ & \lambda_2 & & \\ & & \ddots & \\ O & & & \lambda_A \end{pmatrix} \tag{3-35}$$

式中，$\lambda_1 \geq \lambda_2 \geq \cdots \geq \lambda_A$ 表示 S 的前 A 个较大的特征值。针对主元的选择，学者们提出了许多准则，如累积方差准则、平均特征准则和传感器重构误差准则等。主元在代数学上是 m 个随机变量 $x_1, x_2, \cdots, x_m$ 的线性组合，在几何上则代表通过以 $x_1, x_2, \cdots, x_m$ 为坐标轴的原坐标旋转后得到一个新坐标系。新坐标轴代表数据变异最大的方向，并且提供了对协方差结构的一个简单且更精炼的刻画，主元只依赖于组成其线性组合的随机变量所构成的协方差矩阵。

PCA 将变量空间分为两个正交且互补的子空间，分别为主元子空间和残差子空间。样本空间中的任意一个样本向量均可被分解为在主元子空间和残差子空间上的投影。

$$\begin{aligned} x &= \hat{x} + \tilde{x} \\ \hat{x} &= PP^{\mathrm{T}} x \in \mathbf{R}_p \equiv \mathrm{span}\{P\} \\ \tilde{x} &= (I - PP^{\mathrm{T}}) x \in \mathbf{R}_r \equiv \mathrm{span}\{P\}^{\perp} \end{aligned} \tag{3-36}$$

式中，$\hat{x}$ 为样本在主元空间中的投影，是被建模的部分；$\tilde{x}$ 为样本在残差空间中的投影，是未被建模的部分；span 为扩张空间。主元子空间表征正常数据变化的测度，残差子空间则表征非正常数据噪声变化情况。

PCA 作为一个非监督机器学习的方法，它仅仅需要对数据样本进行特征值分解，就可以达到对数据进行压缩和去噪的目的，因此在实际工程中广泛应用。通过对原始变量进行综合与简化，可以客观地确定各个指标的权重，避免主观判断的随意性，并且不要求数据呈正态分布。PCA 按照数据离散程度最大的方向对基组进行旋转，该特性扩展了其应用范围，如多过程变量故障诊断领域。同时，其适用于变量间有较强相关性的数据，若原始数据相关性弱，则降维作用较差。但降维过程无法避免存在少量信息丢失，不可能包含100% 原始数据，原始数据经过标准化处理之后，含义会发生变化，且主成分的解释含义较原始数据比较模糊。

（4）随机森林　随机森林使用决策树作为基本学习器。决策树是一种简单且具有预测效率高、可解释性好等优点的模型。建立决策树模型的过程包括属性选择、决策树的生成与剪枝，其原则是最小化损失函数。如图 3-18 中的决策树所示，三角形表示根节点，圆表示子节点，方框表示叶节点。

决策树的使用需要知道各种情况发生的概率，通过构建树形结构来判断可行性、评估项目风险，求取期望值不小于零的概率。每个叶节点代表一种类别，直观运用概率分析进行决策。决策树是一种预测模型，描述了对象属性与值之间的映射关系。

随机是指随机选择样本，随机选择特征，即每一棵树都是从整个训练样本集当中选取固定数量的样本集，然后选取固定数量的特征集，从而构建随机森林中的每一棵决策树。在训练过程中，需要重复多次地将训练数据集分裂为两个子数据集，这个过程就叫作分裂。随机森林是指模型中包含了很多棵决策树。

随机森林构造过程如图 3-19 所示，首先进行随机抽样，一个样本容量为 N 的样本，有放回地抽取 N 次，每次抽取 1 个，最终形成了 N 个样本。选择出来的 N 个样本用于对决策树的训练，作为决策树根节点处的样本，然后随机选取属性。当样本有 M 个属性，在决策树的每个节点需要分裂时，从样本中的 M 个属性中随机选取出 m 个属性。之后使用某种策略（如信息增益、Gini 系数等），从这 m 个属性中选择 1 个属性作为该节点的分裂属性。最后重复随机选取属性的步骤直到不能再分裂，整个决策树形成过程中没有进行剪枝。

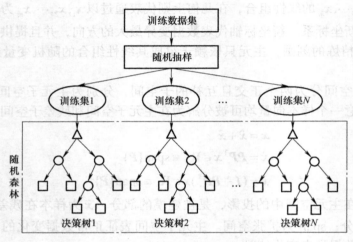

图 3-19　随机森林构造过程

随机森林回归概念如下，假设训练集是从随机向量 X 和 Y 分布中独立提取出来的，令 $h_i(x)$ 表示其中一个决策树的回归预测值，然后对决策树的回归预测值取平均得到随机森林回归的预测值，如式（3-37）所示。

$$M(X) = \frac{1}{m} \sum_{i=1}^{n} h_i(x) \tag{3-37}$$

随机森林分类的具体步骤如下：首先，从原始数据集中随机选取 k 个样本；然后，分别建立决策树模型，得到 k 个样本的分类结果，根据分类结果对每个样本进行投票；最后，确定分类，如式（3-38）所示，其中 $I()$ 是一个线性函数。

$$M(X) = \arg\max \sum_{i=1}^{N} I(h_i(x) = Y) \tag{3-38}$$

给定一组分类模型 $m_1(x), m_2(x), \cdots, m_k(x)$，每个分类的训练数据从原始数据 (X, Y) 抽样得到。所以，通过残差函数 $f(X,Y)$ 来求正确分类大于错误分类的具体情况，其具体公式如式（3-39）所示。

$$f(X,Y) = av_n I(m_n(x) = Y) - \max av_n I(m_n(x) = j) \quad (j \neq n) \tag{3-39}$$

由此可知，$f(X,Y)$ 和分类预测结果密切相关，$f(X,Y)$ 越大，预测结果越准确。因此，模型的外推误差如式（3-40）所示。

$$PE^* = P_{x,y}[f(X,Y) < 0] \tag{3-40}$$

随着决策树分类数量的增加，泛化误差增大，所有决策树都收敛于式（3-41）。

$$\lim_{x \to \infty} PE = P_{x,y}\{p_\theta[m(X,\theta) = Y] - \max p_\theta[m(X,\theta) = Y] < 0\} \quad (Y \neq j) \tag{3-41}$$

式中，n 为森林中决策树的数量。随着决策树变大，泛化误差 PE 趋于上限，即随机森林算法具有良好的收敛性和防止过拟合的能力。

随机森林算法不需要进行数据预处理，具有很好的容错性，能处理噪声和异常值。由于随机选择特征的特性，在处理多维特征时无须进行特征选择，适应能力强，适用于连续和非连续数据，数据无须规范化。对多元共线性不敏感，对缺失数据和非平衡数据稳健。它选择最重要的特征，适用于高维大样本和高维小样本问题，训练速度快，分类准确率高，易于并行处理。模型方差较小，不易过拟合，在机器学习过程中具有良好的泛化能力。然而，随机森林模型解释性较弱，需要调整模型以匹配数据，某些特征取值划分较多时会对决策产生更大影响。

（5）均值聚类　工业现场通常会积累大量数据，聚类算法可用于探索数据的类别、性质和类别之间的关系。聚类算法是一种无监督学习方法，通过发现数据样本之间的相似性对数据集进行聚类，尝试最小化类内差距、最大化类间差距。在实际应用中，由于样本标签未知，聚类算法能帮助理解数据的内在结构。k 均值聚类是一种知名的划分聚类算法，因其简洁高效而被广泛应用。

k 均值聚类算法是一种迭代求解的聚类分析方法。它通过随机设置聚类中心，并计算各样本点到聚类中心的距离来进行聚类。聚类的中心和分配给它们的对象代表一个聚类，每次分配一个样本后，聚类中心都会重新计算。这个过程不断重复，直到满足某个终止条件，完成整个算法过程。k 均值聚类算法的主要步骤包括初始化——随机选择 k 个样本作为初始聚类中心，样本聚类——计算所有样本到每个中心的距离，并将每个样本分配到与其最近的中心的类中，然后重新计算每个类的质心，作为新的类中心。这些步骤循环执行，直到聚类结果不再发生变化。

当输入样本集为 $\{x_1, x_2, \cdots, x_m\}$，聚类簇数为 k 时，首先，随机初始化 k 个点作为簇质心；再将样本集中的每一个点分配到一个簇中，计算每个点与质心之间的距离（常用欧氏距离和余弦距离），并将其分配给距离最近的质心所对应的簇中；然后更新簇的质心，每个簇的质心更新为该簇所有点的平均值；最后，反复迭代上面两步，直到达到某个终止条件，如达到指定的迭代次数、簇心不再发生明显的变化，即收敛或者满足最小误差平方和的条件，如式（3-42）所示，最终输出簇为 $C = \{C_1, C_2, \cdots, C_k\}$。图 3-20 所示为采用随机数据样本，聚类簇数为 $k=3$ 时的聚类结果。

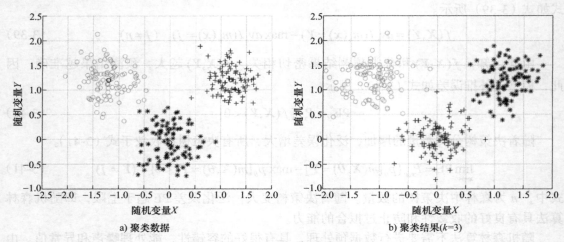

a) 聚类数据 b) 聚类结果($k=3$)

图 3-20　k-means 聚类算法实例

$$\mathrm{SSE} = \sum_{i=1}^{k}\sum_{x\in C_i}(x-\mu_i)^2, \mu_i = \frac{1}{|C_i|}\sum_{x\in C_i}x \qquad (3\text{-}42)$$

k 均值算法作为一种广泛应用的聚类算法具有许多优点。它可以使用每个类的质心简洁地描述该类的性质，因为质心实际上代表了该类中最具代表性的点。通常的聚类算法只提供每个点的类别属性，而没有直接反映每个类的特征的量。此外，k 均值算法不需要先验知识，即在初始化过程中，假设每个点属于每个类的先验概率相等。该算法思想简洁易懂。然而，k 均值算法也存在一些缺点，因为它会根据每个数据点与质心的距离判断归属，导致每个簇的形状近似圆形。对于分布为狭长形状的数据，k 均值可能无法有良好的聚类效果。在使用 k 均值算法时，需要注意在确定聚类数时，可以依据特定的数学指标或进行多次尝试，并根据可视化效果来判断最佳聚类数。

2. 深度学习

在工业生产过程中，需要利用数据分析技术和数学建模方法对工业生产过程进行优化，以提高生产效率、降低成本、提升产品质量。深度学习作为机器学习领域中一个新的研究方向，它是以人工神经网络为框架，能够对资料进行表征学习。传统的特征提取方法主要依靠人工设计和经验选择，其效率和准确性受到一定限制。而深度学习算法对数据的预测能力和分类效果已经远远超越了传统的机器学习算法，其可以通过对数据的端到端学习，实现自动化的特征提取和表示学习。例如，利用深度学习技术对工业生产过程中的图像数据进行特征提取，可以学习到图像中的高级特征和抽象表示，为后续建模分析提供丰富的信息。

作为深度学习的核心组成部分，神经网络通过模仿生物神经网络结构和功能，对输入和输出间复杂的关系进行建模。大量神经元互连形成一个神经网络，每个神经元在网络中构成一个节点，每个节点能够接收多个节点的输出信号，同时也能将自己的状态输出到其他节点。神经网络通过调整内部大量节点之间相互连接的关系，从而达到处理信息的目的。作为一种先进的人工智能技术，神经网络拥有自身自行处理、分布存储、非线性处理能力强和高容错率等特性，适合处理以模糊、不完整、不严密的知识或数据为特征的问题。

神经网络种类多样，按照不同角度可以分成不同的种类。根据神经网络的不同结构，可以分为前馈神经网络和反馈神经网络，简称前馈网络和反馈网络，根据前馈神经网络和反馈神经网络可以对神经网络算法进一步分类。

（1）前馈神经网络　前馈神经网络采用一种单向多层结构，可以细分为单层前馈神经网络和多层前馈神经网络。其中单层前馈网络也称为感知器，所拥有的神经元都是单层的，输入层被看作是一层神经元，输入层只负责传输数据，不具有执行计算的功能，输出层直接对输入进行权重关系转换操作并输出结果。单层前馈网络只有输出层神经元需要激活函数将神经元的输入映射到输出端，学习能力有限，通常用来解决线性可分的问题。多层前馈神经网络含有一个或者更多的隐含层，计算节点被称为隐含神经元。隐含层与输出层神经元都是有激活函数的功能神经元，用来解决非线性问题。典型的多层前馈神经网络有反向传播神经网络（back propagation neural network，BP）、卷积神经网络（convolutional neural networks，CNN）和径向基神经网络（radial basis function neural network，RBFNN）。多层前馈网络中每一层的神经元只接收前一层神经元的输出，同一层的神经元互相没有连接，不同层之间的信息单向传送。通过简单非线性处理单元的复合映射，可获得复杂的非线性处理能力。作为典型的前馈神经网络，CNN 在图像识别、目标检测以及人脸识别领域应用广泛，接下来将重点介绍 CNN。

CNN 是一种专门用于处理图像和视频数据的深度学习模型，核心思想是通过卷积层和池化层来提取图像中的特征，并通过全连接层进行分类或回归任务，其结构包括多个卷积层、激活函数、池化层和全连接层。卷积层通过卷积操作提取图像中的特征，利用激活函数进行非线性转换；池化层用于降维和保留重要特征；全连接层用于分类或回归任务。CNN 通过反向传播算法进行训练，通过调整权重来最小化损失函数，从而提高模型的准确性。算法公式可以分为前向传播和反向传播两部分，其中前向传播用于计算网络的输出，反向传播用于更新网络的参数以减小损失函数。

在 CNN 的前向传播过程中，信号从输入层逐层传递，经过卷积、激活、池化和全连接等操作，最终得到网络的输出。通过这些操作，CNN 可以提取图像中的特征并进行分类、检测等任务。前向传播决定了网络的输出结果和性能。卷积层通过卷积操作提取图像中的特征，其算法公式如式（3-43）所示。

$$Z^{(l)} = W^{(l)} A^{(l-1)} + b^{(l)} \qquad (3\text{-}43)$$

提取特征之后需要对卷积结果进行激活函数处理，引入非线性，算法公式如式（3-44）所示。

$$A^{(l)} = g(Z^{(l)}) \qquad (3\text{-}44)$$

引入非线性之后需要对激活输出进行池化操作，降低特征图的维度，算法公式如式（3-45）所示。

$$A^{(l)} = \text{pooling}(A^{(l-1)}) \qquad (3\text{-}45)$$

将池化层的输出展开成一维向量，与全连接层的权重进行矩阵乘法并加上偏置，算法公式如式（3-46）所示。

$$\boldsymbol{Z}^{(l)} = \boldsymbol{W}^{(l)} \boldsymbol{A}^{(l-1)} + \boldsymbol{b}^{(l)}$$
$$\boldsymbol{A}^{(l)} = g(\boldsymbol{Z}^{(l)})$$
$$(3\text{-}46)$$

式中，$\boldsymbol{Z}^{(l)}$ 为第 l 层的卷积结果；$\boldsymbol{W}^{(l)}$ 为第 l 层的卷积核；$\boldsymbol{A}^{(l-1)}$ 为上一层的激活输出；$\boldsymbol{b}^{(l)}$ 为第 l 层的偏置；g 为激活函数；pooling 是一种常见的池化操作。

CNN 的反向传播过程是指在训练过程中，通过计算损失函数对网络参数的梯度，然后利用梯度下降等优化算法来更新网络参数。在反向传播过程中，CNN 可以根据损失函数的梯度调整网络参数，使网络逐渐学习到更好的特征表示，提高模型的性能和泛化能力。反向传播通过不断迭代更新参数，使网络不断优化。通过损失函数对输出值的偏导数计算输出层的梯度，其算法公式如式（3-47）所示。

$$\frac{\partial L}{\partial a^{(L)}} = \frac{\partial L}{\partial \hat{y}} \cdot \frac{\partial \hat{y}}{\partial a^{(L)}}$$
$$(3\text{-}47)$$

计算输出层的梯度之后，利用链式法则来计算隐藏层的梯度，其计算公式如式（3-48）所示。

$$\frac{\partial L}{\partial a^{(l)}} = \frac{\partial L}{\partial a^{(l+1)}} \cdot \frac{\partial a^{(l+1)}}{\partial a^{(l)}}$$
$$(3\text{-}48)$$

根据计算得到的梯度，利用梯度下降等优化算法来更新网络中的参数，参数更新的公式如式（3-49）所示

$$\boldsymbol{W}^{(l)} = \boldsymbol{W}^{(L)} - \alpha \frac{\partial L}{\partial \boldsymbol{W}^{(l)}} \boldsymbol{b}^{(l)}$$
$$(3\text{-}49)$$

式中，L 为损失函数；$\hat{y}$ 为真实标签；$\boldsymbol{W}^{(L)}$ 为参数更新前的卷积核；$\boldsymbol{W}^{(l)}$ 为更新后的卷积核；α 为学习率；$\boldsymbol{b}^{(l)}$ 为偏置项。

（2）反馈神经网络　反馈神经网络是指在网络中至少含有一个反馈回路的神经网络，其包括循环神经网络（recurrent neural network，RNN）、Hopfield 神经网络等。在反馈神经网络中，多个神经元互连以组织成一个互连神经网络。其中，有些神经元的输出被反馈至同层或前层神经元，信号能从正向和反向流通。在使用深度学习处理时序问题时，RNN 是常使用的模型。长短期记忆网络（long short-term memory，LSTM）是一种特殊的 RNN，相比于传统的 RNN，LSTM 具有更强大的记忆能力和长期依赖性，能够更好地捕捉系列数据中的长期依赖关系。

LSTM 能够解决 RNN 的"长期依赖"问题。传统的 RNN 节点输出仅由权值、偏置以及激活函数决定，且 RNN 是一个链式结构，每个时间片使用的是相同的参数。而 LSTM 之所以能够解决 RNN 的长期依赖问题，是因为 LSTM 引入了三个门控单元：输入门、遗忘门和输出门，以及一个细胞状态来控制信息的流动和记忆，这些门控单元和细胞状态的计算过程如下。

LSTM 中的遗忘门用来确定继续通过神经元的信息，它通过一个激活函数来决定应该

被遗忘的信息，即应该从细胞状态中删除的信息。计算公式如式（3-50）所示。

$$f_t = \sigma(W_f[h_{t-1}, x_t] + b_f) \tag{3-50}$$

输入门决定了需要保存到当前单元状态的当前输入。此部分功能的实现由 sigmoid 层和 tanh 层组成：sigmoid 层决定哪些输入被更新，tanh 层生成一个向量作为备选更新信息，通过对两层输出的逐点相乘，实现单元状态的更新。计算公式如式（3-51）所示。

$$i_t = \sigma(W_f[h_{t-1}, x_t] + b_i)$$
$$\tilde{c}_t = \tanh(W_c[h_{t-1}, x_t] + b_c) \tag{3-51}$$

完成信息的选择与更新之后，输出门通过 sigmoid 激活函数控制细胞状态的输出。同时，利用 tanh 激活函数来对细胞状态进行归一化处理，通过输出门输出到下一层网络。计算公式如式（3-52）所示。

$$o_t = \sigma(W_o[h_{t-1}, x_t] + b_o)$$
$$h_t = o_t \tanh(c_t) \tag{3-52}$$

更新记忆单元通过遗忘门和输入门来更新细胞状态，细胞状态的更新过程如式（3-53）所示。

$$c_t = f_t c_{t-1} + i_t \tilde{c}_t \tag{3-53}$$

式中，i_t 为输入门的输出；f_t 为遗忘门的输出；o_t 为输出门的输出；c_t 为细胞状态；t 为时间步长；h_{t-1} 为上一时刻步的隐藏状态；x_t 为当前时间步的输入；W 和 b 为权重和偏置；σ 为 sigmoid 激活函数。

3.5.3　知识 - 数据混合驱动的工业智能建模应用

传统的流程工业过程建模方法根据系统的机理（如物理或化学的变化规律）建立系统模型。根据建模对象的应用场合和模型的使用目的进行合理的假设，然后根据系统的内在机理建立数学方程，最后进行模型简化与验证。但机理建模并不是完全抛开数据，只是根据机理确定参数之间的映射关系。这种机理建模方法具有较强的因果可解释性，适用于小规模工业系统的建模问题。

面对结构复杂、非线性、时变的工业系统，透彻分析其过程机理并建立精确数学模型是相当困难的。机器学习可以从流程工业数据中获取有效的信息，解决对于机理尚不明确过程的建模难题，因此，使用机器学习算法进行数据挖掘的技术在流程工业过程中得到了应用。

不同于传统的机器学习建模，流程工业过程建模对系统安全、稳定、可靠运行的要求较高，也有着强机理性、重因果的特点。因此，仅将数据挖掘技术用于流程工业过程建模是不够的，还需要结合其机理知识和专家多年的经验知识。例如，在许多实际生产过程中，对系统机理和数学模型知之甚少的工程技术人员，通过观察和经验总结仍然对系统进行良好的预判或控制，而流程工业过程的机理可以排除相当大一部分的无关变量等。因此，借助于机器学习等数据挖掘技术，结合各类知识，建立知识 - 数据混合驱动的模型已成为复杂流程工业过程建模的主要发展路线。

本小节以加热过程煤气流量预测、铁水硅含量时空预测和流程工业过程故障诊断三个问题为实例，概述如何采用"知识－数据"的混合驱动方式去解决实际工业问题。

1. 加热炉板温预测案例

钢铁冶金产业是我国国民经济重要基础和支柱，我国钢铁产业体系完善、产能强劲，各类钢产量长期占据世界第一。随着科学技术和社会经济的发展，汽车、家电、军工等重要行业领域对高质量钢的需求高涨，但目前我国钢铁行业低端产品产能严重过剩、高端钢料研发制造能力不足的问题严重影响了制造业的转型升级。为了改变这一局面，迫切需要研究面向高端钢铁生产的先进控制技术。冷轧退火钢材是一类高端钢材，在我国乃至全球都具有相当高的市场地位和广阔的市场需求。

冷轧带钢作为高端钢材的代表之一，是实现高端合金钢材研发制造转型升级的重要一环。在钢铁企业产能过剩、生存环境严峻的大环境下，冷轧产品质量直接决定其市场竞争力，并决定企业效益。退火是冷轧带钢生产中重要且关键的一环，钢板在经过退火炉加热过程中，随着其温度按照工艺设计的幅度和速度指标变化，钢板内部组织也逐渐变化直到达到工艺要求的质量指标。因此，退火炉是决定退火过程中加热钢板温度的核心设备，其加热能力直接影响到钢板加热过程的生产质量。

（1）加热过程描述　加热过程是钢铁工业产出高端钢材的关键流程，包含预热、加热、均热等工序，其目的是将带钢加热到目标温度并稳定在目标温度区间内。空气流量会根据煤气流量自动按照设置的空燃比系数加入到各分区中，从而保证带钢被加热到其规格要求的温度范围。退火炉加热设备如图 3-21 所示，分为预热（pre-heat，PH）、无氧加热（non-oxygen furnace，NOF）和辐射管加热（radiant tube furnace，RTF）段。

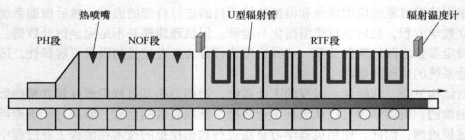

图 3-21　加热炉工艺图

PH 段是钢板进入加热炉体的第一个区段，其中，NOF 段燃烧产生的高温废气通过对流换热对带钢进行加热，此处炉温约为 900℃。PH 段进口处会进行废气中氧气、一氧化碳等成分的检测，以判定煤气的燃烧状况。同时废气还可以对通入的空气进行预热，以最大限度地利用余热提高能源利用率。

NOF 段为明火加热段，其与 PH 段相互通联，共分为 4 个区。各分区具备独立的煤气喷嘴和空气喷嘴，同时在炉壁上下各安放了一个用以检测炉内温度的热电偶。在煤气通入之前，会对煤气中可燃气体的成分进行检测，根据各成分的比例设置合理的空燃比系数。空气流量会根据煤气流量自动按照比例加入到各分区中，在保证煤气完全燃烧的同时，尽量使炉内为低氧环境，从而保证钢板表面质量稳定。在 NOF 炉出口处装有鼓风风机，PH 炉入口处装有抽风风机，以实现高效的气体循环。NOF 段内主要涉及煤气的燃烧反应、燃烧生成的气体与高速移动的带钢之间的对流换热、喷嘴和炉壁等高温设备与带钢之间的辐射换热、以及带钢与其直接接触的水冷辊轮之间的传导换热，在 4 区的出口安装了红外测温仪检测 NOF 段出口的钢板温度。

在 NOF 段中，能量的来源主要是燃气与空气发生的燃烧反应。燃气主要由甲烷（CH_4）、氢气（H_2）、一氧化碳（CO）组成，这几类物质的质量比例通常情况下是确定的。因此，主要发生的化学反应如式（3-54）所示。

$$\left.\begin{array}{l} CH_4 + O_2 \rightarrow CO_2 + H_2O + CO \\ H_2 + O_2 \rightarrow H_2O \\ CO + O_2 \rightarrow CO_2 \end{array}\right\} \tag{3-54}$$

RTF 段使用辐射管进行加热，其与 NOF 段存在物理隔断，共分为 7 个区。通入辐射管中的煤气和空气在管内燃烧，通过辐射换热实现钢板在 RTF 段的缓慢升温，在炉内充满了主要由氮气组成的保护性气体。RTF 段各区的上下炉壁同样安装了热电偶检测炉温。RTF 段内主要涉及的反应为带钢与辐射管和炉壁等高温设备之间的辐射换热、带钢与炉内保护性气体之间的对流换热，以及带钢与辊轮之间的传导换热，在其第 7 区的出口也有红外测温仪进行出口板温的检测。

RTF 段主要发生的也是由燃气与空气燃烧反应放热，以及 3 种不同的传热方式。其中，由于炉内主要介质流体是由氮气（N_2）等组成的保护性气体，且保护性气体没有进行循环流动，因此对流换热强度很低。

（2）加热炉板温预测

1）关键参数：过钢量、煤气热值、4 区煤气流量、NOF 段 4 区实际空燃比、预热空气温度、废气氧含量、废气温度、废气一氧化碳含量。

2）建模步骤：建立能反映加热过程关键参数（模型输入）与出口板温（模型输出）复杂关系的板温预测模型。在现场传感器提供了大量生产数据的条件下，支持向量机能通过构造最优分类超平面或超曲面，揭示加热过程中输入及输出参数的复杂关系。下面将选择支持向量机预测加热过程的出口板温。

将选择得到的 12 个关键参数与 2 个边界条件的 K 组样本数据构成输入集 $z_i(i = 1, 2, 3, \cdots, K)$，出口板温构成输出集 $y_i(i = 1, 2, 3, \cdots, K)$。通过非线性函数 $\Phi(z)$ 可以将当前 14 维空间表征的非线性关系转化为高维空间中的线性关系，如式（3-55）所示。

$$y = f(z) = w^T \Phi(z) + b \tag{3-55}$$

式中，w、b 分别为权值向量和偏置。

为求解上述线性函数，定义不敏感系数 ε 与惩罚因子 β，引入松弛变量 ξ_i 和 ξ_i^*，则可将支持向量机模型中 w、b 的求解问题转化为式（3-56）所示的二次规划问题：

$$\min\left(\frac{1}{2}\|\boldsymbol{w}\|^2\right) + \beta\sum_{i=1}^{K}(\xi_i + \xi_i^*)$$

$$\text{s.t.}\begin{cases} y_i - \boldsymbol{w}^{\mathrm{T}}\boldsymbol{\Phi}(z_i) - b \leqslant \varepsilon + \xi_i \\ -y_i + \boldsymbol{w}^{\mathrm{T}}\boldsymbol{\Phi}(z_i) + b \leqslant \varepsilon + \xi_i^* \\ \xi_i \geqslant 0, \xi_i^* \geqslant 0 \end{cases} \tag{3-56}$$

引入对偶原理、拉格朗日乘子法及核函数 $K(z_i, z)$，可形成上述问题的对偶式，求解后可得到最优拉格朗日乘子 α_i 和 α_i^*，且有 $w = \sum_{i=1}^{K}(\alpha_i^* - \alpha_i)\boldsymbol{\Phi}(z_i)$，构造板温回归模型：

$$y = \sum_{i=1}^{K}(\alpha_i^* + \alpha_i)K(z_i, z) + b \tag{3-57}$$

选择高斯径向基函数作为核函数 $K(z_i, z)$，其具体的表达形式如式（3-58）所示。

$$K(z_i, z) = \exp\left(-\frac{\|z_i - z\|^2}{2\gamma^2}\right) \tag{3-58}$$

式中，γ 为核参数。

采用网格搜索方法和十折交叉验证方法对支持向量机模型参数进行优化。

（3）实验仿真　首先验证板温预测模型的有效性。图 3-22 所示为测试集中部分样本的出口板温预测结果（仅展示测试集 100 组数据），由图可知大部分样本的预测出口板温与实际值拟合良好。

为了说明板温预测的总体效果，利用平均绝对误差 AAE 与平均绝对误差率 AAER 来评估预测效果，AAE 与 AAER 的计算表达式如式（3-59）和式（3-60）所示。

$$\text{AAE} = \frac{1}{n}\sum_{i=1}^{n}|\hat{y}_i - y_i| \quad (n = 300) \tag{3-59}$$

$$\text{AAER} = \frac{1}{n}\sum_{i=1}^{n}\frac{|\hat{y}_i - y_i|}{y_i} \times 100\% \quad (n = 300) \tag{3-60}$$

式中，$\hat{y}_i$ 为预测值；y_i 为实际值；n 为测试集的样本个数。

得到的平均绝对误差 AAE 为 3.86，平均绝对误差率 AAER 为 0.62%。上述实验分析表明出口板温的预测效果良好，在实际生产的可接受范围内，可为后续的性能评估基准库验证提供模型支撑。

2. 复杂流程工业过程时序预测案例

高炉炼铁是典型的复杂流程工业过程，其工业过程繁杂、系统规模庞大，是一个综合传导、对流、辐射、扩散、相变化等众多化学、物理反应的生产过程。如图 3-23 所示，在炉内反应期间，各局部操作单元之间相互独立，众多操作参数间相互影响，各变量之间关系错综复杂，导致炉内状况难以直接观测。因此，需要建立众多关键生产指标来间接观测生产过程，其中，铁水硅含量是高炉生产状态的重要评价指标之一。

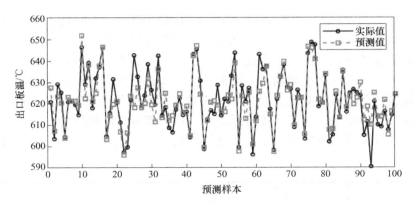

图 3-22 基于 SVM 的出口带钢温度回归模型

码 3-3【代码】加热炉板温预测

铁水硅含量是衡量高炉炉缸热状态的关键生产指标,也是表征炉温的核心指标参数。但是铁水硅含量数值的获取具有时滞性,一方面由于炉料的长传输反应时间和冶炼单元在时空分布上的差异导致变化是滞后的,另一方面由于实际生产中,其采样化验过程存在时间滞后性。因此,难以满足实时状态评估或调控需求,需要依据生产数据,对铁水硅含量进行实时预测。

（1）复杂流程工业过程时序预测 针对铁水硅含量预测问题,设计基于 LSTM 的铁水硅含量预测方法。首先对高炉炼铁过程中各变量的时序特征进行了描述和分析;然后对模型训练中局部空间特征提取不敏感或错误匹配的问题进行了分析和优化,提高了模型的信息感知能力和训练合理性;最后基于实际生产数据进行了实验测试,对高炉铁水硅含量进行预测。

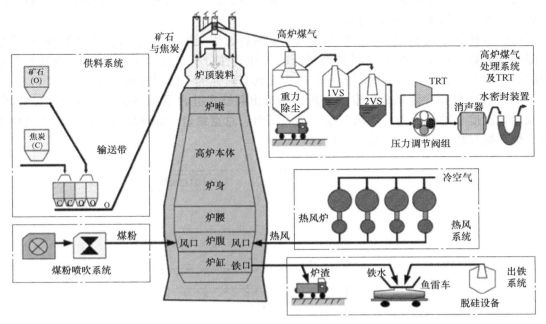

图 3-23 高炉炼铁工艺流程图

1）高炉生产过程变量相关性分析。在高炉冶炼过程中，影响铁水硅含量的因素包括鼓风特性、入炉原料的性质、炉内物理状况。本案例选择了某钢厂100组实际高炉冶炼参数样本作为本实验的原始数据集。考虑到实际生产数据具有多源异构特性，经常出现缺失值、离群值，无法直接作为模型输入。因此，为了保证模型训练的效果和输入样本的合理性，需对原始数据集进行预处理。通过和铁水硅含量的相关性分析（表3-4），筛选出和铁水硅含量波动相关的变量，包括炉顶冷风温度、冷风流量、冷风压力、热风温度、热风压力、总富氧量、煤粉瞬时喷吹量、压差、透气性指数、炉腹煤气指数、上一时刻硅含量。

表 3-4　铁水硅含量预测模型输入变量

序号	变量名	单位	相关工艺环节
X_1	上一时刻硅含量	质量分数，%	渣铁处理系统
X_2	炉顶冷风温度	℃	
X_3	冷风流量	m³/h	
X_4	冷风压力	kPa	送风系统
X_5	热风温度	℃	
X_6	热风压力	kPa	
X_7	总富氧量	m³/h	
X_8	煤粉瞬时喷吹量	t/h	煤粉喷吹系统
X_9	压差	kPa	
X_{10}	透气性指数	m³/（min·kPa）	供料系统、高炉本体系统
X_{11}	炉腹煤气指数	m/min	

为防止流程工业数据不同量纲之间数量级的巨大差别造成奇异解，对高炉生产数据进行归一化处理，映射到 [−1，1] 之间。

在铁水硅含量预测研究中，作为输入变量的各过程变量对于铁水硅含量的影响通常存在滞后性。以实际某厂的硅含量数据进行的自相关性分析，如图3-24所示，渣铁处理系统的上一时刻硅含量与当前时刻的铁水硅含量具有较强的一阶时滞相关性。

通过对铁水硅含量相关因素的分析，筛选出和铁水硅含量波动相关的9项变量包括：炉顶冷风温度、冷风压力、热风温度、热风压力、总富氧量、煤粉瞬时喷吹量、透气性指数、炉腹煤气指数、上一时刻硅含量。

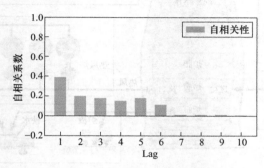

图 3-24　硅含量自相关性分析结果

2）高炉铁水硅含量预测模型。LSTM 是一种特殊的循环神经网络，其特殊的时序处理结构决定了自身对于时序特征量化处理的优越性。其主要特点是存在循环结构，能够保留前一次循环的输出结果，并作为下一次循环输入的一部分，适用于高炉冶炼这类大时滞的工业场景。

码 3-4【代码】
复杂工业过程
时序预测

（2）实验仿真　基于实际生产数据进行相关性分析，综合机理知识和专家经验，确定模型输入变量，在对原始数据进行离群值判断、数据滤波、数据归一化等预处理步骤后，利用本章所提的 LSTM 方法建立铁水硅含量预测模型。

针对上述内容，复杂流程工业过程时序预测流程如算法 3-1 所示。

算法 3-1：工业时序数据预测模型

输入：11 个过程变量原始数据

输出：t 时刻后铁水硅含量预测图

　　1. 数据预处理

　　2. 分析变量相关性和时滞，选取相关性大于 m 的变量作为输入

　　3. 选取训练集，构建铁水硅含量预测模型

　　4. 输出测试集预测结果并绘图

选取（1）中筛选出和铁水硅含量强相关的变量作为输入变量，利用 LSTM 预测高炉铁水硅含量的预测结果如图 3-25 所示。根据预测结果发现，基于 LSTM 的铁水硅含量预测方法具有较好的预测准确性。

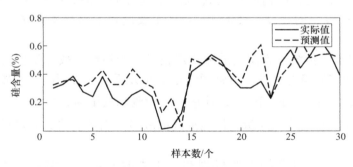

图 3-25　铁水硅含量时序预测结果

3. 流程工业过程故障诊断案例

本案例源自某工业锅炉系统生产过程，生产过程中存在着大量的、高度相关的过程变量，如温度、压力、流量、液位等。工业锅炉控制系统的自动化程度日益提高，规模庞大且内部系统结构与流程日益复杂化，参数众多且耦合性强，一旦发生故障，会造成巨大经济损失和人员伤亡，这些特点使得工业锅炉系统的故障诊断难度较高。

（1）流程工业过程故障诊断　针对上述工业背景中存在多过程变量，且变量间相互关联的特点，选择 PCA 模型作为诊断该系统故障的工具。将处理得到的数据进行基于相关性的 PCA 方法的标准化处理，并计算协方差矩阵，然后对协方差矩阵进行特征分解，形成对应特征向量，进而求取置信度为 99% 时的 T^2 统计控制限以及置信度为 99% 的 Q

统计控制限。最后，求取 T^2 统计量和 Q 统计量，绘制统计量变化曲线和统计量贡献图。

1）PCA 法用于故障检测领域的判断指标。通常，在工业过程故障诊断领域，PCA 使用平方预测误差（squared prediction error, SPE）（也称 Q 统计量）和 Hotellin's T^2 两项指标来判断故障是否发生和故障发生原因。

假设 $x \in \mathbf{R}^m$ 代表一个包含了 m 个变量的测量样本，每个变量各有 n 个独立采样，构造如下测量数据矩阵 $X = (x_1, x_2, \cdots, x_v)^T \in \mathbf{R}^{n \times m}$，其中 X 的每一列代表一个测量变量，每一行代表一个样本。

SPE 指标衡量样本向量在残差空间投影的变化，计算如式（3-61）所示。

$$\mathrm{SPE} = \|(I - PP^T)x\|^2 \leqslant \delta_\alpha^2 \qquad (3\text{-}61)$$

式中，$P \in \mathbf{R}^{m \times A}$ 为负载矩阵，由 S（样本的协方差矩阵）的前 A（主元个数）个特征向量构成；δ_α^2 为置信度水平为 α 时的控制限。

Hotellin's T^2 指标衡量变量在主元空间中的变化，计算如式（3-62）所示。

$$T^2 = x^T P \Lambda^{-1} P^T x \leqslant T_\alpha^2 \qquad (3\text{-}62)$$

式中，$\Lambda = \mathrm{diag}\{\lambda_1 : \lambda_A\}$，$\lambda_1 \geqslant \lambda_2 \geqslant \cdots \geqslant \lambda_A$ 表示 S 的前 A 个较大的特征值；T_α^2 为置信度水平为 α 时的 T^2 控制限。

故障的发生体现在统计指标超出统计控制限。需要指出的是，两者虽都被用于工业过程的故障检测，但它们监测的是过程的不同方面。SPE 指标主要衡量正常过程变量之间的相关性被改变的程度，Hotellin's T^2 主要度量现有样本距离主元子空间原点的距离。

2）PCA 法中基于传统贡献图的故障诊断技术。当检测到故障发生后，需要分离出引起故障的变量或确定故障的种类。贡献图法是主元分析中最常用的一种故障分离方法。最常用于贡献图的统计量是 SPE 和 T^2 统计量，当检测到故障后，贡献图中占比较大的变量被认为是可能造成故障的原因变量。但是最终的故障原因还需要具有过程知识的操作人员进一步分析确定。

（2）实验仿真　经过现场工艺机理和人工先验知识，总结得出 10 个关键过程变量，以序号 1～10 标识，每个过程变量采样约 20000 条数据。工业锅炉内部过程变量见表 3-5。

表 3-5　流程工业过程内部变量

序号	测量点	序号	测量点
1	上水温度	6	炉膛温度
2	上水压力	7	排烟温度
3	出水流量	8	炉膛负压
4	出水压力	9	炉排阀位
5	出水温度	10	给煤阀位

针对上述内容，工业故障诊断过程如算法 3-2 所示。

算法 3-2：主元分析模型
━━━
　　输入：10 个过程变量原始数据
　　输出：主元分析统计量变化图和贡献图
　　　　1. 数据预处理
　　　　2. 计算协方差矩阵
　　　　3. 特征分解形成特征向量
　　　　4. 求取统计控制限
　　　　5. 求取两个统计量
　　　　6. 绘制统计量变化图与贡献图
━━━

最终实验结果如图 3-26 所示。分析实验结果可以得出：对于主元分析统计量，其超出正常点的部分（即图中的峰值部分）可以判断为发生故障；对于 SPE 统计量（即 Q 统计量）的贡献图，可以明显看出，变量3（出水流量）与变量 4（出水压力）是导致此次故障发生的两个异常变量。实验结果证明，PCA 模型对具有大量互相关过程变量的流程工业过程的故障诊断具有适用性。

码 3-5【代码】
工业过程故障
诊断

93

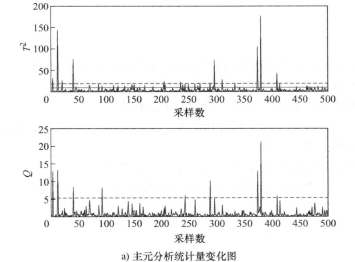

a) 主元分析统计量变化图

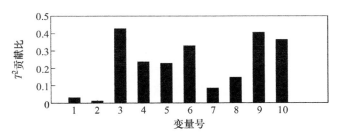

图 3-26　故障诊断实验结果

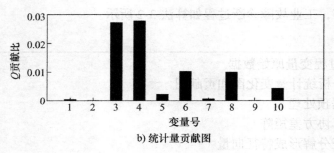

b) 统计量贡献图

图 3-26　故障诊断实验结果（续）

本章小结

　　本章主要从流程工业大数据定义与特点、数据预处理方法、关联性分析技术和流程工业过程建模技术四个方面进行介绍。在流程工业大数据方面，给出了流程工业数据的定义和特点，介绍了流程工业数据类型、来源、应用价值。在数据预处理方面，说明了流程工业数据的缺失值填补方法，介绍了典型的离群点判断和数据滤波方法，以及数据的归一化方法。在数据关联性分析方面，从相关性分析、因果性分析和数据拟合的角度对数据间关系分析进行描述。在流程工业过程建模技术方面，阐述了流程工业过程主要的建模任务，介绍了经典的智能建模方法，并给出了具体的案例和分析。

习题

3-1　请简要描述什么是工业数据挖掘？它和数据分析有何不同？

3-2　结合本章内容，如何理解"数据是中国制造 2025 的核心驱动之一"？

3-3　请思考流程工业过程数据拟合的目的是什么。

3-4　流程工业数据预处理主要包括哪几个关键步骤？分别解决什么问题？

3-5　简述聚类分析的目的。

3-6　请简要分析浅层机器学习与深度学习有哪些不同。

3-7　流程工业过程故障诊断的主要步骤包括哪些？

第 4 章 　流程工业过程控制

流程工业过程通常涉及一个或多个工业设备组成的生产过程。其主要目的是将输入的原料转化为下一阶段所需的材料或产品，多个生产过程串联起来形成完整的生产链。流程工业过程控制系统通常负责控制生产过程的运行指标，即那些代表半成品质量和效率、资源消耗和加工成本的工艺参数，使其保持在特定范围内或接近预定值，以实现质量、效率和成本的最优化。同时，现代流程工业过程控制系统还需满足整个生产制造流程的优化需求，与其他工序的过程控制系统实现协同控制，从而优化整个生产链的综合生产指标，包括产品质量、产量、消耗、成本和排放。这表明，流程工业过程控制系统还需要具备良好的跟踪控制能力。据统计，目前流程工业生产过程中，结构简单且不依赖被控对象模型的比例积分微分（proportional integral derivative，PID）控制约占 75%，以动态模型为基础且具有预估功能的模型预测控制（model predictive control，MPC）约有 15%，其余为其他相关控制。本章将从流程工业过程控制发展、系统辨识、PID 控制、模型预测控制、流程工业控制器运维方法五个方面进行介绍。

4.1 　流程工业过程控制发展

本节将从流程工业生产过程概述、流程工业过程控制系统概念、过程控制理论的发展及系统辨识理论的发展四个方面进行介绍。

1. 流程工业生产过程概述

要了解流程工业生产过程控制，首先需要理解生产过程。所谓"过程"，就是在流程工业装备或设备中采用化学或物理的方法，通过物质交换或能量交换将原料加工成产品所经历的过程。如图 4-1 所示为连续反应釜中实现温度稳定的生产过程。混合物料自顶部连续进入釜中，搅拌加快反应，反应产生的热量由夹套中注入的冷却水带走，期间严格控制反应温度来确保产品质量，经反应后满足要求的产品由底部排出。

在上述流程工业生产过程实例中，过程变量可以划分为如下几类：

设定值，设置的被控量的期望值，如本例中期望的反

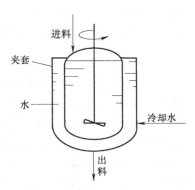

图 4-1 　连续反应示意图

应温度；被控量，即被控制的目标过程变量，如本例中的实际反应温度；控制量，又叫操作量，即用来改变被控过程，保持被控量等于或接近设定值的过程变量，如本例中的冷却水流量；干扰量，即排除控制量外其他影响到被控量的过程变量，干扰量往往与过程操作环境的变化有关，如本例中的进料流量、进料入口温度等。一些干扰量可以在线测量，但大多数则无法测量或不易测量，如进料物料的成分变化。

2. 流程工业过程控制系统概述

为了顺应现代工业过程控制的需求，过程控制系统需要综合运用检测技术、先进控制方法、计算机技术、网络通信技术等，将反馈控制技术和计算机控制技术结合起来，设计并开发出满足实际生产过程要求的过程控制系统。

经典的单闭环反馈控制系统由控制器、执行器、检测变送单元、被控对象、通信单元等组成，系统结构框图如图 4-2 所示。

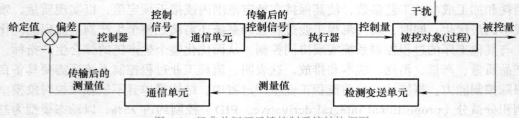

图 4-2　经典单闭环反馈控制系统结构框图

1）检测变送单元：检测被控量，并将检测到的信号转换为标准电信号输出，得到被控量的测量值。

2）控制器：根据被控量测量值与设定值之间的偏差，按一定控制规律计算得到相应的控制信号，其中被控量的设定值由被控过程工艺及生产要求决定。

3）执行器：用于操作被控对象的控制量，实现被控量的改变。

4）被控对象（过程）：实现物质交换或能量转换的设备或过程，一般会受到外部干扰影响，引起被控变量变化。

5）通信单元：实现控制器与执行器和检测变送单元的信息交互；现代控制器大多采用计算机单元，而执行器和检测变送单元还大多为模拟单元或其通信接口形式不同于控制器的计算机单元，这就需要通过通信单元进行不同信号的相互转换。

3. 过程控制理论的发展

控制理论是过程控制系统的理论设计基础。第一次工业革命后，蒸汽机代替了部分手工劳动，蒸汽机运行状态的稳定性分析是保证其安全运行的基础，控制理论开始萌芽。1922 年米罗斯基给出了位置控制系统的分析，并对 PID 三作用控制给出了控制规律公式。第二次世界大战中对火炮系统的高精度控制需求日益突出，促进了以伯德（Bode）图等频域分析法为代表的经典控制理论的形成。"二战"后，各国的科技竞争促进了以原子能技术、航天技术、电子计算机技术等为代表的第三次工业革命的兴起，经典控制理论无法解决导弹导航、宇宙飞船会合、复杂工业过程等多输入和多输出系统的控制问题，以状态空间描述方法、最优控制、大系统理论为代表的现代控制理论应运而生。进入 21 世纪，随着工业设备和生产技术的进步，工业过程表现出更明显的非线性、时变性、强耦合和不确定性特征，对控制理论提出了更高的要求。人们从工业过程的特点与需求出发，提出了专家系统、模糊控制、模型预测控制等先进控制理论；而随着计算机技术和移动通信技术的进步，企业信息化系统逐渐完善，对生产全流程进行优化协调控制、促进工业化和信息化融合渐渐成为控制理论的研究主题。物联网、大数据、云计算等技术的突飞猛进，大模型下的人工智能技术势必成为未来重要的发展方向。

4. 系统辨识理论的发展

系统辨识理论与控制理论紧密相连，专注于确定系统的数学模型以及模型参数，因此其在将控制理论转化为实践应用中扮演着至关重要的角色。在 20 世纪 30 年代之前，人们主要依靠概率统计中的统计回归方法来分析生产中的大量数据。从 30 年代到 50 年代末期，Nyquist 提出的实验研究方法为经典理论增添了深度，尽管其应用范围主要限于通过传统的辨识方法（如测试阶跃响应、脉冲响应和频率特性）来研究动态系统的传递函数或脉冲响应。进入 60 年代，随着现代控制理论的迅猛发展、Kalman 滤波理论的广泛采用以及计算机技术的进步，系统辨识开始进入现代方法论的研究时期，如最小二乘等时域方法。自 80 年代起，面对大系统、系统工程和智能控制等新兴需求，系统辨识开始与人工智能、模糊逻辑和神经网络等理论相结合，在航空、生物医学、经济系统和机器人技术等多个领域得到了更广泛的应用。

4.2　系统辨识

系统是控制理论研究的核心对象，描述系统行为特征的变量被称为状态变量。从控制理论的角度，系统通常被定义为由若干相互关联和制约的部分组成的整体，具备特定功能。在系统辨识理论中，系统通常特指"被控对象"。系统会随着时间的推移不断变化，主要受到外部环境、内部组成部分的相互作用以及控制作用的影响，从而导致其状态和演化进程发生变化。

系统辨识是一种用于构建系统数学模型的技术，它是现代控制理论中一个关键的组成部分。在控制理论的应用中，控制器的设计和实施都需要基于对系统动态特性的充分理解。然而，在现实情况中，基于纯理论的机理建模可能会非常复杂，甚至无法实现。在这种情况下，系统辨识方法就变得尤为重要，它可以通过实验数据来逼近系统的特性，从而创建一个与原始系统特性相近或相同的模型，用于研究和设计。

4.2.1　系统辨识概述

1978 年，瑞典系统辨识理论专家 Ljung 提出，系统辨识是在一组模型中按照一定准则选择与数据拟合最佳的模型。根据这一定义，系统辨识就是解决从数据空间到模型空间的数学映射问题，并基于特定准则进行选择。

从 Ljung 的定义可以看出，进行系统辨识需要三大要素：

1. 输入输出观测数据集

输入和输出数据是系统辨识的基础，因为系统的动态特性必然体现在其变化的输入输出数据中，这些数据集通过辨识实验获得。如何设计一个好的实验，例如，选择适当的输入信号以生成优质的辨识数据，是系统辨识研究中的一个基础问题。

为了使系统可辨识，输入信号必须充分激励系统的所有模态，即输入信号应当尽量丰富。例如，通过对辨识对象施加正弦信号并采用扫频技术来获取频域模型。在系统辨识中，常用的输入机理信号有伪随机二进制序列、高斯白噪声序列以及不同频率的正弦信号叠加等。

2. 系统模型类

系统模型类别是指根据建模目标、观察到的数据以及已有的知识，预先定义待识别系统所属的模型类别，例如，确定模型是动态的还是静态的，是连续的还是离散的，是线性的还是非线性的，等等。

一般来说，线性系统的特性较为简单，处理起来相对容易，因此目前对线性系统辨识的研究较多且方法较为成熟。尽管任何实际系统本质上都是非线性的，但非线性系统整体更加复杂，许多实际系统在局部可以简化为线性系统。因此，对于许多系统的控制方法设计来说，线性系统已足够。本节的剩余内容将主要讨论线性系统的辨识。

3. 误差准则

这是用来衡量模型接近实际过程的标准，通常是某等价误差的泛函。很多辨识方法的主要区别之一，就是如何定义参数选择误差准则，以及如何应用不同的优化算法确定模型结构中的参数。根据模型的特点以及噪声特性，常用的误差准则有：输出平方误差、输出预报误差、随机动态系统极大似然函数、状态估计误差协方差等。

一般地，系统辨识的步骤如算法 4-1 所示。

算法 4-1：系统辨识

输入：系统模型结构、误差准则
    1. 准备符合开展辨识要求的实验
    2. 收集输入输出观测数据集
    3. 进行数据预处理
    4. 进行模型类及模型结构估计，得到系统数学模型结构
    5. 进行模型参数辨识，并验证系统模型，修正模型参数
输出：系统数学模型

4.2.2　系统模型的数学形式

由于实际辨识实验中的输入输出信号总是以时间序列的形式出现，因此工程中常在离散时间上对运行在连续时间上的系统进行数学描述。其中，在经典控制理论中离散系统通常用差分方程或脉冲传递函数来描述，而现代控制理论中离散系统通常用离散状态空间表达式来描述。

1. 差分方程

对于一般的线性定常离散系统，k 时刻的系统输出 $c(k)$ 不但与 k 时刻的输入 $r(k)$ 有关，而且还与 k 时刻以前的输入 $r(k-1),\cdots$ 及 k 时刻以前的输出 $c(k-1),\cdots$ 有关。这种关系一般可以用式（4-1）的 n 阶后向差分方程来描述：

$$
\begin{aligned}
&c(k)+a_1c(k-1)+a_2c(k-2)+\cdots+a_{n-1}c(k-n+1)+a_nc(k-n)\\
&=b_0r(k)+b_1r(k-1)+\cdots+b_{m-1}r(k-m+1)+b_mr(k-m)
\end{aligned}
\tag{4-1}
$$

差分方程的解，可以提供线性定常离散系统在给定输入序列作用下的输出序列响应特性，但不便于直接分析参数变化对离散系统性能的影响。因此，需要研究线性定常离散系统的另一数学模型——脉冲传递函数。

2. 脉冲传递函数

如果系统的初始条件为零，采样周期为 T，输入连续信号为 $r(t)$，采样后离散信号 $r^*(t)$ 的 z 变换函数为 $R(z)$；同样，系统连续输出为 $c(t)$，采样后 $c^*(t)$ 的 z 变换函数为 $C(z)$。线性定常离散系统的脉冲传递函数定义为：系统输出采样信号的 z 变换与输入采样信号的 z 变换之比，如式（4-2）所示。

$$
G(z)=\frac{C(z)}{R(z)}=\frac{\displaystyle\sum_{n=0}^{\infty}c(nT)z^{-n}}{\displaystyle\sum_{m=0}^{\infty}r(nT)z^{-m}},\ \ m\geqslant n
\tag{4-2}
$$

所谓零初始条件，是指在 $t<0$ 时，输入脉冲序列各采样值 $r(-T),r(-2T),\cdots$ 以及输出脉冲序列各采样值 $c(-T),c(-2T),\cdots$ 均为零。在零初始条件下，系统的差分方程与脉冲传递函数是等价的，两者可以相互转化。

3. 离散状态空间表达式

现代控制理论中的线性系统理论运用状态空间表达式描述输入－状态－输出诸变量之间的因果关系。状态空间表达式不但反映了系统的输入－输出外部特性，而且揭示了系统内部的结构特性，是一种既适用于单输入－单输出系统，又适用于多输入－多输出系统的数学模型。

状态空间表达式由两个数学方程组成：一个是反映系统内部变量 $x=(x_1,x_2,\cdots,x_n)^T$ 和输入变量 $u=(u_1,u_2,\cdots,u_p)^T$ 间因果关系的数学表达式，常具有微分方程或差分方程的形式，称为状态方程；另一个是表征系统内部变量 $x=(x_1,x_2,\cdots,x_n)^T$ 及输出变量 $y=(y_1,y_2,\cdots,y_q)^T$ 间转换关系的数学表达式，具有代数方程的形式，称为输出方程。线性定常离散系统的状态空间表达式的一般形式如式（4-3）和式（4-4）所示。

$$
x(k+1)=Ax(k)+Bu(k)
\tag{4-3}
$$

$$y(k) = Cx(k) + Du(k) \tag{4-4}$$

通常，若状态 $x = (x_1, x_2, \cdots, x_n)^T$、输入 $u = (u_1, u_2, \cdots, u_p)^T$、输出 $y = (y_1, y_2, \cdots, y_q)^T$ 的维数分别为 n、p、q，则称 $n \times n$ 矩阵 A 为系统矩阵或状态矩阵，称 $n \times p$ 矩阵 B 为控制矩阵或输入矩阵，称 $q \times n$ 矩阵 C 为观测矩阵或输出矩阵，称 $q \times p$ 矩阵 D 为前馈矩阵或输入输出矩阵。

4.2.3 系统辨识方法概述

系统的数学模型结构一旦选定，可以有很多种方法进行模型参数的辨识。本小节主要介绍两种系统辨识方法：最小二乘法、有限冲激响应（finite impulse response，FIR）法。

1. 最小二乘法

在系统辨识中，最小二乘法是一种基本的参数估计方法，其拥有统计性能良好、使用便捷的特点。最小二乘法的数学过程为：通过求解一组线性方程组（方程式数目 ≥ 变量数目）的近似解，使得方程组拥有误差平方和最小，从而用近似解来估计模型的未知参数。假定有一个被控对象的数学模型（也可是经过某种变化后得到），如式（4-5）所示。

$$y(t) = \theta_1 x_1(t) + \theta_2 x_2(t) + \cdots + \theta_n x_n(t) \tag{4-5}$$

式中，$y(t)$ 为观测变量；$\theta_1, \theta_2, \cdots, \theta_n$ 为一组常参数；$x_1(t), x_2(t), \cdots, x_n(t)$ 为 n 个已知的函数，它们可能依赖于其他已知变量。

假定在 $t = 1, 2, \cdots, N$ 时，对 $y(t)$ 和 $x_1(t), x_2(t), \cdots x_n(t)$ 进行 N 次采样，获取 N 组输出样本。若将样本代入式（4-5），则可得到一组线性方程，将其写成简单的矩阵形式，如式（4-6）所示。

$$y = \phi\theta \tag{4-6}$$

其中，

$$y = \begin{pmatrix} y(1) \\ y(2) \\ \vdots \\ y(N) \end{pmatrix}, \phi = \begin{pmatrix} x_1(1) & \cdots & x_n(1) \\ \vdots & & \vdots \\ x_1(N) & \cdots & x_n(N) \end{pmatrix}, \theta = \begin{pmatrix} \theta_1 \\ \theta_2 \\ \vdots \\ \theta_n \end{pmatrix} \tag{4-7}$$

该方程组有唯一解的必要条件是矩阵 ϕ 的秩为 N，且 $N = n$，则满秩矩阵 ϕ 的逆矩阵 ϕ^{-1} 存在，解如式（4-8）所示。

$$\hat{\theta} = \phi^{-1} y \tag{4-8}$$

式中，$\hat{\theta}$ 为 θ 的估计值。

但是，由于采样数据可能会存在测量误差和噪声污染，通过采取多次测量来减小这种干扰。在所有采样数据构建的方程组（4-7）中，矩阵 ϕ 的秩 $N > n$，虽方程无一般意义下的解，但可以通过引入误差平方和概念，利用最小二乘法找到和采样数据近似匹配的一组参数估计向量 $\hat{\theta}$，使得其与采样数据构建的方程组间具有误差平方和最小。

引入误差 $e(t)$，令

$$e(t) = y(t) - \hat{y}(t) = y(t) - \hat{\theta}(t)x_i(t) \tag{4-9}$$

式中，$\hat{y}(t)$ 为估计值。使损失函数

$$V_{LS} = \sum_{i=1}^{N} e(t)^2 = \sum_{i=1}^{N} [y(t) - \hat{\theta}(t)x_i(t)]^2 = \boldsymbol{e}^T \boldsymbol{e} \tag{4-10}$$

最小，其中，

$$\boldsymbol{e} = \begin{pmatrix} e(1) \\ e(2) \\ \vdots \\ e(N) \end{pmatrix} \tag{4-11}$$

为了使损失函数最小化，将式（4-11）表示为

$$V_{LS}(\hat{\theta}) = (\boldsymbol{y} - \phi\hat{\theta})^T(\boldsymbol{y} - \phi\hat{\theta}) = \boldsymbol{y}^T\boldsymbol{y} - \hat{\theta}^T\phi^T\boldsymbol{y} - \boldsymbol{y}^T\phi\hat{\theta} - \hat{\theta}^T\phi^T\phi\hat{\theta} \tag{4-12}$$

对 $V_{LS}(\theta)$ 求关于 θ 的一阶导数，且令其等于 0，则有式（4-13）：

$$\frac{\partial}{\partial\theta}V_{LS}(\hat{\theta}) = -2\phi^T\boldsymbol{y} + 2\phi^T\phi\hat{\theta} = 0 \tag{4-13}$$

求解此方程可得式（4-14）：

$$\phi^T\phi\hat{\theta} = \phi^T\boldsymbol{y} \tag{4-14}$$

或式（4-15），也就是最小二乘参数 θ 的估计值：

$$\hat{\theta} = (\phi^T\phi)^{-1}\phi^T\boldsymbol{y} \tag{4-15}$$

最小二乘法因其原理简单、鲁棒性强且易于实现的优点，已在许多领域得到广泛应用。然而，基本的最小二乘估计在有色噪声干扰下是非一致且有偏的。面对越来越复杂的场景，基于最小二乘法的扩展方法应运而生，包括广义最小二乘法、辅助变量法、增广矩阵法和多步最小二乘法等。此外，还有将最小二乘法与其他方法结合的方法，如随机逼近法和相关分析法等。

2. 有限冲激响应法

FIR 模型是在模型预测控制算法中广泛使用的模型，其形式上表现为一个差分方程。根据经典控制理论，线性系统的时域特性可以由其脉冲响应来描述。对于稳定系统，其脉冲响应将随时间的增加而趋近于零，可对该过程进行时间截尾，由此便引出了所谓 FIR

模型。根据叠加原理，系统在任意信号下的响应可以由基本信号响应叠加而得，脉冲响应就是一种基本信号响应。

数学上，脉冲函数 $\delta(t)$ 具有 $\int_{-\infty}^{\infty}\delta(t)\mathrm{d}t=1$ 性质。当函数 $f(t)$ 连续时，其在 $t=\tau$ 点的脉冲响应数学表达如式（4-16）所示。

$$\int_{-\infty}^{\infty}f(t)\delta(t-\tau)\mathrm{d}\tau=f(\tau) \tag{4-16}$$

对于 $f(t)$ 的连续脉冲采样信号计为 $f(t)^{*}=\sum_{n=0}^{\infty}f(n\tau)\delta(t-n\tau)$，这样连续脉冲采样函数 $f^{*}(t)$ 表示为一脉冲序列之和。如果将 $f(t)$ 作为输入 $u(t)$，要得到线性系统 $h(t)$ 在输入信号 $u(t)$ 作用下的响应输出，依据叠加原理：只需要得到系统 $h(t)$ 在输入信号不同时刻脉冲 $u(t-n\tau)$ 下输出响应的求和即可，即为 $y(t)^{*}=\sum_{n=0}^{\infty}h(n\tau)u(t-n\tau)$，则整个系统响应的表达式如式（4-17）所示。

$$y^{*}(t)=\sum_{n=0}^{\infty}h(n\tau)u(t-n\tau)=\int_{-\infty}^{\infty}h(\tau)u(t-\tau)\mathrm{d}\tau \tag{4-17}$$

式（4-17）称为卷积积分，FIR 模型辨识的基本原理即来源于此。

在计算机控制系统中，计算一般用固定采样周期 τ，计算结果通常在周期末进行输出。对于一个稳定的线性单输入单输出系统，则在建模时域 N 内（在实际操作中，通常通过观察阶跃响应过程，在经历 N 个采样周期后将趋于稳态），系统在第 K 时刻的输出，可由式（4-17）得到，表达式如式（4-18）所示。

$$y(k)=\sum_{l=1}^{N}h(l)u(k-l) \tag{4-18}$$

式中，$y(k)$ 为系统在 K 时刻的输出；$h(l)$ 为系统在建模时域内不同采样时刻的单位脉冲响应输出；$u(k-l)$ 为系统建模时域内不同采样时刻的输入，l 反映了采样时间的次序。图 4-3 所示为一单位脉冲响应的系统输出情况。

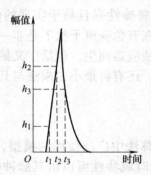

图 4-3　FIR 辨识的输出采样示意图

对于稳定、离散的单输入 – 单输出系统，FIR 模型表达式如式（4-19）所示。

$$y(t) = h(1)u(k-1) + h(2)u(k-2) + \cdots + h(n)u(k-N) + e(k) \tag{4-19}$$

观测得到一组输入输出数据序列数目 $L \geqslant 2N$，确保式（4-19）中 $e(k)$ 趋近于 0，观测得到的数据序列如式（4-20）所示。

$$u(1), y(1); u(2), y(2); \cdots; u(N), y(N); \cdots; u(L), y(L) \tag{4-20}$$

则由式（4-19）和观测的式（4-20）中数据序列的尾部部分，可写出矩阵表达式如式（4-21）所示。

$$\boldsymbol{y} = \boldsymbol{\Phi\theta} + \boldsymbol{e} \tag{4-21}$$

其中，

$$\boldsymbol{y} = \begin{pmatrix} y(N+1) \\ y(N+2) \\ \vdots \\ y(L) \end{pmatrix}, \boldsymbol{\Phi} = \begin{pmatrix} u(N) & \cdots & u(1) \\ u(N+1) & \cdots & u(2) \\ \vdots & & \vdots \\ u(L-1) & \cdots & u(L-N) \end{pmatrix}, \boldsymbol{\theta} = \begin{pmatrix} h(1) \\ h(2) \\ \vdots \\ h(N) \end{pmatrix}, \boldsymbol{e} = \begin{pmatrix} e(N+1) \\ e(N+2) \\ \vdots \\ e(L) \end{pmatrix} \tag{4-22}$$

式中，N 为建模时域；L 为数据长度。

依据最小二乘法可得 $\boldsymbol{\theta} = (\boldsymbol{\Phi}^{\mathrm{T}}\boldsymbol{\Phi})^{-1}\boldsymbol{\Phi}^{\mathrm{T}}\boldsymbol{y}$，该结论可直接推广至多输入 – 多输出系统。

FIR 模型辨识中，不需要假设模型阶数，所需要的有关过程的先验知识较少，只需要输入、输出数据即可进行辨识，这是非参数模型辨识的优点。另外，FIR 模型估计具有统计无偏性（估计的期望值非常接近真值）和一致性（当数据个数趋于无穷时，估计值趋于真值）。但使用中要注意数据长度与模型参数的关系，但要辨识的参数较多时，输入输出的数据要足够长，否则辨识的结果可能存在较大误差。

4.2.4　系统辨识案例

具有自衡能力的单容水箱液位系统，因机理简单、操作简便等原因，常常成为控制工程师入门的实验案例。下面将以单容水箱为控制对象，完成对单容水箱的液位辨识和控制。单容水箱对象的物理结构如图 4-4 所示。

码 4-1【代码】
系统辨识

具有自衡特性的单容水箱模型的传递函数形式可写为

$$G(s) = \frac{H(s)}{Q(s)} = \frac{K}{Ts+1} \tag{4-23}$$

式中，K 为水箱比例系数（一般选水箱流量为输入，液位高度为输出）；T 为水箱惯性时间常数。

在单位阶跃响应下，该传递函数在时域上的解表示为

$$h(t) = K\left(1 - \mathrm{e}^{-\frac{t}{T}}\right) \tag{4-24}$$

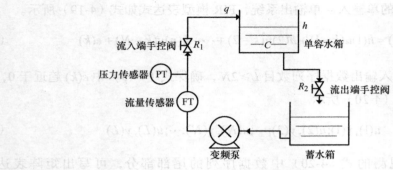

图 4-4　单容水箱示意图

由于式（4-24）模型为指数型非线性函数，进行最小二乘参数辨识需进行线性变换：

$$\frac{\mathrm{d}h}{\mathrm{d}t} = \frac{K}{T}\mathrm{e}^{-\frac{t}{T}} \tag{4-25}$$

$$\ln\left(\frac{\mathrm{d}h}{\mathrm{d}t}\right) = -\frac{t}{T} + \ln\left(\frac{K}{T}\right) \tag{4-26}$$

利用最小二乘法辨识水箱对象模型，得到部分实验记录点，见表 4-1[此处为变频泵输入频率改变 1Hz 情况下的水箱液位（mm）变化]。

表 4-1　最小二乘法辨识水箱实验记录

T/s	0	10	20	40	80	160	320	640	800
h/mm	0	0.948	1.374	2.664	5.840	10.138	18.478	30.992	35.968

T/s	960	1120	1280	1440	1800	2160	2320	……	∞
h/mm	39.484	44.904	45.482	46.974	49.628	51.088	51.100	……	53.674

根据上述实验得到的记录点，可以得到单容水箱模型的传递函数如下（系统惯性时间常数单位为秒）：

$$G(s) = \frac{53.674}{725.2s + 1}\mathrm{e}^{-6s} \tag{4-27}$$

4.3　PID 控制

作为工业生产中最常用的一种控制形式，PID 控制在工业控制中发挥着至关重要的作用。本节将从 PID 的控制原理、控制特性分析及参数整定三部分进行简介。

4.3.1　PID 控制原理

由 4.1 节可知，一个闭环控制系统主要是由控制器、通信单元、执行器、被控对象以及检测变送单元组成，其中控制器是闭环控制系统的核心组成部分，合适的控制算法可以帮助系统实现好的控制效果。

PID 控制，是由 Nicolas Minorsky 在 20 世纪 20 年代提出的。当时在研究船舶自动导航问题时，通过对水手掌舵行为的观察，发现水手对船舶的行进方向控制，不只是简单依靠了当前航向与目标航向的偏差，还考虑了船舶过去的航向偏差以及未知航向偏差的变化趋势。自 PID 控制提出以来，由于其结构简单、使用方便、无须对象模型、鲁棒性强以及易于操作等优点，广泛应用于化工、冶金、机械等工业过程。

PID 控制是一种十分直观的控制方法。其实，人们在生活中常常也在不自觉地使用 PID 的控制思想。例如，往浴缸内注水时，可以通过控制进水阀的旋钮角度来调节浴缸中的水温（假设旋钮逆时针方向转动，阀门出水温度降低；顺时针方向转动，阀门出水温度升高）。若把浴缸定义为一个系统，该系统的被控变量就是浴缸内的水温，操纵变量是进水阀的旋钮角度。如果希望将浴缸水温控制在一个期望温度附近（设定值），人们在向浴缸注水时，往往会一只手探测水温高低（担任传感器作用），一只手去调节阀门旋钮方向（担任执行器作用），并试图将浴缸内的水温控制在期望温度上（人的决策过程就相当于控制器发挥的作用），通常会进行如下操作。

这里以浴缸内实际水温低于期望温度（即偏差大于 0）的水温调节过程为例进行说明。若浴缸内水温非常低，就顺时针增大旋钮的角度，调大热水进水量；若浴缸内水温与期望温度的差距缩小了，就会将旋钮的角度减小一些，调小热水进水量；若浴缸内水温接近期望温度，则将旋钮角度再减小一些，直到水温合适。这一过程中，人们关心的是当前温度偏差的大小。同时，在调节水温的过程中，有时会发现即使过去了很长一段时间，浴缸内实际水温与期望温度仍有较大差距，也会调节旋钮增大热水进水量；若过一段时间后，水温仍然还较低，则会继续增大旋钮角度，增加热水进水量。这时人们关心的是偏差的累积量情况。此外，人们在调节水温的过程中，还会留意浴缸内水温的变化速度情况。如当浴缸内水温上升速度非常快时，人们可能会提前减小旋钮角度来降低热水进水流量，以防止水温上升过快而超过期望温度，导致还需额外加入冷水。这一过程中，人们关心的是偏差的变化速度。

基于上述过程的分析，如将系统输入变量定义为 u，系统输出变量定义为 y，偏差定义为 e。可以看出，依据当前偏差的大小来调节旋钮时，旋钮角度与偏差大小成正比；依据偏差的累积量来调节旋钮时，旋钮角度与偏差的累积量成正比，其中偏差的累积量可以用偏差对时间的积分来表示；依据偏差的变化速度来调节旋钮时，旋钮角度与偏差的变化速度成正比，其中偏差的变化速度可以用偏差对时间的微分来表示。实际上，把上述三项加在一起，就得到了 PID 控制算法的微分方程表达式，如式（4-28）所示。

$$u(t) = K_c \left[e(t) + \frac{1}{T_I} \int_0^t e(t)\mathrm{d}t + T_D \frac{\mathrm{d}e(t)}{\mathrm{d}t} \right] \tag{4-28}$$

式中，K_c 为 "比例增益"；T_I 为 "积分时间常数"；T_D 为 "微分时间常数"；t 为时间变量。

若进一步分析上述水温调节过程，不难发现，旋钮角度的改变引起浴缸内水温变化，其实是一个较为复杂的物理过程：通过改变旋钮角度，来改变热水进水阀门开度，进而改变热水进水流量；最终阀门流出的热水再与浴缸中的水进行混合，引起浴缸内水温改变。这其中既包含了流量改变的动力学过程，也包含了热水与冷水混合的热力学过程。如要精确建立该系统完整的数学模型，非常困难。但实际使用控制时，我们不需要对这样一个复杂的系统进行数学建模，而只需要依据偏差量、偏差累积量、偏差变化速度调节阀门即可。这一过程，也可以通过对 PID 控制算法中的参数进行整定实现。因此使用 PID 控制，可以简化控制系统的设计。

随着计算机技术的发展，数字 PID 控制器逐渐取代了模拟 PID 控制器。由于计算机控制是一种数字编程控制方式，通常采用采样控制策略，即在固定时间周期内，通过采样时刻的偏差情况计算当前控制量。因此，在计算机控制系统中，就需要对式（4-28）进行离散化处理，用数字形式的差分方程代替连续系统的微分方程。在实际使用的数字 PID 控制算法中，又分为位置型 PID 控制算法和增量型 PID 控制算法。

1. 位置型 PID 控制算法

在将 PID 控制算法微分方程式（4-28）改写为数字差分方程时，积分项和微分项可近似用累积求和及速度变化的方式表示：

$$\int_0^k e(t)\mathrm{d}t \approx \sum_{j=0}^k e(j)\Delta t = T\sum_{j=0}^k e(j) \tag{4-29}$$

$$\frac{\mathrm{d}e(t)}{\mathrm{d}(t)} \approx \frac{e(k)-e(k-1)}{\Delta t} = \frac{e(k)-e(k-1)}{T} \tag{4-30}$$

式中，$e(k)$ 为第 k 次采样时的偏差值；$e(k-1)$ 为第 k 次前 1 周期的第 $k-1$ 次采样时的偏差值；k 为采样序号（$k=0,1,2,\cdots$）；T 为采样周期，也即第 $k-1$ 次采样与第 k 次采样的时间间隔 Δt。将式（4-29）和式（4-30）代入式（4-28），则可得到离散的 PID 控制算法表达式：

$$u(k) = K_c\left\{e(k)+\frac{T}{T_I}\sum_{j=0}^k e(j)+\frac{T_D}{T}[e(k)-e(k-1)]\right\} \tag{4-31}$$

式中，$u(k)$ 为第 k 次采样时控制器的输出。

从 $k=0$ 时刻开始，该式的输出值与阀门开度位置保持一一对应关系。通常就把式（4-31）称为位置型 PID 控制算法表达式。

2. 增量型 PID 控制算法

在许多控制系统中，由于执行机构采用步进电机或多圈电位器进行控制，因此只需提供一个增量信号即可完成操作。根据递推原理，可写出 $k-1$ 次的 PID 输出表达式：

$$u(k-1) = K_c\left\{e(k-1)+\frac{T}{T_I}\sum_{j=0}^{k-1} e(j)+\frac{T_D}{T}[e(k-1)-e(k-2)]\right\} \tag{4-32}$$

由此，将式（4-31）和式（4-32）相减得：

$$\Delta u(k) = u(k)-u(k-1)$$
$$= K_c\left\{e(k)-e(k-1)+\frac{T}{T_I}e(k)+\frac{T_D}{T}[e(k)-2e(k-1)+e(k-2)]\right\} \tag{4-33}$$

式（4-33）表示第 k 次与第 $k-1$ 次控制器输出的差值，即等于在第 $k-1$ 次的基础上增加（或减少）的控制量，所以式（4-33）叫作增量型 PID 控制算法。

比较式（4-31）和式（4-33），不难发现：位置型 PID 控制算法，需要累积所有采样周期的误差，才能给出计算结果；而增量型 PID 控制算法，只需连续的 3 次采样周期的偏差即可给出计算结果。在计算机编程实现上，增量型 PID 控制算法更易实现。

4.3.2　PID 控制特性分析

PID 控制包含三种控制策略：比例控制、积分控制、微分控制，下面以式（4-34）为被控对象的数学模型，结合 PID 控制构建闭环反馈控制系统，通过仿真情况来说明 PID 控制中三种控制策略对控制效果的影响情况。

$$G(s) = \frac{Y(s)}{U(s)} = \frac{1}{s^2 + 0.8s + 1} \tag{4-34}$$

式中，$G(s)$ 为被控对象传递函数；$Y(s)$ 为输出量的拉普拉斯变换；$U(s)$ 为输入量的拉普拉斯变换。

在讨论闭环控制中 PID 控制特性之前，先分析一下比例、积分、微分的作用。

仅采用比例（P）控制算法时，控制器的输出信号 u 与输入偏差信号 e 成比例关系，如式（4-35）所示。

$$u(t) = K_c e(t) + u_0 \tag{4-35}$$

式中，K_c 为比例增益；u_0 为控制器输出信号的起始值。由此得到其增量形式如下：

$$\Delta u(t) = K_c e(t) \tag{4-36}$$

在过程控制中，习惯于用比例增益的倒数表示控制器输入与输出之间的比例关系，即比例带，如下所示：

$$\Delta u(t) = \frac{1}{\delta} e(t) \tag{4-37}$$

式中，δ 为比例带（当执行器满量程变化时对应的所需要的被控量允许的变化范围），如图 4-5 所示。

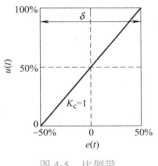

图 4-5　比例带

δ 是可调的表示比例作用强弱的参数，δ 越大比例作用越弱；δ 越小比例作用越强。可以看出，输出对输入的响应无迟延、无惯性。由于调节方向正确，比例控制在控制系统中是使控制过程稳定的因素。当控制对象的负荷发生变化之后，执行机构必须移动到一个与负荷相适应的位置才能使控制对象再度平衡。

　　由式（4-35）可知，在同一偏差下，比例控制器的输出随着 K_c 的增大而增大，且当系统被控量与设定值之间的偏差 e 为定值时，控制器输出信号 u 会维持某一数值。系统在阶跃作用下不同比例增益时的闭环控制效果如图 4-6 所示。当系统存在偏差 e，仅采用比例控制无法完全消除该偏差，这说明比例控制是一种有差调节，且比例控制的稳态误差随比例 K_c 作用的增大而减小。对于定值控制系统，采用比例控制可以实现被控量对设定值的有差跟踪。若要减小稳态偏差，需要增大比例增益，这样做可能会使系统的稳定性变差，甚至发散，因此需要在比例控制的基础上引入积分控制。

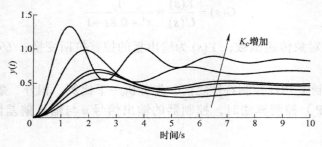

图 4-6　不同比例增益下的闭环控制效果

　　采用积分（I）控制时，控制器相对起始值（u_0）的输出信号 u 与输入偏差信号 e 的积分成比例关系，如式（4-38）所示。

$$u(t) = \frac{1}{T_I} \int_0^t e(t)\mathrm{d}t \tag{4-38}$$

　　系统阶跃过程如图 4-7 所示，只要偏差 e 存在，控制器的输出就会不断地随时间积分而增大；只有当 e 为 0 时，控制器才会停止积分，此时控制器的输出就会维持某一数值。

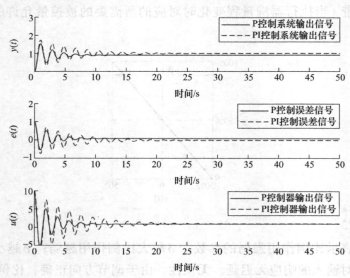

图 4-7　比例－积分（PI）控制器的阶跃响应曲线

　　由图 4-7 可知积分控制是一个无差调节，这与比例控制是不同的。当偏差对时间的积分不变时，积分控制器的输出随着 T_{I} 的减小而增大。

　　在实际工程中，积分控制算法往往与比例控制算法结合，组成比例－积分（PI）控制。采用 PI 控制算法时，控制器的输出信号 u 与输入偏差信号 e 的数学关系如式（4-39）所示。

$$u(t) = K_{\mathrm{c}}\left[e(t) + \frac{1}{T_{\mathrm{I}}}\int_0^t e(t)\mathrm{d}t\right] \tag{4-39}$$

　　图 4-7 所示为 PI 控制器的阶跃响应曲线，通过分析其响应曲线，总结 PI 控制算法的特点如下：当偏差出现时，比例作用迅速反应输入的变化，起到粗调的作用；随后，积分作用使输出逐渐增加，最终达到消除稳态偏差的目的。然而，随着积分控制的引入，系统输出的振荡可能比单纯使用比例控制时更加剧烈，稳定时间也可能更长。为了减小系统输出的振荡，进一步改善控制器性能，还可以引入微分控制。

　　采用微分（D）控制时，控制器相对起始值（u_0）的输出信号 u 与输入偏差信号 e 对时间的导数成正比，如式（4-40）所示。

$$u(t) = T_{\mathrm{D}}\frac{\mathrm{d}e(t)}{\mathrm{d}t} \tag{4-40}$$

　　由式（4-40）可知，微分控制的输出与系统被控量偏差的变化率成正比，且当偏差对时间的变化率不变时，微分控制器的输出随着 T_{D} 的增大而增大。由于变化率（包括大小和方向）可以反映系统被控量的变化趋势，所以微分控制并不是等被控量已经出现较大偏差之后才动作，而是根据变化趋势提前动作。这相当于赋予控制器以某种程度的预见性，对于防止系统被控量振荡过于剧烈是有利的。

　　在实际工程中，微分控制算法常与比例控制算法或比例－积分控制算法结合，组成 PD 或 PID 控制算法。采用 PID 控制算法时，控制器相对起始值（u_0）的输出信号 $u(t)$ 与输入偏差信号 e 之间的关系如式（4-41）所示，图 4-8 所示为 PID 控制器的阶跃响应曲线。

$$u(t) = K_{\mathrm{c}}\left[e(t) + \frac{1}{T_{\mathrm{I}}}\int_0^t e(t)\mathrm{d}t + T_{\mathrm{D}}\frac{\mathrm{d}e(t)}{\mathrm{d}t}\right] \tag{4-41}$$

4.3.3　PID 参数整定

　　PID 控制参数整定就是根据被控过程特性的系统要求，确定 PID 控制器中的比例增益 K_{c}、积分时间常数 T_{I} 和微分时间常数 T_{D}，达到满意的控制效果。PID 控制器的参数整定通常以系统的稳态误差、超调量和调节时间等性能指标为主要指标。根据各参数对控制效果的影响，工程上总结了一些 PID 控制器参数整定的基本原则，例如，控制器参数调试时，按照先比例、后积分、再微分的引入顺序；引入微分控制后，比例增益应比采用纯比例控制时增加 10% 左右等。

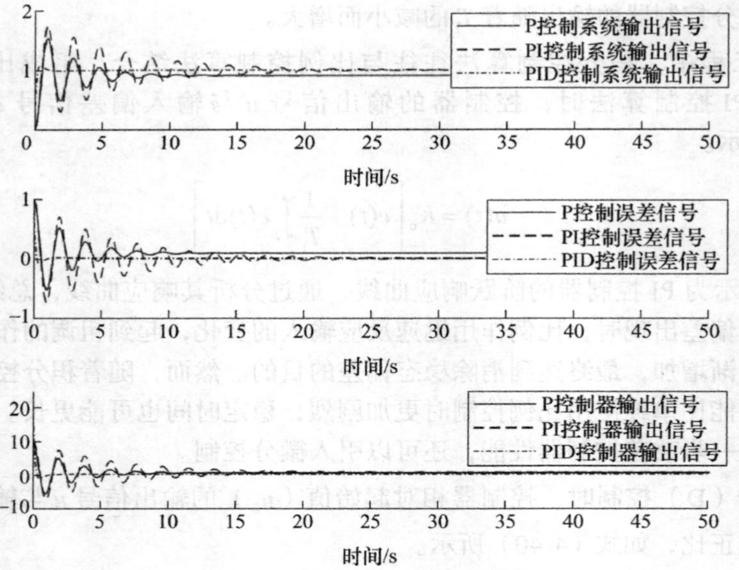

图 4-8　PID 控制器的阶跃响应曲线

控制器参数整定的方法可以分为三类：理论计算整定法、工程整定法以及自整定法。理论计算整定法主要是依据系统的数学模型，采用控制理论中的根轨迹法、频率特性法等，经过理论计算确定控制器参数的数值。这种方法不仅计算繁琐，而且过分依赖于数学模型，所得到的计算数据必须通过工程实践进行调整和修改。因此，理论计算整定法除了有理论指导意义外，工程实际中较少采用。工程整定法主要依靠工程经验，直接在过程控制系统的实验中进行，该方法简单、易于掌握，但是由于是人为按照一定的计算规则完成，所以要在实际工程中经过多次反复调整。常用的工程整定方法有临界比例增益法、反应曲线法和衰减曲线法。自整定法是借助某种策略对运行中的控制系统进行 PID 参数的自动调整，以使系统在运行中始终具有良好的控制品质。

工程整定法由于其易于掌握的特点，在生产过程中得到了广泛应用，下面对临界比例增益法、衰减曲线法、工程经验法这几种常用的工程整定方法做简要介绍。

1. 临界比例增益法

临界比例增益法是一种闭环整定方法。由于该方法直接在闭环系统中进行，无须测试过程的开环动态特性，因此简单且便于使用，获得了广泛的应用。

临界比例增益法的具体整定步骤如下：

1）先将控制器的积分时间常数 T_I 置于最大，微分时间常数 T_D 置零，比例增益 K_c 置为较小的数值，使系统投入闭环运行。

2）等系统运行稳定后，对设定值施加一个阶跃扰动，并增大比例增益 K_c，直到系统出现等幅振荡，即临界振荡过程，如图 4-9 所示。记录下此时的临界比例增益 K 和等幅振荡周期 T_K。

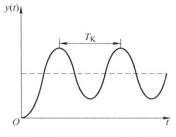

图 4-9　系统的临界振荡过程

根据所记录的 K 和 T_K，按照经验公式计算出控制器的比例增益 K_c、积分时间常数 T_I 和微分时间常数 T_D（表 4-2）。

表 4-2　采用临界比例增益法整定参数的整定计算公式

控制规律	K_c	T_I	T_D
P 控制	2/ K	—	—
PI 控制	2.2/ K	0.85 T_K	—
PID 控制	1.7/ K	0.5 T_K	0.125 T_K

需要指出的是，采用这种方法整定控制器参数时存在一定的限制。例如，一些过程控制系统不允许进行反复振荡试验，如锅炉给水系统和燃烧控制系统等就不能使用此方法。此外，对于某些时间常数较大的单容过程，采用比例控制时根本不可能出现等幅振荡，因此也无法应用此方法。

2. 衰减曲线法

衰减曲线法与临界比例增益法相似，所不同的是无须出现等幅振荡过程。衰减曲线法通过某衰减比（通常为 4∶1 或 10∶1）时设定值扰动的衰减振荡试验数据，如图 4-10 所示，采用一些经验公式求取 PID 控制器相应的整定参数。4∶1 衰减曲线法的具体步骤如下：

1）置控制器积分时间 T_I 为最大值（ $T_I = \infty$ ），微分时间 T_D 为 0（ $T_D = 0$ ），比例带 δ（ $\delta = 1/K_c$ ）置较大值，一般为 100%，并将系统投入运行。

2）待系统稳定后，进行设定值阶跃扰动，并观察系统的响应。若系统响应衰减太快，则减小比例带；反之，系统响应衰减过慢，应增大比例带。如此反复，直到系统出现如图 4-10a 所示的 4∶1 衰减振荡过程，记下此时的比例带 δ_s 和振荡周期 T_s 数值。

3）用 δ_s 和 T_s，按表 4-3 给出的经验公式，求控制器整定参数 δ、T_I 和 T_D 的数值。

对于扰动频繁、过程进行较快的控制系统，准确确定系统响应的衰减程度比较困难，通常只能通过控制器输出的摆动次数来判断。对于 4∶1 衰减过程，控制器输出应来回摆动两次后稳定。摆动一次所需时间即为 T_s。显然，这样测得的 T_s 和 δ_s 值，会给控制器参数整定带来误差。

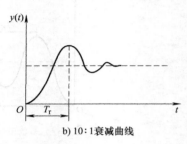

a) 4:1衰减曲线　　　　　　b) 10:1衰减曲线

图 4-10　系统的衰减振荡响应

衰减曲线法也可以根据实际需要，在衰减比为 n=10:1 的情况下进行。此时，要以图 4-10b 中的上升时间 T_r 为准，按表 4-3 给出的公式计算。

以上介绍的几种系统参数工程整定法各有优缺点和适用范围。应根据具体系统的特点和生产要求，选择适当的整定方法。不管用哪种方法，所得 PID 控制器整定参数都需要通过现场试验，反复调整，直到取得满意的效果为止。需要注意的是，在改变比例增益进行整定的过程中，每次改变比例增益整定时应确保系统处于稳态过程。

表 4-3　采用衰减曲线法的参数整定计算公式

衰减率	控制规律	δ	T_I	T_D
0.75	P 控制	δ_s	—	—
	PI 控制	1.2 δ_s	0.5 T_s	—
	PID 控制	0.8 δ_s	0.3 T_s	0.1 T_s
0.9	P 控制	δ_s	—	—
	PI 控制	1.2 δ_s	2 T_s	—
	PID 控制	0.8 δ_s	1.2 T_s	0.4 T_s

3. 工程经验法

采用前述经验公式整定出来的 PID 参数通常仅为系统控制器提供了一组初始参数，还需要基于 PID 参数对闭环系统调节性能的影响进行"手工细调"。此外，如果全部通过手动的"试凑法"配置 PID 参数，为了提高参数整定的效率以及效果，可按照比例、积分、微分的顺序来进行，具体步骤如下：

1）置调节器积分时间 $T_I = \infty$，微分时间常数 $T_D = 0$，调整 K_c，接近性能指标。例如，可以先在按经验设置的比例带初值条件下，将系统投入运行，整定比例带，求得满意（如 4:1 衰减比）的过渡过程曲线。例如，表 4-4 为 PID 控制器的经验数据，表 4-5 为设定值扰动 PID 控制器各参数对调节过程的影响。

表 4-4　工程经验法 PID 控制器的经验数据

被控对象	δ（%）	T_I /min	T_D /min
液位	20 ～ 80	—	—
流量	40 ～ 100	0.1 ～ 1	—
压力	30 ～ 70	0.4 ～ 3	—
温度	20 ～ 60	3 ～ 10	0.5 ～ 3

表 4-5　设定值扰动 PID 控制器各参数对调节过程的影响

性能指标	$\delta\downarrow$	$T_I\downarrow$	$T_D\uparrow$
最大动态偏差	↑	↑	↓
余差	↓	0.1 ～ 1	—
衰减率	↓	↓	↑
振荡频率	↑	↑	↑

2）减小 T_I 到合适的数值，这会导致稳定性降低，因而相应地要减小 K_c，以保持稳定性不变。例如，在引入积分作用后，可将上述比例带适当加大（如取其 1.1 ～ 1.2 倍），然后再将 T_I 由大到小进行整定。随着 T_I 逐步减小，积分消除余差的速率会逐步加快，但系统的稳定性会减弱，响应周期会变慢。

3）当 PI 调节令人满意后，如有必要，还可进一步引入微分。T_D 增大一般会导致稳定性增强，这意味着增益 K_c 可进一步加大，积分时间常数 T_I 可进一步减小。其中，可将 T_D 按经验值或按 $T_D = (1/4 \sim 1/3)T_I$ 设置，并由小到大地加入，直到满意为止。值得指出的是，增大微分时间常数 T_D 可提高系统响应速率和稳定性，但只是在一定上限范围内有效，过大的 T_D 会对噪声及其他扰动有放大作用，会削弱系统稳定性。

上述临界比例增益法、衰减曲线法、工程经验法都属于工程整定方法。临界比例增益法、衰减曲线法的共同点是通过试验获取某些特征参数，然后再按照工程经验公式计算控制器的整定参数；而工程经验法主要依赖于工程师的工程经验。这三种常用工程整定方法各有其特点：

1）临界比例增益法是一种闭环整定方法，依赖系统在特定运行状况下的特征参数来整定控制器参数，其优点是不需要掌握被控过程的数学模型。然而，这种方法也存在一些缺点，例如，不适用于不能进行反复振荡试验的生产工艺过程，或者对比例控制本质上稳定的被控过程。

2）衰减曲线法也是一种闭环整定方法，衰减曲线法可适用于各种控制系统，如反应时间很短的流量控制系统，及反应时间很长的温度控制系统。但对于外界干扰作用频繁的控制系统，由于很难得到明显的衰减曲线，难于确定衰减比例度和衰减周期，而导致无法应用。

3）工程经验法通常简单易行，不需要复杂的数学模型和计算，适用于大多数工业控制系统，可以根据实际情况灵活调整参数，能够处理一些模型不确定性和非线性特性。但工程经验法依赖于工程师的个人经验和直觉，可能无法达到最优控制效果，存在对于复杂的系统可能不够精确等问题。

需要指出的是，无论采用哪种方法进行控制器参数整定，都需要在系统实际运行中进行最终调整与完善。实际上，大多数生产过程是非线性的，因此，控制器参数会与系统的工作条件相关。不同工况下控制器参数的最优值也不同。然而，根据上述整定方法得到的参数值不能随过程特性的变化而自行调整，从而容易导致控制品质的恶化。因此部分学者提出采用智能算法对 PID 参数进行自整定，如专家 PID 控制、模糊 PID 控制、神经网络 PID 控制。

专家控制模拟人类专家的控制知识与经验，是近年来最活跃和广泛应用的智能控制领域之一。专家系统由知识库、推理机、解释机制和知识获取机构组成，具备领域专家级的专业知识，能够进行符号处理和启发式推理，并具有知识获取能力、灵活性、透明性和交互性。专家 PID 根据控制专家的经验归纳出 PID 参数的控制规律，并将该规律存入知识库。在系统工作时，被控对象的状态输入专家控制器，由推理机根据知识库进行启发式推理，确定所需的 PID 控制器控制参数。

模糊控制基于模糊语言变量、模糊集合论和模糊逻辑推理，是一种新型计算机控制算法。它不依赖于控制对象的数学模型，具有智能性和学习性的优点。模糊 PID 控制方法首先挖掘输入变量与 PID 参数之间的关系，并总结成模糊规则。在系统工作时，首先对输入的清晰量进行模糊化处理，然后通过查询内部的模糊规则表进行模糊推理，得到三个参数的模糊控制量，经过清晰化处理后，得到系统所需的 PID 控制参数。

神经网络通过对人脑的微观结构和功能进行抽象和简化，旨在模仿人脑的结构及功能。作为现代信息处理技术的一种，神经网络能够对难以精确描述的复杂非线性系统进行建模，进行分布式存储、并行处理及推理，具有自组织和自学习的特点。神经网络 PID 控制主要利用学习算法对神经网络进行离线学习，同时在系统工作过程中不断进行自学习和加权系数的调整，以达到更优的控制效果。系统工作时，将被控对象的状态输入神经网络，神经网络输出对应于最优控制下的 PID 控制器参数。

4.3.4 改进型 PID 控制算法

基本的 PID 控制通过调整偏差来实现过程的闭环控制。引起偏差的主要因素有两个：过程扰动和设定值变化。闭环系统对过程扰动和设定值变化的响应特性，反映了系统的两个不同侧面（即具有不同的闭环传递函数）。采用同一组 PID 控制器参数，往往难以同时保证这两个方面的特性都十分理想。为了适应不同的被控对象和系统需求，并改善系统的控制品质，可以在标准 PID 控制算法的基础上进行改进，形成一系列 PID 控制的改进算法。这些改进算法包括微分先行 PID 控制算法、积分分离 PID 控制算法、自整定模糊PID 控制算法等。下面对几种具有代表性的 PID 改进算法进行介绍。

1. 微分先行 PID 控制算法

在 PID 控制中，微分的引入可以改善系统的动态特性，但也容易引起高频干扰，尤其在偏差信号突变时，微分作用会显著降低控制性能。考虑到设定值改变的系统中，通常情况下被控变量的变化比较缓和，因此采用微分先行 PID 控制算法只对测量值 $y(t)$ 微分，而不对偏差 $e(t)$ 微分，也就是说对给定值 $r(t)$ 的前向通道中无微分作用。这样在调整设定值时，控制器的输出就不会产生剧烈的跳变，也就避免了给定值变化给系统造成的冲击。图 4-11 为微分先行 PID 控制系统结构图。

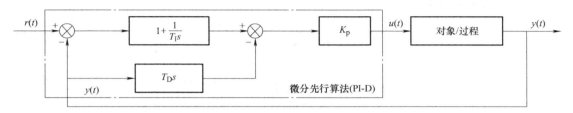

图 4-11　微分先行 PID 控制系统结构图

常规增量型 PID 控制算法表达式的微分项为

$$K_D[e(k) - 2e(k-1) + e(k-2)] = K_D[r(k) - 2r(k-1) + r(k-2)] \\ - K_D[y(k) - 2y(k-1) + y(k-2)] \tag{4-42}$$

明显可见，当给定值 r 发生更改后，控制器将输出一很大控制量，对系统造成冲击。采样微分先行后，微分只对被控变量变化起作用，此时增量型 PID 输出如式（4-33）所示。

$$\Delta u(k) = K_c[e(k) - e(k-1)] + K_I e(k) - K_D[y(k) - 2y(k-1) + y(k-2)] \tag{4-43}$$

式中，$K_D = K_c T_D$ 为微分增益；$K_I = K_c/T_D$ 为积分增益。

由式（4-43）可知，微分先行 PID 控制流程与标准 PID 类似，只是计算微分项时，由 $e(i)$ 变成了 $-y(i)$，其中 $i = k, k-1, k-2$。

微分先行 PID 控制特别适用于系统频繁升降的情况，可以避免因设定值变化引起的系统振荡，从而显著改善系统的动态特性。

2. 积分分离 PID 控制算法

在 PID 控制系统中，引入积分部分的主要作用是为了消除稳态误差，从而提升控制的精确度。但是，在过程刚开始、即将结束或者在设定值发生大幅变化的情况下，由于系统偏差在短时间内会变得很大，PID 计算中的积分部分会变得非常显著。这种由于积分作用导致的控制作用超出执行机构能力范围的现象被称为"积分饱和"。由于超出执行机构最大限制的控制信号实际上无法改变操作量，这可能导致系统无法得到有效控制，从而产生严重的超调和波动；而且，当控制器处于积分饱和状态时，要恢复正常也需要较长时间，在这期间被控对象同样无法得到恰当的控制。为了确保生产过程的稳定控制，这些情况通常都是需要避免的。

积分分离控制的基本思路是：当被控量与设定值的偏差较大时，取消积分作用，以避免积分饱和导致的系统稳定性降低和超调量增大；当被控量接近设定值时，再引入积分控制，以消除静差并提高控制精度。其具体实现步骤如下：

1）根据实际情况，人为设定阈值 $\varepsilon > 0$。

2）当 $|e(k)| > \varepsilon$ 时，采取 PD 控制，可避免产生积分饱和导致过大的超调，又使系统有较快的响应。

3）当 $|e(k)| \leq \varepsilon$ 时，采用 PID 控制，以保证系统的控制精度。

积分分离 PID 控制算法的表达式为

$$u(k) = K_c e(k) + \beta K_I \sum_{i=0}^{k} e(i) + K_D \frac{e(k) - e(k-1)}{T_s} \tag{4-44}$$

式中，T_s 为采样周期；β 为积分分离的开关系数，$\beta = \begin{cases} 1, & |e(k)| \leq \varepsilon \\ 0, & |e(k)| > \varepsilon \end{cases}$。

3. 自整定模糊 PID 控制算法

传统的 PID 控制器通常不具备在线调整参数的能力，这使得它在不同工作条件下的自适应调整能力有限，无法确保控制效果的稳定性。

自适应 PID 控制器能够通过实时识别被控过程的参数来调整控制参数，但其性能在很大程度上取决于模型识别的准确性，这对于复杂系统来说是一个巨大的挑战。即便如此，即便是最复杂的系统，操作人员也能够凭借经验进行有效控制。为了模仿这种基于经验的方法，人们考虑将操作人员的经验转化为计算机程序，以便根据实际情况自动调整 PID 参数，这种方法催生了模糊 PID 控制。

在生产实践中，操作人员经常使用模糊的语言来描述控制动作，例如，"如果水温过高，就显著降低阀门的开度"或"如果系统超调过大，就减少比例增益"。然而，在需要精确信号和性能指标的控制系统中，这些基于经验的指令无法直接应用。模糊逻辑理论提供了一种解决方案。在模糊逻辑控制中，这些基于经验的指令被转化为模糊规则，现场传感器收集的数据经过模糊处理，成为激活这些规则的触发条件。通过模糊推理过程，系统可以做出模糊决策，最后将这些决策转化为明确的控制输出或参数，以实现精确控制。

模糊控制和 PID 控制可以结合使用，方式多种多样。图 4-12 展示了一种自整定模糊 PID 控制的实现方法。该方法首先确定 PID 三个参数与控制偏差 e 和偏差导数 ec 之间的模糊关系，在运行过程中，通过不断检测 e 和 ec，根据模糊控制原理在线修改三个参数，以满足不同 e 和 ec 对控制参数的要求，而使被控对象有良好的动态和静态性能。

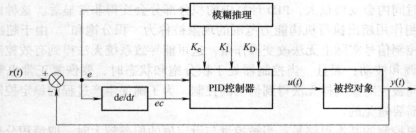

图 4-12　自整定模糊 PID 控制系统结构图

自整定模糊 PID 控制器以误差和误差变化率为输入，通过模糊化、模糊推理机和去模糊化，得到自整定后的 PID 控制参数 K_c、K_I 和 K_D。其中，模糊推理中自整定模糊 PID 控制规则的建立最为关键。

为此，首先总结出 K_c、K_I 和 K_D 对系统稳定性、超调量和稳态精度等各项控制性能指标的影响如下：

1）比例系数 K_c 的作用是提升系统对输入变化的反应速度，并减小稳态下的误差，从而增强调节准确性。K_c 越大，系统的响应速度越快，系统的调节精度越高，但易产生超调，甚至会导致系统不稳定。K_c 过小，则会降低调节精度，使响应速度缓慢，调节时间延长，同时系统的静态和动态性能会恶化。

2）积分系数 K_I 的作用是消除系统的稳态误差。K_I 越大，系统的静差消除越快。但 K_I 过大，在系统响应初期可能导致积分饱和，进而造成较大的超调。反之，若积分增益太小，则静态误差难以根除，影响系统调节的精确度。

3）微分系数 K_D 的作用是改善系统的动态特性，能预测偏差的变化趋势，并据此提前产生控制作用。增大 K_D 有助于减少系统超调并提高稳定性。但 K_D 过大可能导致系统提前过度制动，延长调节时间并降低系统的抗干扰能力；K_D 过小，则微分作用不明显。

为了全面确保系统的动态和静态性能，可以根据系统动态过程的不同阶段，考虑使用不同的 PID 控制参数。假设系统的阶跃响应曲线如图 4-13 所示，对照图中系统动态响应各阶段对控制要求的不同，总结出了在各种误差和误差变化率下，被控过程对 PID 参数的自整定要求：

1）当 $|e|$ 较大时，即系统响应处于图 4-13 所示的 I 段时，为了实现更优的快速跟踪性能，并防止初始偏差增大导致微分饱和，从而导致控制作用超出界限，应取较大的 K_c 和较小的 K_D，同时，为了避免显著的超调，应对积分作用进行限制，通常取 $K_I = 0$。

2）当 $|e|$ 为中等大小时，即系统响应处于图 4-13 所示的 II 段时，为使系统具有较小的超调，应取较小的 K_c，适当的 K_D 和 K_I，以保证系统的响应速度。

3）当 $|e|$ 较小时，即系统响应处于图 4-13 所示的 III 段时，为了获得良好的稳态性能，应取较大的 K_c 和 K_I。同时为避免系统在设定值附近出现振荡，并考虑系统的抗干扰性能，当 $|ec|$ 较小时，K_D 取值可大些，通常取为中等大小；当 $|ec|$ 较大时，K_D 取值应小些。

上述 PID 参数自整定要求中的"K_D 取值应小些"等描述是针对相应参数的初始值而言的，也就是说，实际应用的 PID 参数是在其初始值基础上自调整得出的，即

$$K_c = K_{c0} + \Delta K_c$$
$$K_I = K_{I0} + \Delta K_I \quad\quad\quad (4\text{-}45)$$
$$K_D = K_{D0} + \Delta K_D$$

式中，K_{c0}、K_{I0} 和 K_{D0} 分别为 P、I 和 D 参数的初始值；ΔK_c、ΔK_I 和 ΔK_D 分别为依据系统

实际运行中测量的误差 e 和误差变化率 ec ，由模糊推理算法得出的 PID 参数的自调整量。

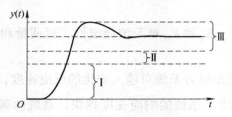

图 4-13　被控系统阶跃响应曲线

将误差 e 和误差变化率 ec 变化范围及 PID 参数的自调整量 ΔK_c、ΔK_I 和 ΔK_D 均模糊化到 7 个模糊子集 {NB,NM,NS,ZO,PS,PM,PB} 上（7 个模糊子集换成语言描述即为 { 负向大，负向中等，负向小，零位，正向小，正向中等，正向大 }），上述 PID 参数的自调整规则可归纳为表 4-6 ~ 表 4-8。

表 4-6　K_c 模糊自整定规则的自调整量 ΔK_c

e	ec						
	NB	NM	NS	ZO	PS	PM	PB
NB	PB	PB	PM	PS	PS	ZO	ZO
NM	PB	PB	PM	PS	PS	ZO	NS
NS	PM	PM	PM	PS	ZO	NS	NS
ZO	PM	PM	PS	ZO	NS	NM	NM
PS	PS	PS	ZO	NS	NS	NM	NM
PM	PS	ZO	NS	NM	NM	NM	NB
PB	ZO	ZO	NM	NM	NM	NB	NB

表 4-7　K_I 模糊自整定规则的自调整量 ΔK_I

e	ec						
	NB	NM	NS	ZO	PS	PM	PB
NB	NB	NB	NM	NM	NS	ZO	ZO
NM	NB	NB	NM	NS	NS	ZO	ZO
NS	NB	NM	NS	NS	ZO	PS	PS
ZO	NM	NM	NS	ZO	PS	PM	PM
PS	NM	NS	ZO	PS	PS	PM	PB
PM	ZO	ZO	PS	PS	PS	PB	PB
PB	ZO	ZO	PS	PS	PM	PB	PB

表 4-8　K_D 模糊自整定规则的自调整量 $\triangle K_D$

e	ec						
	NB	NM	NS	ZO	PS	PM	PB
NB	PS	NS	NB	NB	NB	NM	PS
NM	PS	NS	NB	NM	NM	NS	ZO
NS	ZO	NS	NM	NM	NS	NS	ZO
ZO	ZO	NS	NS	NS	NS	NS	ZO
PS	ZO	ZO	ZO	ZO	ZO	ZO	ZO
PM	PB	NS	PS	PS	PS	PS	PB
PB	PB	PM	PM	PM	PS	PS	PB

除了传统的 PID 控制，还有一些先进的 PID 控制变种，如基于专家系统的 PID 控制和基于神经网络的 PID 控制。专家 PID 控制是基于控制领域专家的知识和经验，将 PID 参数的控制策略编码成规则，并存储在一个知识库中。在实际运行时，专家控制系统会接收被控对象的状态信息，然后通过推理引擎根据知识库中的规则进行推理，动态决定最佳的 PID 参数设置。神经网络 PID 控制则利用机器学习算法，在离线环境下训练神经网络，并在系统运行过程中持续进行自我学习和调整权重，以实现更高效的控制系统性能。在系统操作时，被控对象的当前状态被送入神经网络，神经网络经过处理输出与最优控制策略相匹配的 PID 控制器参数。这种方法能够自适应系统的变化，提供更加精确和灵活的控制。

4.3.5　PID 单回路控制系统设计

单回路控制系统，通常是指仅由一个被控过程（或称被控对象）、一个检测变送装置、一个控制器（或称调节器）和一个执行器（如调节阀）所组成的单闭环负反馈控制系统，如图 4-14 所示，包含了控制器、执行器、被控对象、检测变送单元，以及扰动通道。将其中各个环节利用传递函数进行描述，可以得到如图 4-14 所示的单回路控制系统方框图。

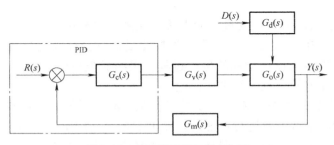

图 4-14　单回路控制系统方框图

根据该图可以得到控制系统的输出与输入之间的关系：

$$Y(s) = \frac{G_c(s)G_v(s)G_o(s)}{1+G_c(s)G_v(s)G_o(s)G_m(s)}R(s) + \frac{G_d(s)}{1+G_c(s)G_v(s)G_o(s)G_m(s)}D(s) \qquad (4\text{-}46)$$

　　单回路控制系统设计的主要任务是选择被控变量和操作（控制）变量、建立被控对象的数学模型、控制器的设计、检测变送单元的选择和执行器的选型。其中，被控对象的建模方法前面已进行了介绍，执行器和检测变送单元的选择在其他课程中已有介绍，本课程内容重点针对单回路控制系统中被控变量选择，分析过程特性对控制质量的影响及操作变量的选择，接着讲解控制器的选型。

　　可以看出，扰动作用与控制作用同时影响被控变量。当扰动作用使被控变量发生变化而偏离设定值时，控制作用就可以抑制扰动的影响，把已经变化的被控变量重新拉回到设定值上来。因此，在一个控制系统中，扰动作用与控制作用是相互对立而依存的，有扰动就有控制，没有扰动也就无须控制。

1. 被控变量的选择

　　被控变量的选择是控制系统设计的核心问题，被控变量选择的正确与否是决定控制系统有无价值的关键。对于任何一个控制系统，总是希望其能够在稳定生产操作、增加产品产量、提高产品质量、保证生产安全及改善劳动条件等方面发挥作用，如果被控变量选择不当，配备再好的自动化仪表，使用再复杂、再先进的控制规律也是无用的，都不能达到预期的控制效果。

　　另一方面，对于一个具体的生产过程，影响其正常操作的因素往往有很多个，但并非所有的影响因素都要自动控制。所以，设计人员必须深入实际，调查研究，分析工艺，从生产过程对控制系统的要求出发，找出影响生产的关键变量作为被控变量。

　　（1）被控变量的选择方法　　生产过程中的控制大体上可以分为三类：物料平衡控制和能量平衡控制，产品质量或成分控制，限制条件的控制。毫无疑问，被控变量应是能表征物料和能量平衡、产品质量或成分及限制条件的关键状态变量。所谓"关键"变量，是指这样一些变量：它们对产品的产量或质量及安全具有决定性作用，而人工操作又难以满足要求；或者人工操作虽然可以满足要求，但是这种操作既紧张又频繁，劳动强度很大。

　　根据被控变量与生产过程的关系，可将其分为两种类型的控制形式：直接参数控制与间接参数控制。

　　1）选择直接参数作为被控变量。能直接反映生产过程中产品的产量、质量及安全运行的参数称为直接参数。大多数情况下，被控变量的选择往往是显而易见的。对于以温度、压力、流量、液位为操作指标的生产过程，很明显被控变量就是温度、压力、流量、液位。这是很容易理解的，也无须多加讨论。

　　2）选择间接参数作为被控变量。质量指标是产品质量的直接反映，因此，选择质量指标作为被控变量应是首先要进行考虑的。如果工艺上是按质量指标进行操作的，理应以产品质量作为被控变量进行控制，但是，采用质量指标作为被控变量，必然要涉及产品成分或物性参数（如密度、黏度等）的测量问题，这就需要用到成分分析仪表和物性参数测量仪表。

　　因此，当直接选择质量指标作为被控变量比较困难或不可行时，可以选择一种间接的指标，即间接参数作为被控变量。但是必须注意，所选用的间接指标必须与直接指标有单值的对应关系，并且还需具有足够大的灵敏度，即随着产品质量的变化，间接指标必须有足够大的变化。

（2）被控变量的选择原则　在实践中，被控变量的选择以工艺人员为主，以自控人员为辅，因为对控制的要求是从工艺角度提出的。但自动化专业人员也应多了解工艺，多与工艺人员沟通，从自动控制的角度提出建议。工艺人员与自控人员之间的相互交流与合作，有助于选择好控制系统的被控变量。

在过程工业装置中，为了实现预期的工艺目标，往往有许多个工艺变量或参数可以被选为被控变量，也只有在这种情况下，被控变量的选择才是重要的问题。从多个变量中选择被控变量应遵循下列原则：

1）被控变量应能代表一定的工艺操作指标或能反映工艺操作状态，一般都是工艺过程中比较重要的变量。

2）应尽量选择那些能直接反映生产过程的产品产量、质量及安全运行的直接参数作为被控变量。当无法获得直接参数信号，或其测量信号微弱（或滞后很大）时，可选择一个与直接参数有单值对应关系，且对直接参数的变化有足够灵敏度的间接参数作为被控变量。

3）选择被控变量时，必须考虑工艺合理性和国内外仪表产品的现状。

2. 操作变量的选择

在生产过程中，干扰是客观存在的，它是影响系统平稳操作的因素，而操作变量是克服干扰的影响，使控制系统重新稳定运行的因素。因此，选择一个可控性良好的操作（控制）变量，可使控制系统有效克服干扰的影响，以保证生产过程平稳操作。

（1）操作变量的选择方法　在一个系统中，可作为操作变量的参数往往不只一个，因为能影响被控变量的外部输入因素往往有若干个而不是一个。在这些因素中，有些是可控（可以调节）的，有些是不可控的，但并不是任何一个因素都可选为操作变量而组成可控性良好的控制系统。这就是说，操作变量的选择，对控制系统的控制质量有很大的影响。为此，设计人员要在熟悉和掌握生产工艺机理的基础上，认真分析生产过程中有哪些因素会影响被控变量发生变化，在诸多影响被控变量的输入中，选择一个对被控变量影响显著而且可控性良好的输入变量作为操作变量，而其他未被选中的所有输入量则视为系统的扰动。操作变量和扰动均为被控对象的输入变量，因此，可将被控对象看成是一个多输入、单输出的环节，如图 4-15 所示。

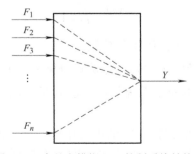

图 4-15　自整定模糊 PID 控制系统结构图

121

（2）操作变量的选择原则　　实际上被控变量与操作（或控制）变量是放在一起综合考虑的。操作变量应具有可控性、工艺操作的合理性、生产的经济性。操作变量的选取应遵循下列原则：

1）所选的操作变量必须是可控（即工艺上允许调节的变量），而且在控制过程中该变量变化的极限范围也是生产允许的。

2）操作变量应该是系统中被控过程的所有输入变量中对被控变量影响最大的一个，控制通道的放大系数要适当大一些，时间常数适当小些，纯迟延时间应尽量小；所选的操作变量应尽量使扰动作用点远离受控变量而靠近调节阀。为使其他扰动对被控变量的影响减小，应使扰动通道的放大系数尽可能小，时间常数尽可能大。

3）在选择操纵变量时，除了从自动化角度考虑外，还需考虑到工艺的合理性与生产的经济性。一般来说，不宜选择生产负荷作为操纵变量，以免产量受到波动。

3. 控制器的选型

控制器的选型包括控制器规律的选择和控制器正反作用方式的选择。控制器控制规律对系统的控制质量影响很大，在简单控制系统中，PID 控制由于其自身的优点得到了广泛的应用。

（1）控制器控制规律的选择　　对于由 PID 控制器和广义被控对象（执行器、被控对象、检测变送单元）两大部分组成的简单控制系统，可依据广义被控对象的特点选择 PID 控制的控制规律。

1）广义被控对象控制通道时间常数较大或容积滞后较大时，应引入微分作用。如果工艺允许有残差，可选用比例微分控制；如果工艺要求无残差时，则选用比例积分微分控制，如温度、成分、pH 值控制等。

2）当广义被控对象控制通道时间常数较小，负荷变化也不大，而工艺要求无残差时，可选择比例积分控制，如管道压力和流量的控制。

3）当广义被控对象控制通道时间常数较小，负荷变化较小，工艺要求不高时，可选择比例控制，如储罐压力、液位的控制。

4）当广义被控对象控制通道时间常数或容积迟延很大，负荷变化也很大时，简单控制系统已不能满足要求，应设计复杂控制系统或先进控制系统。

特别指出，如果广义被控对象传递函数可用下式近似，则可根据广义被控对象的可控比 τ/T 选择 PID 控制器的调节规律：

$$G_p(s) = \frac{Ke^{-\tau s}}{Ts+1} \tag{4-47}$$

当 $\tau/T < 0.2$ 时，选择比例或比例积分控制。

当 $0.2 < \tau/T \leqslant 1.0$ 时，选择比例微分或比例积分微分控制。

当 $\tau/T > 1.0$ 时，采用简单控制系统往往不能满足控制要求，应选用如串级、前馈等复杂控制系统。

（2）控制器正反作用方式的选择　　所谓正反作用，是指图 4-14 中代表 PID 控制器（单点画线框）、执行器、被控对象、检测变送单元的各方框环节，在输入增大时，其输出也增大的称为正作用，计为 +；反之，就是反作用，计为 –。

　　控制器正反作用方式选择的原则是保证整个控制系统成为负反馈的闭环系统，即：

$$（控制器 ±）×（执行器 ±）×（被控对象 ±）=（-）$$

　　按照上述原则，确定控制器正反作用方式的步骤如下：

　　1）根据工艺安全性要求，确定控制阀的气开和气关形式，气开阀的作用方向为正作用（+），气关阀的作用方向为反作用（-）。

　　2）根据被控对象的输入和输出关系，确定其正反作用方向。

　　3）根据检测变送环节的输入/输出关系，确定检测变送环节的作用方向，一般默认为正作用（+）。

　　4）根据负反馈准则，确定控制器的正反作用方式。

4. 单回路控制系统的投运

　　合理、正确地掌握控制系统的投运，使系统无扰动地、迅速地进入闭环，是工艺过程平稳运行的必要条件。应从手动遥控开始，逐个将控制回路过渡到自动操作，应保证无扰动切换，实现系统平稳地从手动操作转入自动控制。至此，初步投运过程结束。但此时控制系统的过渡过程不一定满足要求，这时需要进一步调整控制器参数。

码 4-2【代码】
PID 控制案例

　　控制系统的投运应与工艺过程的开车密切配合，在进行静态试车和动态试车的调试过程中，对控制系统和检测系统进行检查和调试。

4.3.6　PID 控制案例

　　通过 4.2.4 小节中辨识得到的水箱传递函数 $G(s)$，采用衰减曲线法进行 PID 参数整定：事先将控制器的积分时间 T_I 设置为无穷大，微分时间设置为零，仅有比例控制作用，此时比例系数 $\delta_s = 2.37$，峰值差时间 $t_p = 27.5s$。在系统稳定运行时（280mm 处），修改设定值（340mm）实施阶跃扰动，并调节比例系数，观察系统的液位响应输出，经过几次调整，最终得到 4:1 振荡曲线（图 4-16），即可以通过衰减曲线法得到 PID 参数整定值。

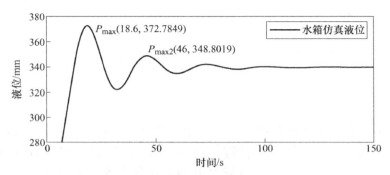

图 4-16　衰减曲线法寻找 PID 参数

于是，可设计单回路 PID 控制器，如图 4-17 所示。

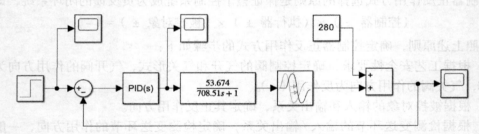

图 4-17　单回路 PID 控制 Simulink 结构图

其中，在衰减比为 0.75 时，PID 控制参数如式（4-48）所示计算理想值，得到 K_c = 1.896，T_I =8.25s，T_D =2.75s。经过小幅值微调后得到，K_c =1.65、T_I =9.0s、T_D =3.0s，即可满足控制需要。

$$K_c = 0.8\delta_s = 0.8 \times 2.37 = 1.896$$
$$T_I = 0.3t_p = 0.3 \times 27.5s = 8.25s \tag{4-48}$$
$$T_D = 0.1t_p = 2.75s$$

当单回路 PID 控制在 Simulink 仿真中选取 K_c =1.65、T_I =9.0s、T_D =3.0s 时，控制效果如图 4-18 所示（修改 PID 参数还可进一步调整曲线衰减比），可以发现最终仿真的结果第一波峰在 378mm 附近，第二波峰在 347mm 附近，受限于系统 6s 的延迟，控制效果虽然没有展示出近似 4 : 1 的振荡曲线，但属于性能良好 PID 参数。将仿真中选取的 PID 参数用于实际水箱实验测试，当选取控制周期为 0.2s，PID 控制律为 $K_c[1+1/T_I s+T_D s/(1+s/N)]$ 时，实验实测水箱液位变化如图 4-19 所示。

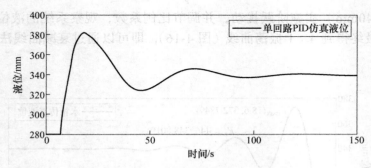

图 4-18　单回路 PID 仿真结果

为了进一步提高系统的控制效果，实验中还设计了一个"液位 – 流量"串级 PID 控制系统，如图 4-20 所示。其中，副回路为变频泵频率输入到流量的比例传递函数，经实验测试该管道延迟时间为 2s（即变频泵开始动作到有流量输出），比例系数为 0.151。串级 PID 控制中，由于副回路的存在，主被控对象延迟时间在原单回路的基础上缩短了

2s，同时副回路还可以更迅速地克服流量不稳的干扰，并且改善控制通道的动态特性，提高控制系统的工作频率。

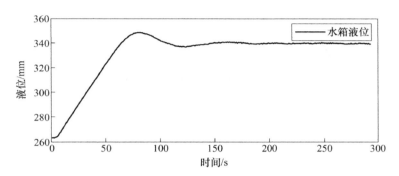

图 4-19　单回路 PID 控制实际结果

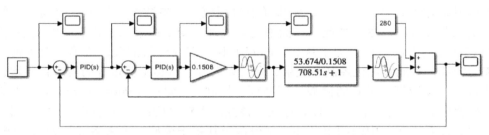

图 4-20　液压 – 流量串级 PID 控制 Simulink 结构图

串级 PID 仿真得到的控制效果如图 4-21 和图 4-22 所示，主回路都设置 $K_c = 3.64$、$T_I = 21s$、$T_D = 3s$，其中图 4-21 中副回路 $K_c = 0.5$、$T_I = 100s$，图 4-22 中 $K_c = 0.5$、$T_I = 10s$。可以发现超调量、稳定时间等指标有明显优化，体现出串级控制系统的独特优势。从图 4-22 可以看出，实际应用中，将副回路的积分时间 T_I 设置为 1s，也取得了较好的效果。这说明，PID 的参数调整不按公式定理推导也可以获得很好的控制效果，故实际应用中可结合现场情况进行调整，按公式计算的 PID 参数只是一组推荐值。

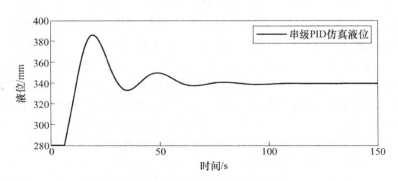

图 4-21　串级 PID 控制仿真结果

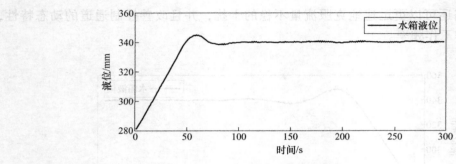

图 4-22　串级 PID 控制实际结果

4.4　模型预测控制

　　长期以来，工业自动化领域主要采用基于反馈机制的 PID 调节器进行过程控制。PID 控制器因其通用性、适用性广泛，无须详细过程模型，参数设置简单以及调试方便等特性，广受工业界青睐。尽管如此，当面临需要处理多变量约束和优化控制的复杂问题时，传统的 PID 控制方法就显得力不从心。随着工业生产规模的扩大，从单一设备到整个生产系统的转变，对能够优化控制多变量、受约束的复杂流程工业过程的需求日益增长，这为工业自动化领域带来了新的挑战。模型预测控制（model predictive control，MPC）就是在这种背景下发展起来的新型控制算法。该控制策略之所以受到青睐，主要是因为其能够明确地处理系统运行中的约束条件，这得益于其基于模型对未来系统行为的预测能力。通过将约束条件直接应用于未来的输入、输出或状态变量，这些约束可以被明确地转化为在线求解的二次规划或非线性规划问题。预测控制在全球众多大型工业设施中的成功实施，证明了其作为一种有效的约束控制算法，已经在工业过程控制行业中获得了广泛的接受和认可。本节将围绕模型预测控制概述、原理及变形三部分进行介绍。

4.4.1　模型预测控制概述

　　本小节将从理论背景、工业应用两方面对模型预测控制进行概述。

1. 理论背景

　　自 20 世纪 70 年代计算机技术普及以来，自动控制领域经历了显著的发展，随之诞生了所谓的先进过程控制技术。这种控制策略，也被称作先进控制，相较于传统控制方法，展现出更优的控制效果，旨在提升过程控制的质量和应对复杂的控制挑战。先进控制理论包含丰富的内容，其应用范围极为广泛，包括：①自适应控制理论和方法，该方法以系统辨识和参数估计为基础，处理被控对象不确定性和缓时变性，在实时辨识基础上进行在线确定最优控制规律；②鲁棒控制方法，该方法在保证系统稳定性和其他性能基础上，设计鲁棒控制器，以处理对象数学模型的不确定性；③模糊控制方法，该方法是以模糊集理论、模糊语言变量和模糊逻辑推理为基础的一种智能控制方法，它是从行为上模仿人的模糊推理和决策过程的一种智能控制方法；④模型预测控制，该方法为一种计算机控制算法，在预测模型的基础上采用滚动优化和反馈校正策略，可以处理多变量系统。

先进控制理论中的模型预测控制是基于过程模型提供的预测，求解最优控制问题，输出最优控制动作，实现多目标协调优化控制，图 4-23 是模型预测控制的示意图。

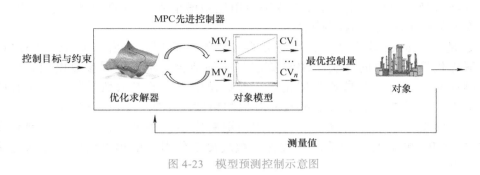

MPC先进控制器

图 4-23　模型预测控制示意图

MV—模型操作量　CV—模型被控量

2. 工业应用

预测控制算法起源于工业过程控制领域。Richalet 和 Mehra 首先提出了一种基于系统脉冲响应的模型预测启发式控制方法（MPC），而 Cutler 等人则提出了基于系统阶跃响应的动态矩阵控制（DMC）。这些控制算法使用的脉冲或阶跃响应模型是基于工业现场容易获取的非参数化模型，可以直接用于设计控制器而无须额外的辨识过程。它们融合了现代控制理论中的优化理念，通过在线的有限时域优化（即滚动优化）来取代传统的全局优化方法，并在每一步滚动过程中利用实时数据进行反馈调整。这种方法避免了对最小化参数模型的复杂辨识，减少了在线优化所需的实时计算量，增强了控制系统的鲁棒性，满足了工业过程控制的实际需求。因此，这些算法在欧美的炼油、化工、电力等行业中迅速获得成功应用，并引起了工业控制领域的广泛关注。随后，多种基于系统对脉冲和阶跃输入响应的预测控制算法陆续问世。用于各种装置过程控制的预测控制商品软件包也很快推出，并迅速在各行业的过程控制中得到推广应用。预测控制技术已被广泛应用于几千个全球过程控制系统，产生了显著的经济效益，并被广泛认可为一种高效且具有巨大应用前景的先进过程控制技术。其早期主要分为三种方法：模型算法控制（model algorithm control，MAC）、动态矩阵控制（dynamic matrix control，DMC）、广义预测控制（generalized prediction control，GPC）。

MAC 算法最初由 Richalet 等人在 1978 年提出，但这种思想实际上在 20 世纪 60 年代末期就已在法国的工业应用中得到实践，如锅炉和蒸馏塔控制。设计 MAC 算法的初衷是为了解决传统 PID 控制所不能解决的问题，而约束处理和最优性能并非其设计的核心。MAC 算法以其直观性和易于调整的特性而著称，它基于系统的脉冲响应，主要适用于渐近稳定的线性系统。尽管如此，在追求通用性能指标时，MAC 算法可能会产生静态误差，这主要是因为它以输入信号 u 作为控制量，本质上体现了一种比例控制的特性。

DMC 算法通过实时解决线性或二次规划问题来实现在约束条件下的最优控制效果。作为一种基于系统阶跃响应的预测控制策略，DMC 非常适合用于渐近稳定的线性系统。对于接近线性的弱非线性系统，可以通过在稳态工作点进行单位阶跃响应测试来获取系统的模型。对于那些不稳定的系统，可以通过传统的 PID 控制先使其稳定，然后再应用 DMC 算法。DMC 算法以其简洁性、较低的计算需求和强大的鲁棒性而著称，特别适合处理具有纯时延的对象。由于 DMC 算法使用控制增量 Δu，并且包含了数字积分环节，因此能够实现无静态误差的控制效果。

GPC 是由 Clarke 等人基于最小方差自校正控制原理，并借鉴 DMC 和 MAC 中的多步预测优化策略提出的算法。GPC 算法是一种结合了辨识过程参数模型和自适应机制的预测控制技术。与非参数模型相比，参数模型需要的参数数量较少，这有助于降低计算负担。为了减少模型参数不匹配对预测精度的影响，GPC 采用了在线递推算法来实时估计模型参数，并将这些估计值用于更新模型。通过融合自适应控制和预测控制的方法，GPC 能够及时调整由于过程参数缓慢变化引起的预测误差，进而优化系统的动态响应。

在当今过程控制领域，模型预测控制是除 PID 之外应用最为广泛的控制方法，其相较于 PID 控制在处理约束条件、纯滞后以及非线性过程中具备较好的动态控制效果。

4.4.2　模型预测控制原理

模型预测控制是一种通过预测模型对系统未来状态进行预测，并采用在线滚动优化和反馈校正的方法进行系统行为控制的闭环优化控制策略。预测模型是实现优化控制的前提，图 4-24 所示为模型预测控制结构图。模型预测控制由预测模型、滚动优化、反馈校正组成，本小节将从上述三个部分进行介绍。

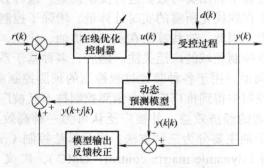

图 4-24　模型预测控制结构图

1. 预测模型

预测模型的作用是基于系统的历史数据和未来的输入信号，来预测其未来的响应。重点在于模型的预测能力而非其具体的结构，这意味着无论是传递函数还是状态方程，只要是能够预测系统行为的模型，都可以被视作预测模型。这种模型能够揭示系统的未来动态，通过计算未来的控制动作，可以预见系统的未来状态或输出，进而评估约束条件的满足情况和性能指标。这为评估不同控制策略优劣提供了依据。

这里将通过状态空间模型这一熟悉的模型形式，阐释预测控制的基本理念。如图 4-25 所示，在当前时刻 k，从被控系统获取实际测量值 $y(k)$。同时，以式（4-49）所示的状态空间模型预测未来动态。

$$x(k+1) = f(x(k), u(k)), \quad x(0) = x_0$$
$$y(k) = h(x(k), u(k))$$

(4-49)

式中，$x(k) \in \mathbf{R}^n, u(k) \in \mathbf{R}^l, y(k) \in \mathbf{R}^q$ 分别表示 k 时刻系统的状态、控制输入和输出。基于预测模型，可以预测系统起始于 $y(k)$ 的未来一段时间 P（预测时域）内的输出，记为

$$\left\{ y_p(k+1 \mid k), y_p(k+2 \mid k), \cdots, y_p(k+p \mid k) \right\}$$

(4-50)

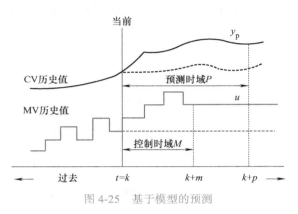

图 4-25　基于模型的预测

MV—模型操作量　CV—模型被控量

2. 滚动优化

　　模型预测控制是一种基于优化的控制算法，通过某一性能指标的最优来确定未来的控制作用。该性能指标涉及系统未来的行为，例如，可以选择使对象输出在未来采样点上尽量接近预期轨迹的方差最小化；也可以采用更广泛的形式，如保持输出在某一范围的同时，最小化控制能量。性能指标中涉及的系统未来动态行为，是通过预测模型和未来的控制策略来决定的。

　　以预测输出与期望输出之间的累积误差定义一个最简单的优化目标函数如式（4-51）所示。

$$J(y(k), U_k) = \sum_{i=k+1}^{k+p} [r(i) - y_p(i \mid k)]^2$$

(4-51)

式中，$r(i)$ 为参考输入 $\{r(k+1), r(k+2), \cdots, r(k+p)\}$，同时满足系统的控制约束与输出约束：

$$u_{\min} \leqslant u(k+i) \leqslant u_{\max}, \quad i \geqslant 0$$
$$y_{\min} \leqslant y(k+i) \leqslant y_{\max}, \quad i \geqslant 0$$

(4-52)

　　最终可得到求解的优化问题的独立变量 U_k，即图 4-26 所示的最佳控制轨迹。

$$U_k \stackrel{\text{def}}{=} \left\{ u(k \mid k), u(k+1 \mid k), \cdots, u(k+p-1 \mid k) \right\}$$

(4-53)

需要注意的是，模型预测控制中的优化与传统的离散时间系统最优控制有显著差别。工业过程控制中常用的模型预测控制算法采用有限时域的滚动优化。在每个采样时刻，优化性能指标只覆盖该时刻起的未来有限时域，因此是一个以未来有限控制量为优化变量的开环优化问题。求得这些最优控制量后，模型预测控制只将当前控制量应用于系统，而不是全部实施；到下一个采样时刻，优化时域随时间向前推进（图 4-26、图 4-27）。因此，模型预测控制不是采用全局优化性能指标，而是在每一时刻优化相对于该时刻的性能指标。虽然不同时间点的优化性能指标形式相似，但包含的具体时间区间不同。这表明模型预测控制中的优化是反复在线进行的，而非一次性的离线优化，这就是滚动优化的含义，也是模型预测控制区别于传统最优控制的特点。

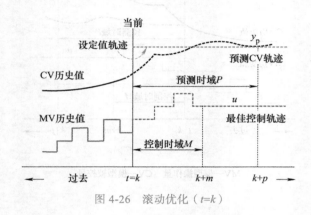

图 4-26　滚动优化（$t=k$）

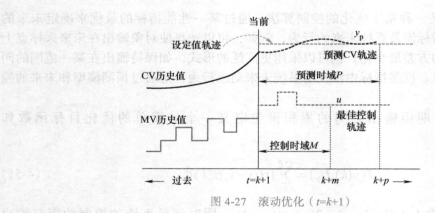

图 4-27　滚动优化（$t=k+1$）

3. 反馈校正

模型预测控制也是一种基于反馈的控制算法。由于基于预测模型的滚动优化本质上是开环优化，实际系统中存在模型失配和不可知扰动等不确定因素，系统的实际运行可能会偏离理想的优化结果。为了补偿这些不确定因素的影响，模型预测控制引入了闭环机制。在每个采样时刻，首先检测对象的实时状态或输出信息，然后在进行优化求解控制作用前，利用这些反馈信息刷新或修正下一步的预测和优化，使其更接近实际情况。这个步骤称为反馈校正，通过这种方式，模型预测控制在一定程度上能补偿不确定因素对系统的影响。

如图 4-28 所示，在 $k-1$ 时刻预测 k 时刻的系统输出 $y_p(k-1|k)$，k 时刻的系统实际输出为 $y(k)$，将两者相比较，构成当前时刻的预测误差 $d(k)=y(k)-y_p(k-1|k)$，为使优化目标更接近实际参考轨迹，可对未来的输出预测进行启发式修正：

$$y_m(k+i|k) = y_p(k+i|k) + d(k) \tag{4-54}$$

式中，$y_m(k+i|k)$ 为校正后的预测值；$y_p(k+i|k)$ 为模型预测值；$d(k)$ 为当前预测误差。

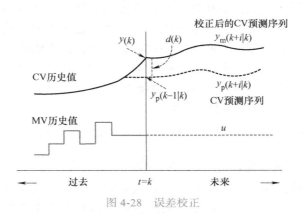

图 4-28　误差校正

　　根据以上对模型预测控制原理的介绍，可以总结出其适用于复杂工业环境的原因。对于复杂的工业对象，基于传递函数或状态方程的控制算法，因为辨识其最小化参数模型需要付出高昂代价，常常导致控制困难。而模型预测控制所需的模型只强调其预测功能，不严格要求其结构形式，从而简化了系统建模的过程。更为重要的是，模型预测控制吸收了优化控制的思想，并在有限时域内结合反馈校正进行滚动优化，取代了其他算法的一次性全局优化。这不仅避免了全局优化所需的巨大计算量，而且在存在模型误差和扰动的工业环境中，能持续调整和修正，顾及不确定性的影响。模型预测控制是一种针对传统最优控制在工业过程中的局限性而设计的新型优化控制算法。

4.4.3　模型预测控制及其变形

　　上述模型预测控制算法主要是针对线性系统提出的，基于建立的线性模型，利用线性系统的齐次性和叠加性来预测未来的输出。在对象具有弱非线性时，可以用线性模型对其进行近似处理并采用线性模型预测控制算法，这时，由非线性引起的模型失配较小，可以利用反馈校正克服其影响。然而，当对象有强非线性时，由于采用线性模型进行输出预测与实际情况偏离较大，无法达到优化控制的效果，因此不能再简单地用线性模型预测控制算法处理，一些学者为此设计了非线性模型预测控制器。非线性模型预测控制的基本原理与线性模型预测控制原理相同，但预测模型及目标函数是非线性的，其本质是在有限时间域内求解非线性规划问题。近年来，随着人工智能技术的发展，出现了许多以数据驱动的自适应预测模型与一些启发式优化算法组合而成的非线性模型预测控制。与此同时，随着流程工业过程的复杂性增加，存在一些不同且经常冲突的控制目标，如提高产品质量、提高产能、降低能源消耗等，流程工业过程的控制目标由单目标变为多目标，优化问题的规模变大，预测控制在线优化的计算量逐渐增大，又出现了多层递阶、分布式的模型预测控制结构。本小节将进一步探讨数据驱动的自适应预测模型与一些启发式优化算法组合而成的非线性模型预测控制，分别以数据驱动的自适应预测模型、启发式优化算法以及非线性模型预测控制进行展开。

1. 数据驱动的自适应预测模型

数据驱动的自适应预测模型的功能和线性模型预测控制中的预测模型功能一样，但其是通过分析和学习大量历史数据来构建模型，并提高模型的自适应和泛化能力，而不需要事先对系统的动态特性进行建模，其通常用于非线性系统的预测和控制。数据驱动的模型建立过程，主要依赖历史数据来推断系统的规律和行为，而不依赖于对系统内部机理的深入了解。自适应是指模型能够根据新的数据自动调整和更新，适应系统的变化和非线性特征，这使得模型能够灵活应对系统的变化和不确定性。这里以输入输出的形式来描述非线性模型预测控制的模型，如式（4-55）所示。

$$y(k) = f(y(k-1), \cdots, y(k-n_a), \cdots, u(k-1), \cdots, u(k-n_b)) \tag{4-55}$$

式中，$u(k) \in \mathbf{R}^l$、$y(k) \in \mathbf{R}^q$分别为系统输入、输出；$n_a + n_b = n$。

对于该非线性系统，由于模型的具体表达式未知，只能根据输入输出样本数据用数据驱动的自适应模型对其进行建模。数据驱动的自适应预测模型原理如下：

1）数据收集与预处理：首先需要收集流程工业过程系统的历史数据，包括输入、输出等状态变量信息，再对数据进行预处理，如去噪声、归一化等，以准备用于模型训练。

2）特征提取与模型训练：通过特征提取技术，将原始数据转换为可用于模型训练的特征向量。这些特征向量包括系统的状态变量、历史输入输出序列等。然后基于机器学习算法或深度学习模型从历史数据中学习系统的动态行为和非线性特性，构建预测模型。

3）模型评估与优化：对训练好的模型进行评估和验证，检验其对系统的预测能力和泛化能力。这包括使用交叉验证、验证集等方法来评估模型的性能。根据评估结果进行模型的优化和调整，以提高预测精度和稳定性。

4）实时更新与预测：在流程工业系统运行过程中，实时获取新的数据，利用已训练好的自适应预测模型进行预测。同时根据实际反馈信息对模型进行实时更新和调整，保持模型的适应性和准确性。这种实时更新和预测过程可以持续进行，以适应系统的变化和动态特性。

常见的数据驱动的自适应预测模型有机器学习和深度学习模型等，这些模型在数据分析、预测、分类等领域有着广泛的应用。机器学习算法是一类通过从数据中学习模式和规律，然后应用这些模式和规律进行预测和决策的算法，常见的机器学习算法包括线性回归、逻辑回归、决策树、支持向量机、朴素贝叶斯等。深度学习模型是一类基于人工神经网络的机器学习模型，具有多层次的特征表示和学习能力。常见的深度学习模型有多层感知器、卷积神经网络、循环神经网络等。以神经网络建模为例，经过数据预处理之后，可以通过训练得到相应的预测模型，如式（4-56）所示。

$$\hat{y}(k+T\,|\,k) = f(u(k),x(k),W,b) \tag{4-56}$$

式中，$\hat{y}(k+T\,|\,k)$ 为 k 时刻预测未来 T 步的输出；$u(k)$ 为当前和未来的控制输入；$x(k)$ 为系统当前状态；W 和 b 为神经网络的权重和偏置。

2. 启发式优化算法

启发式优化算法是一类基于启发式搜索策略的优化方法，用于在复杂的非线性系统模型预测控制中寻找最优解。

以跟踪误差和控制输入的变化来定义一个目标函数。跟踪误差为预测输出与期望输出之间的偏差，通常使用二次型形式来表示。假设预测时域长度为 N_p，期望输出为 $y_\mathrm{ref}(k+T)$，预测输出如式（4-56）所示，则跟踪误差如式（4-57）所示。

$$J_\mathrm{tracking} = \sum_{T=1}^{N_\mathrm{p}} [\hat{y}(k+T\,|\,k) - y_\mathrm{ref}(k+T)]^2 \tag{4-57}$$

控制输入的变化表示控制输入变化的幅度，以避免过大的控制输入变化，从而保证系统的稳定性和避免激烈的控制行为。假设 N_c 为控制时域长度，则控制输入变化如下所示：

$$J_\mathrm{control} = \sum_{T=0}^{N_\mathrm{c}-1} [u(k+T) - u(k+T-1)]^2 \tag{4-58}$$

总优化目标是跟踪误差和控制输入变化的加权和，如式（4-59）所示。

$$J = J_\mathrm{tracking} + \lambda J_\mathrm{control} \tag{4-59}$$

式中，λ 为控制输入变化的权重系数，用于平衡跟踪误差和控制输入变化的重要性。

在非线性模型预测控制中使用启发式优化算法进行滚动优化，能够有效应对复杂非线性系统的控制难题，提供高效、可靠的优化解决方案，显著提升控制系统的性能和应用价值。常见的有遗传算法、粒子群优化算法、模拟退火算法、蚁群算法等。

3. 非线性模型预测控制

在非线性模型预测控制中，启发式优化算法与数据驱动的自适应预测模型结合，可以有效地优化控制器参数或者寻找最优控制策略。这种结合数据驱动的自适应预测模型和启发式优化算法的非线性模型预测控制的控制框架包括以下几个部分：

1）数据驱动的自适应预测模型：收集流程工业系统的实时数据，并且进行预处理和特征提取，从而建立数据驱动的自适应预测模型。

2）滚动优化：考虑流程工业系统性能需求和系统约束，设计非线性优化问题目标函数，选择合适的启发式优化算法进行滚动优化。

3）设计非线性模型预测控制器：结合自适应预测模型和启发式优化算法，从而求得未来控制时域内的最优控制量序列，在下一个采样时刻，控制器会重新求解一次，得到新的最优控制序列，从而逐步优化控制效果。

以神经网络预测和遗传优化算法结合为例，基于数据驱动的自适应预测模型和启发式优化算法的非线性模型预测控制框图如图 4-29 所示。

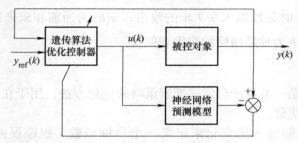

图 4-29　基于数据驱动的自适应预测模型和启发式优化算法的非线性模型预测控制框图

4.4.4　模型预测控制案例

码 4-3【代码】
模型预测控制
案例

为了更好地理解模型预测控制的实际应用，本例将以前面的单容水箱案例来展示模型预测控制的效果。MPC 控制器设计目的是使水箱液位保持在设定的目标液位上。根据 4.4.2 节模型预测控制原理及 4.2.4 辨识结果，MPC 控制单容水箱的伪代码如下所示：

算法 4-2：模型预测控制

输入：频率

1. 根据传递函数计算出状态空间方程：A =0.9986；B =0.25；C =0.303；D =0

2. 定义输入权重 Q、状态权重 F、输出权重 R

3. 设置总步数 K_{steps}

4. 定义初始状态矩阵 X_k 和初始输入矩阵 U_k

5. 设置预测区间 N

6. MPC_Matrices 函数（输入为 A，B，Q，R，F，N；输出为 E，H）

　　a）根据式（4-60）可得到初始状态相对于预测状态的矩阵 M 和输入状态相对于预测状态的矩阵 C

　　b）根据 A、B 矩阵维数初始化 M 矩阵和 C 矩阵

　　c）将 M 矩阵计算为 $(I, A, A^2, \cdots, A^n)^{\text{T}}$

　　d）将 C 矩阵计算为 $(0,0,0,\cdots,0; B,0,0,\cdots,0; AB,B,0,\cdots,0; A^{N-1}B, A^{N-2}B, \cdots, B)^{\text{T}}$

　　e）设计矩阵 Q，矩阵 Q 为分块矩阵，其左上分块矩阵为维数为 N 的 I 阵，右下分块矩阵为 F

　　f）根据式（4-61）计算得到 E 阵为 $M^{\text{T}}QM$ 和 H 阵为 $C^{\text{T}}QC + R$

　　g）返回 E、H 矩阵

7. Prediction 函数（输入：x_k，E，H，N，p；输出：u_k）

    a）根据 N、p 数值初始化零矩阵 U_k

    b）进行 $\min(1/2)x^{\mathrm{T}}Hx + f^{\mathrm{T}}x$ 具有线性约束的二次目标函数的求解，其中 f 为 Ex_k

    c）将 U_k 的第一列作为输出 u_k

    d）返回 N 个区间的输出向量 u_k

8. 利用 $x(k+1) = Ax(k) + Bu(k)$ 迭代计算下步状态，将实际状态 $x\mathrm{Real}(k)$ 和理论状态 $x(k)$ 做差，使差值趋近 0

输出：液位

$$x(k\,|\,k) = x(k)$$
$$x(k+1\,|\,k) = Ax(k\,|\,k) + Bu(k\,|\,k) = Ax(k) + Bu(k\,|\,k)$$
$$x(k+2\,|\,k) = Ax(k+1\,|\,k) + B(k+1\,|\,k) = A^2x(k) + ABu(k\,|\,k) + Bu(k+1\,|\,k) \qquad (4\text{-}60)$$
$$\vdots$$
$$x(k+N\,|\,k) = A^Nx(k) + A^{N-1}Bu(k\,|\,k) + \cdots + Bu(k+N-1\,|\,k)$$

$$
\begin{aligned}
J &= \sum_{i=0}^{N-1}[x(k+i\,|\,k)^{\mathrm{T}}Qx(k+i\,|\,k) + u(k+i\,|\,k)ku(k+i\,|\,k) + x(k+N)^{\mathrm{T}}Fx(k+N)] \\
&= x(k)^{\mathrm{T}}M^{\mathrm{T}}\bar{Q}Mx(k) + 2x(k)^{\mathrm{T}}M^{\mathrm{T}}\bar{Q}Cu(k) + u(k)^{\mathrm{T}}C^{\mathrm{T}}\bar{Q}Cu(k) + u(k)^{\mathrm{T}}Ru(k) \\
&= x(k)^{\mathrm{T}}Gx(k) + 2x(k)^{\mathrm{T}}Eu(k) + u(k)^{\mathrm{T}}Hu(k)
\end{aligned}
\qquad (4\text{-}61)
$$

$$G = M^{\mathrm{T}}\bar{Q}M, \quad E = M^{\mathrm{T}}\bar{Q}C, \quad M = C^{\mathrm{T}}QC + R$$

在模型预测控制器中，设定目标液位为 340mm，控制目标从初始 280mm 调整到 340mm，基于模型预测算法，利用当前输出和过去的控制输入，计算当前时刻的控制输入 u，以最优方式使系统输出跟随参考信号，Simulink 仿真结构图如图 4-30 所示。

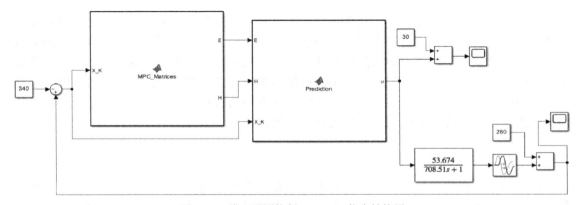

图 4-30　模型预测控制 Simulink 仿真结构图

仿真结果如图 4-31 所示，液位在前 50s 内从 280mm 迅速上升并达到设定值 340mm，并在随后的时间里保持稳定；可以看出模型预测控制器具有较快的响应速度和良好的稳定性，能够适应系统动态变化，实现精确的液位控制。

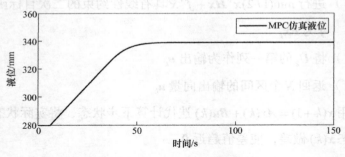

图 4-31　模型预测控制仿真结果

最后从图 4-32 中的 MPC 的实际效果可以看出液位在前 50s 迅速上升并达到约 340mm，然后在此液位附近小幅稳定波动，说明模型预测控制有效地将水箱液位稳定在目标范围内，具有良好的控制效果。

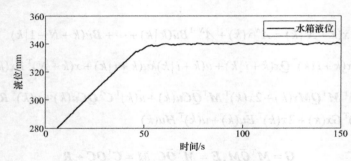

图 4-32　模型预测控制实际结果

4.5　流程工业控制器运维方法

由于生产过程的连续性，大规模且复杂的流程工业过程对工艺流程、设备性能以及控制体系的稳定性和安全性的需求正日益增加。为了应对工业控制器在生产过程中可能的设备老化、设计缺陷等问题而导致的控制性能下降，控制器的运维已经成为过程自动化领域的重要研究方向之一。工业控制器运维从控制系统可维护性的角度出发，通过性能监控确定控制系统是否退化并进行性能诊断，找出性能下降的潜在原因，及时维护系统性能，从而保证产品质量，降低运行成本，最大化企业效益。

4.5.1　工业控制性能监控

控制系统在现代化的工业生产过程中占据非常重要的地位，一些控制器在运行过程中往往会由于各种原因出现性能衰退的情况，而操作人员却很难对其进行实时检测，因此，通过观察控制器的评价指标来对工业控制性能进行实时监控，从而提出相应的维护与改进措施，可有效提高控制器的效率，提升企业的生产效益。

在实际流程工业过程中可能存在成千上万个控制回路，包括各种类型的控制器，如 PID 控制器、模型预测控制器和内模控制器等。例如，Eastman 化学公司的两个精馏生产设备中有多达 14000 个控制回路。在 HVAC（heating ventilation and air conditioning）生产过程中，其控制回路的数量更是超 10 万个。控制系统在初期通常表现良好，但运行一段时间后，由于生产设备磨损、保养维护不及时和系统故障等原因，性能可能会下降。对企业而言，控制性能下降会直接影响产品质量，导致经营亏损，严重时更会存在安全隐患。因此，保持控制回路的自控率和控制回路性能，对于生产装置实现"安、稳、长、满、优"的运行状态具有重要意义。

在实际工业生产过程中，引起控制器性能下降的原因众多，大致可分为以下几点：

1）控制器整定不足或缺乏维护。有些控制器可能未经充分整定或基于不合理的模型整定，甚至可能选择了不适合的控制器类型。大多数性能下降是由于在系统调试阶段进行了初次整定后，未进行及时的后续维护。

2）设备故障或设计不当。如传感器或执行器发生故障（如静摩擦或黏附）或过程组件设计不合理。

3）无前馈补偿或补偿效果不佳。如果未有效利用前馈补偿，外部干扰可能会恶化控制系统性能。因此，当干扰可测时，应考虑使用前馈控制来补偿。

4）不合理的控制结构。如不适合的输入 – 输出配对、忽视系统变量之间的相互作用、存在非线性因素、缺乏延时补偿等，都可能导致控制结构问题的出现。

工业控制性能监控的关注点如图 4-33 所示，主要在于控制器是否"健康"，即控制系统的工作状态是否正常。控制性能监控是指从控制系统的可维护性角度出发，通过对日常操作数据的分析以及借助先验知识，确定一个合适的控制性能基准，以评价运行中的控制系统是否处于最佳状态。当通过性能监控发现控制系统的性能发生退化时，需要对控制系统进一步实施性能诊断，以确定导致性能变差的潜在原因，并找到导致性能下降的源头，指导现场控制工程师进行系统性能维护，从而及时恢复控制系统的性能。如在某炼化企业生产装置中，PID 控制策略的应用最为广泛，其中有 90% 以上的自动控制回路均采用了 PID 控制策略。其中 PID 整定是解决回路问题的重要手段，但是回路本身的缺陷是多样的，仅靠 PID 整定无法解决所有问题，如 PID 控制器调节参数有待优化、PID 控制设计不当导致回路间互相耦合等问题。此时，往往需要通过控制性能监控来判断当前的 PID 控制器是否处于"健康"状态，并进行相应的调整来使其工作在最佳状态。

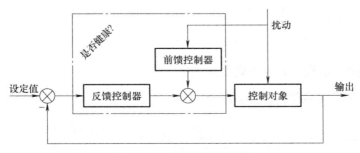

图 4-33　工业控制运维问题

工业控制性能监控的基本思路如下：首先，通过输出数据计算当前控制系统的实际输出方差，以量化系统性能；其次，设定适当的性能评估基准，用以评价控制系统的表现；然后，将系统实际输出方差与选定的基准值进行对比，得出当前控制回路的性能指标；最后，根据性能指标评估控制回路的效果。若性能评估结果显示系统性能不佳，需进一步分析其原因，并提出改进控制系统性能的措施，如重新调整控制器参数等。

最小方差控制（minimum variance control，MVC）基准是目前最常用的性能评价指标。基于最小方差，还衍生出多种性能评价基准，如广义最小方差基准和用户自定义基准等。MVC 基准衡量当前实际输出方差与理论最小方差的差距，即系统当前的最优控制效果与理论最优控制效果的差距。MVC 基准多用于单回路控制系统的性能评价，如图 4-34 所示，Q 代表控制器模型，P 代表过程模型，N 代表扰动模型，a_t 是均值为零、方差为 σ_a^2 的白噪声信号。

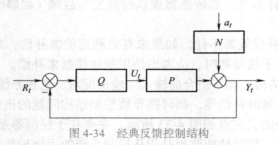

图 4-34　经典反馈控制结构

已知过程模型 P 可写成延迟部分与非延迟部分的乘积：$P = z^{-k}\tilde{P}$，$\tilde{P}$ 为模型的无延迟部分，又因为离散传递函数的模型可写为

$$P(z^{-1}) = \frac{z^{-k}B(z^{-1})}{A(z^{-1})} \tag{4-62}$$

式中，k 为延迟时间。则有 $P = z^{-k}B_p / A_p$，那么系统输出 $y(t)$ 可写成：

$$y(t) = z^{-k}\frac{B_p}{A_p}u(t) + Na(t) \tag{4-63}$$

根据丢番图方程（整数系数多项式方程），N 可以写成：

$$N = 1 + f_1 z^{-1} + \cdots + f_{k-1}z^{-k+1} + Rz^{-k} = F + Rz^{-k} \tag{4-64}$$

式中，f_i 为一组固定系数；R 为正则传递函数。

设系统仅有内部扰动存在，即 $r(t) = 0$，有

$$y(t) = \frac{N}{1 + z^{-k}\tilde{P}Q}a(t) = \frac{F + Rz^{-k}}{1 + z^{-k}\tilde{P}Q}a(t) = \left[F + \frac{(R - F\tilde{P})z^{-k}}{1 + z^{-k}\tilde{P}Q}\right]a(t) \tag{4-65}$$

因此 $y(t)$ 可写成：

$$y(t) = Fa(t) + La(t-k) \tag{4-66}$$

式中，$L = [(R - F\tilde{P})z^{-k}]/(1 + z^{-k}\tilde{P}Q)$，为正则传递函数。且等式左右互相独立，因此有

$$\mathrm{Var}\{y(t)\} \geqslant \mathrm{Var}\{Fa(t)\} = (1 + f_1^2 + \cdots + f_d^2)\sigma_a^2 = \sigma_{mv}^2 \tag{4-67}$$

要满足控制系统达到最小方差，则要求 L 项为零，那么可以得到最小方差控制形式与最小方差表达式如下：

$$Q = \frac{R}{F\tilde{P}}$$
$$\eta_{MV} = \frac{\mathrm{Var}\{Fa(t)\}}{\mathrm{Var}\{y(t)\}} = \frac{\sigma_{mv}^2}{\sigma_y^2} \tag{4-68}$$

由最小方差基准表达式可知，控制系统性能越好，η_{MV} 越接近于 1；当发现 η_{MV} 较小，与理想控制性能相差较大时，要及时调整控制器的参数，保证系统维持在良好的性能之下。

控制系统的最小方差基准需要基于实际运行数据辨识出的系统广义模型。将模型离散化后，求取系统的白噪声序列，并通过估算得到最小方差估计值。采集闭环系统输入输出的数据，为控制系统提供一个针对输出方差的理论绝对下限，是一种较容易实现的控制系统性能评价方法，该方法在单变量和多变量系统中得到了很好的应用，如前馈 – 反馈系统和级联回路等控制系统。

线性二次高斯（linear quadratic Gaussian，LQG）性能基准是 MVC 基准的扩展。该基准不仅考虑系统输出的方差，还将控制量输出的方差纳入考量。MVC 基准得到的是理论上的绝对下限，未考虑输入限制，因此不符合实际工业生产条件，且存在鲁棒性差和控制动作过多等问题。相比之下，LQG 性能基准作为评判标准提供了更多关于控制器性能的信息。它在输出方差的基础上考虑输入方差限制，以得到更具实际意义的性能下界。LQG 性能基准提供了一条关于输入与输出方差的最优性能曲线，通过与实际系统的输入和输出方差进行比较计算，可以得到当前系统的性能指标。

对于图 4-34 所示的闭环系统的经典框架，使用输入与输出方差的加权形式来表示线性控制器 LQG 性能基准，便于比较控制器的实际性能与可达到的性能，在数学上可表示为：在 $E\{u^2\} \leqslant \alpha$ 的条件下，求 $E\{y^2\}$ 的最小值。优化目标函数设为

$$J_{\mathrm{LQG}} = \mathrm{Var}\{y(k)\} + \rho\mathrm{Var}\{u(k)\} \tag{4-69}$$

在 ρ 取不同值时，可以求解 H^2/LQG 得到一系列的最优输入方差 u_{lqg} 与最优输出方差 y_{lqg}，将输入方差 $\mathrm{Var}\{u(k)\}$ 与输出方差 $\mathrm{Var}\{y(k)\}$ 分别作为横纵坐标，将得到的最优输入方差 u_{lqg} 与最优输出方差 y_{lqg} 描点连线，则可以得到性能限制曲线，它代表了控制系统的性能极限。对于实际系统来说，实际输入输出方差只看在性能曲线的右上方，如图 4-35 所示。

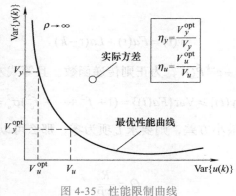

图 4-35 性能限制曲线

4.5.2 MPC 模型失配检测

模型预测控制（MPC）是先进控制技术的代表，随着 MPC 在实际工业中的广泛应用，企业对其性能要求不断提高。近年来，MPC 性能监控技术成为预测控制领域的研究热点。针对实际流程工业过程中的复杂多变量过程，涌现出大量关于 MPC 性能监控与模型失配检测的研究。

在现实的工业生产过程中，MPC 的效果会受到多种因素的制约，其中模型不准确是导致 MPC 性能降低的一个重要原因。模型不准确指的是在控制系统设计阶段所采用的模型与实际生产过程中的模型存在差异，这在工业实践中是一个普遍现象。尽管模型预测控制对于模型不准确有一定的容忍度，能够应对一定程度的模型失配，但是当失配的程度较大时，控制系统的性能就会受到影响，严重时甚至可能引发安全隐患，影响企业的经济效益。因此，模型失配问题逐渐成为工业界和学术界研究的一个焦点。

针对图 4-36 所示的 MPC 开环结构图，系统模型为 $G_m(s)$，$y(k)$ 和 $\hat{y}(k)$ 分别表示系统输出和预测输出，$u(k)$ 是操纵变量，$v(k)$ 是相互独立的零均值白噪声过程向量，系统输出可表述为

$$y(k) = G_p u(k) + v(k) \tag{4-70}$$

其中预测输出为

$$\hat{y}(k) = G_m u(k) \tag{4-71}$$

令 $\Delta G = G_p - G_m$，定义模型输出偏差：

$$\begin{aligned}
\varepsilon(k) &= y(k) - \hat{y}(k) = [G_p(s) - G_m(s)]u(k) + v(k) \\
&= \Delta G u(k) + v(k)
\end{aligned} \tag{4-72}$$

可以看出，当模型与对象相匹配时，即 $G_p = G_m$ 时，有 $\varepsilon(k) = v(k)$，与 ΔG 无关。也就是说，如果模型失配，$G_p \neq G_m$ 时，ΔG 的变化必定导致 MPC 性能恶化，需要对 MPC 系统的模型失配进行有效的性能评价与监控，以便有针对性地重新辨识模型。

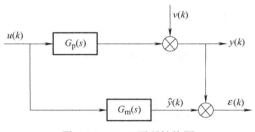

图 4-36　MPC 开环结构图

MPC 模型失配的类型有很多，下面以一阶加纯滞后的惯性环节为例，分析模型失配的类型，假设对象的传递函数为 $G_p(s) = Ke^{-\tau_p s}/(Ts+1)$，模型为 $G_m(s)$。

（1）增益失配　模型为 $G_m(s) = \lambda Ke^{-\tau_p s}/(Ts+1)$，与 $G_p(s)$ 相比，仅比例增益系数发生变化，其他部分保持不变。在这种情况下，当 $0 < \lambda < 1$，比例模型增益系数 λK 小于对象比例增益系数 K，称为减性增益失配；当 $\lambda > 1$，比例模型增益系数 λK 大于对象比例增益系数 K，称为增性增益失配。

（2）时间常数失配　模型为 $G_m(s) = Ke^{-\tau_p s}/\alpha Ts+1$，与 $G_p(s)$ 相比，仅时间常数发生变化，其他部分保持不变。在这种情况下，当 $0 < \alpha < 1$，模型时间常数 αT 小于对象时间常数 T，称为减性时间常数失配；当 $\alpha > 1$，模型时间常数 αT 大于对象时间常数 T，称为增性时间常数失配。

（3）时滞失配　模型为 $G_m(s) = Ke^{-(\beta \times \tau)_p s}/(Ts+1)$，与 $G_p(s)$ 相比，仅纯滞后环节发生变化，其他部分保持不变。在这种情况下，当 $0 < \beta < 1$，模型滞后时间 $\beta \tau$ 小于对象滞后时间 τ，称为减性时滞失配；当 $\beta > 1$，模型滞后时间 $\alpha \tau$ 大于对象滞后时间 τ，称为增性时滞失配。

近年来，针对 MPC 模型失配检测的研究方法不断涌现，一些方法已成功应用于商业软件，为企业带来了巨大的经济效益。总体上，这些方法可以分为两类：基于变量间关系的方法和基于系统辨识的方法。

（1）基于变量关系的方法　此类方法一般是挖掘变量之间的关系，例如，在单回路中使用相关分析法诊断模型失配，多回路中应用偏相关分析法、逐步变量选择法和基于马尔科夫参数的方法来检测和定位模型失配。这些方法主要通过间接关系来确定是否存在模型失配。

若过程存在模型失配，则模型残差可定义为

$$\varepsilon = \Delta_p u + G_d d \tag{4-73}$$

式中，ε 为模型残差；Δ_p 为实际的模型失配大小；u 为控制器输入；G_d 为干扰通道；d 为扰动输入。

在开环回路或白噪声条件下，可以使用相关分析（correlation analysis，CA）法来检测模型的失配。但是，实际系统都是在闭环条件下的有色噪声条件下运行，ε 和 u 之间的强相关性可能包含扰动动态特性变化。此时，偏相关分析法可以有效解决这个问题，相关系数越大，则模型失配越严重。

逐步变量选择（stepwise variable selection，SVS）法将第 i 输入到第 j 输出通道的方程式写成冲击响应形式：

$$\varepsilon_j(t) = \sum_{l=1}^{\infty} a_{ij,l}(t-l) + d_j(t) \tag{4-74}$$

定义模型失配量度为 Δ_{SVS}，该方法通过选择显著的解释变量来反映变量之间的联系，并通过计算各噪声水平下的变量数量和加权系数得分，再依据分数高低判断模型失配的严重程度。该方法无须精确求解方程系数，因此计算相对简单。

（2）基于系统辨识的方法　以下方法属于基于系统辨识的技术：利用常规闭环数据估计模型偏差的最小方差基准评价模型质量，基于状态空间模型通过多个指标确定失配的参数矩阵组合，根据新息模型自相关函数的阶次区分 MPC 中的扰动和过程动态变化。这些方法基于具体模型，通常与控制行为的变化相关联。

基于传递函数的 MPC 模型失配是典型的基于系统辨识的方法，对于一阶纯滞后模型：

$$G_p(s) = \frac{K_p}{T_p s + 1} e^{-\tau_p s} \tag{4-75}$$

若发生模型失配则可以得到一个新的模型：

$$G_m(s) = \frac{K_m}{T_m s + 1} e^{-\tau_m s} \tag{4-76}$$

则可以定义增益适配、时间常数失配、纯滞后时间失配：

$$\Delta_K = K_p - K_m, \Delta_T = T_p - T_m, \Delta_\tau = \tau_p - \tau_m \tag{4-77}$$

则可通过估计传递函数模型计算式，如果 Δ_K、Δ_T、Δ_τ 都为零，那么模型不存在失配；如果量度的幅值越大，则模型失配的程度越大。

如果将上式扩展到频率域，则可得到过程模型比如下所示：

$$\Delta_{PMR} = \frac{G_m(s)}{G_p(s)} \bigg|_{s=j\omega} = \Delta_{mag}(j\omega) e^{j[\Delta_{pha}(j\omega)]} \tag{4-78}$$

式中，ω 为频率；$\Delta_{mag}(j\omega)$ 为失配的幅值；$\Delta_{pha}(j\omega)$ 为失配的相位。当且仅当 $\Delta_{mag}(j\omega) = 1$，$\Delta_{pha}(j\omega) = 0$ 时，模型没有发生失配。但是基于传递函数的度量只能检测参数失配，不能检测结构失配。

基于状态空间的度量是假设过程 P 的状态空间表达式为

$$\begin{cases} x(k+1) = A_p x(k) + B_p u(k) \\ y(k) = C_p x(k) \end{cases} \tag{4-79}$$

若发生模型失配，则可以得到模型失配后的模型的状态空间参数 $\{A_m, B_m, C_m\}$。模型失配量度可表示为

$$\Delta A = A_p - A_m, \Delta B = B_p - B_m, \Delta C = C_p - C_m \qquad (4\text{-}80)$$

其中，ΔA、ΔB、ΔC 的计算需要通过辨识来得到过程的完整模型。虽然可以通过某些方法来估计状态空间模型，但是基于状态空间的量化方法无法区分具体的输入输出失配通道，也难以与物理故障建立明确联系，因此无法为系统维护提供充分有效的信息。

可以发现，模型失配检测对于模型预测控制器的正常运行有着重要意义，一个好的模型失配检测方法的量度应该满足以下条件：

1）可量化性：不仅需要确认过程存在模型失配，还需要对失配进行量化，包括失配的幅度和变化方向。失配幅度表示不同失配程度下相同类别失配的差异，而失配变化方向可以用不变、变小、变大来表征。好的量度应能准确显示失配的幅度和方向。

2）闭环可辨识性：因为实际生产过程通常在闭环条件下运行，所以模型失配检测也应在闭环条件下进行。如果能够通过具有充分激励的日常操作数据进行模型失配检测，而无须停车实验，则更为理想。

3）可解释性：现场工程师需要将模型失配与具体的物理故障相关联，找到失配的根源。在多输入多输出回路中，需要定位失配的具体位置；对于单输入单输出系统或子模型，需要确定失配参数的类别并与实际过程的物理设备相关联。

4）可扩展性：模型发生失配的严重程度虽然可以通过指标大小去判断，但是现场工程师在进行系统维护时，还需知道模型失配对于控制器性能的影响程度，否则需要停车维修，因此，能够将模型失配检测与它对控制器性能的影响建立联系则可具备较好的可扩展性，为后续的维护工作提供帮助。

本章小结

本章从流程工业过程控制发展、系统辨识、PID 控制、模型预测控制、流程工业控制器运维五个方面进行介绍。在流程工业过程控制发展方面，首先对流程工业过程控制系统进行了概述，其次对控制理论及流程工业过程控制系统的发展历程进行了介绍。在系统辨识方面，对系统辨识进行了概述，描述了系统模型的数学形式，介绍了几种典型的系统辨识方法。在 PID 控制方面，对 PID 控制方法的原理进行了概述，阐述了 PID 的控制策略，介绍了几种常见的 PID 的参数整定方法。在模型预测控制方面，首先从理论背景以及工业应用两部分对模型预测控制方法进行了概述，其次从预测模型、滚动优化、反馈校正三部分介绍了模型预测控制的原理。在流程工业控制器运维方面，首先介绍了流程工业控制性能监控的理论部分，其次阐述了 MPC 模型失配检测的相关理论。

习题

4-1 解释系统辨识定义的实用意义。

4-2 在保持稳定性不变的情况下，比例微分控制系统的稳态误差为什么比纯比例控

制的稳态误差要小？

    4-3   在保持稳定性不变的情况下，在比例控制中引入积分作用后，为什么要增大比例带？积分作用的最大特点是什么？

    4-4   控制器参数有哪些整定方法？各有什么特点？分别适用于什么场合？

    4-5   简述模型预测控制算法的算法原理。

    4-6   简述模型预测控制中滚动优化的意义。

    4-7   如何处理模型预测控制中的约束条件？

第 5 章　流程工业过程实时优化

流程工业过程实时优化是流程工业过程控制系统（图 5-1）的核心环节，其通过每间隔一定时间调整操作参数使得生产指标最优化。流程工业过程控制系统可以纵向地分解为不同的结构层级，最上层是计划和调度层，主要针对供应链决策，如生产计划、资源调度等因素。优化层位于计划和调度层以下，主要负责实现计划和调度层的指令，包括企业级优化和实时优化（real time optimization，RTO）两个部分，企业级优化面向一个或若干个产品生产线的组合，处理全流程的工艺参数匹配；实时优化针对具体的生产流程，通过优化流程工业过程的操作参数，进而实现质量、效率等指标的优化。优化层以下是控制层，控制层主要实现操作参数的跟踪控制。

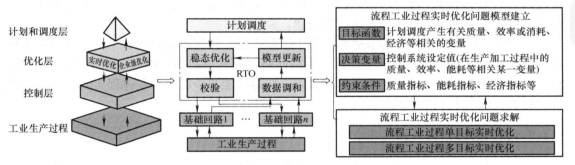

图 5-1　流程工业过程实时优化结构

本章主要从流程工业过程实时优化问题模型建立、流程工业过程单目标实时优化以及流程工业过程多目标实时优化三方面展开分析，主要介绍了如何建立实时优化问题模型、常用的单目标和多目标优化方法以及流程工业过程实时优化案例。

5.1　流程工业过程实时优化问题模型建立

流程工业过程实时优化问题模型建立是流程工业过程实时优化的重要组成部分。流程工业过程实时优化问题模型建立是指使用数学语言描述具体流程工业过程产品质量、生产效率以及资源消耗等方面的需求，流程工业过程实时优化问题模型一般由目标函数、决策变量以及约束条件三部分组成。

5.1.1　目标函数

流程工业过程实时优化问题模型的目标函数对应于流程工业过程的实际需求，如把控产品质量、提升生产效率以及节能减排等。在优化问题中，目标函数是优化目标的数学表达式，通常用 $F(x)$ 表示，它能够准确反映决策变量、状态变量和目标值之间的关系，用于判断问题求解的有效性。实施流程工业过程优化，就是通过将流程工业过程优化的目标函数的函数值控制在期望值附近，使流程工业过程尽可能运行在最优状态上。

根据目标函数极值点是否单一，可将优化问题划分为凸优化问题和非凸优化问题。其中，非凸优化问题的求解相对困难，因为非凸优化问题的目标函数在决策空间内含有许多局部极值点，求解该类优化问题时需要考虑陷入局部最优的问题。

考虑不同流程工业过程的实际需求，流程工业过程实时优化问题模型中既可能只包含一个优化目标，也可能同时包含多个优化目标，可具体分为流程工业过程单目标实时优化问题和流程工业过程多目标实时优化问题两大类。

5.1.2　决策变量

流程工业过程实时优化问题模型的决策变量常指过程操作参数。在优化问题中，决策变量是某一优化问题需要求解的未知量，通常用向量 X 表示，向量 X 的维数称为优化问题的维数。根据决策变量的取值范围是否连续，可将优化问题划分为连续优化问题和组合优化问题。由于流程工业过程实时优化问题的决策变量通常为在连续区间上取值的流程工业过程控制器的设定值，属于连续优化问题。

流程工业过程中的被控对象通常有多个被控变量，往往需要设置若干个控制回路来稳定各个被控变量，在这种情况下，几个控制回路之间就可能相互耦合、相互影响。因此，在满足流程工业过程实时优化需求的前提下，应尽可能减少流程工业过程实时优化问题模型中决策变量的个数。

5.1.3　约束条件

流程工业过程实时优化问题模型的约束条件可分为边界约束和性能约束。边界约束是指只对决策变量的取值范围加以限制的约束，如流程工业过程控制器的设定值取值范围、执行机构的操作量阈值等；性能约束是指满足特定工作性能而建立的约束条件，如对流程工业生产过程的能耗、成本以及生产进度的限制。

5.1.4　流程工业过程实时优化问题模型

建立流程工业过程优化问题的数学模型，一般可表示为式（5-1）的形式。

$$\min_{X} \ F(X) = [f_1(X), f_2(X), \cdots, f_m(X)]$$

$$X = (x_1, x_2, \cdots, x_d) \in \mathbf{R}^d \tag{5-1}$$

$$\text{s.t.} \begin{cases} g_i(x) \geq 0, i = 1, 2, \cdots, p \\ h_j(x) = 0, j = 1, 2, \cdots, q \end{cases}$$

目标函数 $F(X)$ 前的 min 是英文单词 "minimize" 的简写，意为 "最小化"。因此，数学中使用 min 符号来表示最小化优化问题，使目标函数 $F(X)$ 取得最小值的决策变量 X 的取值称为最小化优化问题的解。同样，当目标函数前带有 max 符号时，表示该问题为最大化优化问题，符号 max 为英文单词 "maximize" 的简写。

使用数学语言描述具体流程工业过程安全性能、产品质量、生产效率以及资源消耗等方面的需求，建立流程工业过程优化问题的数学模型，是采用最优化方法求解流程工业过程优化问题的基础。

5.2　流程工业过程单目标实时优化

本节主要围绕流程工业过程单目标实时优化展开详细叙述，重点讲述了单目标实时优化问题及梯度下降法、牛顿法、遗传算法、粒子群算法四种常用方法，并针对复杂地质钻进过程优化展开案例式分析与说明。

在流程工业过程单目标实时优化问题中，通过利用优化算法获得计算变量的组合解，获得某一特定目标的最大值或最小值。在处理单目标优化问题时，需要理清优化的目标是什么，即工业生产需求，包含工业过程的效益、成本等；其次要了解流程工业过程中优化问题存在的约束，要理清怎么进行优化；最后选择与目标相关的操作变量进行优化。

5.2.1　单目标优化问题及其方法

单目标优化问题是优化领域的基本问题之一，该类问题主要关注在多个解决方案中找到最优解，以达到工业目标或满足工业需求。

1. 单目标优化问题分析

单目标优化问题包含一个目标函数和若干个约束条件，单目标优化问题的数学模型可由式（5-2）表示。

$$\min/\max f(X)$$
$$\text{s.t.}\begin{cases} a_i < x_i < b_i, x_i \in X, i=1,2,\cdots,n \\ g_j(X) \geqslant 0, j=1,2,\cdots,p \\ h_k(X) = 0, k=1,2,\cdots,q \end{cases} \tag{5-2}$$

式中，$f(X)$ 为目标函数，单目标优化问题是求解目标函数的最大值或最小值问题；X 为决策变量；约束条件中包含等式约束和不等式约束，x_i 为不同决策变量，需考虑不同变量的范围约束；$g_j(X)$ 为流程工业过程的不等式约束；$h_k(X)$ 为等式约束。要充分分析流程工业过程的约束条件，保证优化值能够满足不同约束需求。

2. 单目标优化方法

在单目标优化问题求解过程中，要根据目标函数、决策变量、约束条件的特点选择合适的求解方法。例如，对于流程工业过程优化问题的求解，决策变量之间存在非线性相关、目标函数为非凸等特点，采用启发式优化算法能够提高优化过程的全局搜索能力。选择合适的优化方法后对优化问题进行求解，在迭代过程中，更新解，需要对新解进行验证与分析，保证最后优化结果满足所有约束条件。根据迭代次数或容忍度阈值来结束优化过程的求解。根据优化过程求解方式、适用的场景不同等特点，单目标优化算法可分为确定性优化算法和启发式优化算法两类。

确定性优化算法指在相同的初始条件下，每次迭代过程都能获得相同的结果，该方法需要严格的数据推导。确定性优化方法能够应用于目标函数为显式表达式、沿确定搜索路径能够进行有效求解的优化问题，但该类优化依赖目标函数的梯度信息，面对大规模或目标函数形式复杂的优化问题时，计算代价较高，常见的确定性优化算法包括梯度下降法、牛顿法等。

相对于确定性优化算法，启发式优化算法能够有效地提升计算效率。启发式优化算法是基于启发式规则和策略寻找最优解。该类方法不能保证找到全局最优解，但在合理的参数设置下，算法能够找到较好的解，适用于高维、非线性、强约束以及难以解析的单目标优化问题。常见的启发式优化算法包括遗传算法、粒子群算法等。

（1）梯度下降法　梯度下降法是一种简单有效的优化方法，它的核心思想是利用目标函数在某个点的梯度信息来指导解的更新方向，从而逐步逼近函数的极值点。由于目标函数在某个点的梯度代表了函数值变化最快的方向，因此当解沿着梯度方向不断更新，就有可能达到函数的极值点。通过不断调整参数，使目标函数的值逐渐减小或增大，梯度下降法能够有效地找到局部最优解。梯度下降法需要利用函数的梯度信息，所以它属于一阶优化方法，即只依赖于目标函数的一阶导数。梯度下降法的原理如下：

假定目标函数为一元函数在 $x = x_k$ 处对函数 $f(x)$ 进行一阶泰勒展开，得到目标函数 $f(x)$ 在 x 处的近似值。因此选择合适的 x，确保目标函数值的下降。不妨令

$$x = x - \eta f'(x_k) \tag{5-3}$$

式中，η 被称为"学习率"，是梯度下降法的核心参数。如果学习率 η 设置得过大，可能导致错过目标函数的最小值；如果设置得过小，可能导致算法迭代次数的大幅增加。因此，在实际应用中，需要为学习率 η 设置一个合适值。

使用梯度下降法求解工业过程优化问题的伪代码如算法 5-1 所示。

算法 5-1：梯度下降法

输入：初始解、约束条件
输出：最优解
    1. 初始化学习率 η
    2. while $k < T$ do
    3. $x_{k+1} = x_k - \eta f'(x_k)$
    4. end while
    5. 输出 x_T 作为最优解

（2）牛顿法　和梯度下降法类似，牛顿法也是一种确定性优化算法，而两者的不同之处在于牛顿法利用了目标函数的二阶（偏）导数信息，进一步加快了收敛速度。具体来说，牛顿法在每次迭代时不仅考虑目标函数的一阶导数，还考虑二阶导数的信息。这使得牛顿法在接近最优解时，能以更快的速度收敛，通常表现出二次收敛的性质，即误差平方级的减少。

牛顿法的原理是对目标函数 $f(x)$ 进行二阶泰勒展开，并利用其二阶导数信息加快收敛速度。假设目标函数 $f(x)$ 为一元函数，则在 $x = x_k$ 处泰勒展开并求导，令其一阶导数为 0 得到

$$x = x_k - \frac{f'(x_k)}{f''(x_k)} \tag{5-4}$$

给定初始迭代点，反复用式（5-4）进行迭代，直到达到导数为 0 的点或者达到最大迭代次数。使用牛顿法求解优化问题的步骤具体如算法 5-2 所示。

算法 5-2：牛顿法

输入：初始解、约束条件
输出：最优解

　　1. while $k < T$ do

　　2. $x_{k+1} = x_k - \dfrac{f'(x_k)}{f''(x_k)}$

　　3. end while

　　4. 输出 x_T 作为最优解

（3）遗传算法　遗传算法（genetic algorithms，GA）模拟了自然界生物进化的过程，是一种自适应的启发式优化算法。20 世纪 60 年代初期，John Holland 教授致力于研究自然和人工自适应系统，在研究过程中他效仿了孟德尔的遗传学说与达尔文的进化论，使用程序模拟自然环境中生物的遗传进化和自然选择，率先提出了遗传算法这一优化方法。

遗传算法将待解决的问题进行抽象表示，其中个体是指问题的一个可行解，种群则是包含许多个体的集合。遗传算法会对当前种群进行遗传操作以产生下一代种群，通过种群的不断进化得到问题的近似最优解。遗传操作模拟了生物进化的过程，最主要的遗传操作包含选择、交叉、变异三种。在这三种遗传操作中，选择是模拟自然界生物对生物个体的选择，交叉是模拟生物染色体基因的交叉与配对，变异是模拟受环境或其他因素引起的基因突变。除了重要的遗传操作之外，还需通过编码操作将待解决的问题进行表示，还需确定恰当的适应度函数来评价个体的性能以供环境选择，适应度高的个体将有更高的概率被选择到下一代。

遗传算法通常会使用特定的遗传学术语，其中部分术语的解释见表 5-1。

遗传算法通过特定的编码机制与遗传操作，无须计算问题的解空间就能解决复杂的问题，同时，遗传算法还具有可并行与全局搜索的特点，在多个领域得到了广泛应用。

表 5-1 遗传算法术语解释

遗传算法术语	解释
种群	可行解集
个体	可行解
染色体	可行解的编码
基因	可行解编码的分量
适应度	适应度函数值

1）编码机制是将实际问题表示成遗传算法中个体的一种映射关系。在求解问题的开始阶段，需要对待解决的问题进行抽象，不同的编码机制将个体对应不同的符号表示。二进制编码和实数编码是当前常用的编码机制。编码机制需要针对具体问题进行差异化选择，对于大多数的计算问题来说，编码机制都发挥着重要作用，不同的编码机制会对遗传算法的表现产生不同的影响。

2）适应度是遗传算法评价个体适应环境的指标，也是个体选择进化的标准，在遗传算法中起关键性作用。适应度函数是评价个体适应度的数学公式，该函数设计的优劣将直接影响个体进化的方向，最终影响到遗传算法的性能。适应度函数的设计需要针对具体问题具体分析，对于最优化问题，可以直接将目标函数映射为适应度函数。适应度函数的映射过程还需保证个体的适应度是非负的，并且保证目标函数与适应度函数变化方向的一致性。

3）遗传操作是对自然界生物进化过程关键步骤的模拟，通过模拟生物的进化将优良个体保存到下一代中，进而不断迭代寻优，找到最优个体。遗传操作主要包括选择、交叉、变异这三个过程，三个过程有机结合可将个体的信息遗传到下一代。

遗传操作中的选择是对种群中优良个体的筛选过程，根据个体适应度的优劣，并通过具体的选择策略筛选出优秀个体进化到下一代。选择过程中不能只筛选出当前表现优秀的个体，还需要保持种群的多样性，使每个个体都有机会进化到下一代。目前较为常见的选择方式有轮盘赌选择和锦标赛选择，在简单遗传算法中锦标赛选择的收敛速度相对较快。

交叉过程是种群产生新个体的主要方法，在搜索过程中起到关键性作用。常见的交叉方式有单点交叉、均匀交叉以及算术交叉。其中单点交叉是指随机在个体编码中设置单个交叉点，然后在该点以交叉概率相互交换两个交叉个体的部分基因，形成一对新的个体。均匀交叉是指以交叉概率将两个个体的所有基因都进行互换，进而形成一对新的个体。算术交叉是指以交叉概率将两个个体线性组合，进而形成一对新的个体。

变异过程是维持种群多样性的重要途径，有利于提高局部搜索能力，在遗传算法中起到辅助性作用。常见的变异方式包括基本位变异和均匀变异。其中，基本位变异是指随机选取个体的部分基因，以变异概率将其变异产生新的个体。均匀变异是指在某一范围内生成均匀分布的随机数，以变异概率改变该位置上原有的基因，进而产生新的个体。

遗传算法实现流程如算法 5-3 所示。

算法 5-3：遗传算法

输入：约束条件

输出：最优解

1. 初始化种群规模 NP 、最大迭代次数 G 、初始种群 $P(0)$ 、交叉概率 P_c 、变异概率 P_m

2. 计算所有个体的适应度值

3. while $k < G$ do

4. 选择两个个体 p_i 和 p_j

5. 产生 [0，1] 内的随机数 r_1

6. if $r_1 < P_c$ then

7.　将个体 p_i 和 p_j 进行交叉，产生新个体

8. end if

9. 产生 [0，1] 内的随机数 r_2

10. if $r_2 < P_m$ then

11.　将个体 p_i 和 p_j 进行变异，产生新个体

12. end if

13. 计算所有个体的适应度值并进行排序

14. end while

15. 输出最优个体

（4）粒子群算法　粒子群优化算法（particle swarm optimization algorithm）是由 Kennedy 和 Ebenhart 在 1995 年的神经网络会议上首次提出的一种启发式优化算法，由于其参数设置简洁、寻优过程清晰易懂的优点，成为应用最为广泛的优化方法之一。

粒子群算法描述的是自然界中鸟群寻找食物的过程，其基本思想是将鸟群抽象为一群确定数量且没有质量和体积的粒子在可行域内寻找最优解，食物相当于优化问题的最优解，粒子相当于优化问题的候选解。粒子在一定区域内飞行，并在飞行中通过位置和速度的更新公式进行信息更新来搜索实物。鸟群并不知道食物位置，但鸟群可以根据距离食物最近的鸟的位置和自身距离食物最近的位置来调整自己当前的位置，并以此为导向，通过鸟群之间的信息协作和信息共享，使得鸟群都迅速飞向食物的位置，最终趋近并聚集在食物位置，此算法利用群体效应来提高寻找到最优解的概率。从本质上看，粒子群算法的核心思想是群体中的粒子在自身和同伴信息的共同作用下完成决策。

假设在 D 维空间中有一群粒子，粒子的总量为 N，则可用式（5-5）和式（5-6）来分别表示粒子的位置和速度：

$$\boldsymbol{X}_i(t) = (x_{i1}(t), x_{i2}(t), \cdots, x_{iD}(t)) \tag{5-5}$$

$$\boldsymbol{V}_i(t) = (v_{i1}(t), v_{i2}(t), \cdots, v_{iD}(t)) \tag{5-6}$$

粒子按照某种既定规则在规定区域内运动，从粒子运动的角度来说，粒子群的飞行模型可用两个公式进行表示，式（5-7）为粒子的速度更新公式，式（5-8）为粒子的位置更新公式。

$$v_{ij}^{t+1} = w v_{ij}^t + c_1 r_1 (p_{i\text{best}} - x_{ij}^t) + c_2 r_2 (p_{g\text{best}} - x_{ij}^t) \tag{5-7}$$

$$x_{ij}^{t+1} = x_{ij}^{t} + v_{ij}^{t+1} \tag{5-8}$$

式中，t 为算法的迭代次数；$v_{ij} = (v_{i1}, v_{i2}, \cdots, v_{id})$ 为第 i 个粒子在 j 维空间中的运动速度（其中 $i = 1, 2, \cdots, N$，N 表示粒子的种群规模，$j = 1, 2, \cdots, D$，D 表示粒子所在空间的维度）；$x_{ij} = (x_{i1}, x_{i2}, \cdots, x_{id})$ 为第 i 个粒子在 j 维空间中的运动位置；c_1 和 c_2 为粒子的学习因子；r_1 和 r_2 为 [0，1] 范围内的随机数；$p_{i\text{best}}$ 为第 i 个粒子经历过的最好位置，也称个体极值；$p_{g\text{best}}$ 表示所有粒子经历过的最好位置，也称全局极值。其中，粒子位置的优劣是通过适应度函数来评价的，在粒子群算法中通常直接将优化问题的目标函数作为适应度函数。例如，求解极小化优化问题时，使得目标函数值较小的粒子位置即被视为更好的位置。

种群中每个粒子都有个体极值，但种群中只有一个全局极值。粒子群优化算法中需要通过设置评价函数来决定粒子的优劣，并以此为条件对个体极值和全局极值进行更新。式（5-7）由三部分组成，其中 wv_{ij}^{t} 称为惯性部分，用于保持前一时刻的运动速度并向新的搜索区域运动；$c_1 r_1 (p_{i\text{best}} - x_{ij}^{t})$ 称为个体认知部分，以自身经历过的最好位置为目标，不断趋近，体现粒子的自学能力；$c_2 r_2 (p_{g\text{best}} - x_{ij}^{t})$ 称为社会认知部分，以全局极值为动力导向，不断靠近，体现粒子实现资源共享、群体协作的能力。粒子位置的更新示意图如图 5-2 所示。

粒子群优化算法中的重要超参数包括种群规模 N、惯性权重 w、学习因子 c_1 和 c_2 等，算法中超参数的设置对算法的求解效果有着显著影响。一般地，粒子的种群规模越大，算法寻找到全局最优解的概率越高，然而算法的运行时间会随着种群规模的增大而增加。一般情况下，粒子的种群规模设置为 30～50 就可以满足优化问题的需求，当优化问题的维数较高时，可相应地将种群规模增加至 100～200。

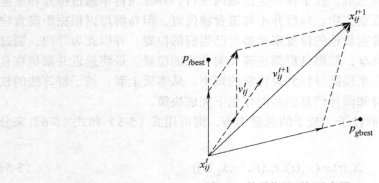

图 5-2　粒子位置更新示意图

惯性权重 w 反映粒子当前的速度受上一时刻速度的影响程度，算法的收敛速度随 w 的增大而变得缓慢，从经验来看，当惯性权重在 [0.5，1.2] 的范围内取值时，优化效果较好。学习因子 c_1 和 c_2 分别表示粒子对自身经验和种群中最优粒子经验的学习能力，也称粒子的自学习因子和社会学习因子。c_1 越大，算法的局部寻优能力越强，c_2 越大，算法的全局寻优能力越强，总体上，c_1 和 c_2 的增大会提升算法的收敛速度。在实际问题中，通

常取 $c_1 = c_2 = 2$ 。

粒子群优化算法的伪代码如算法 5-4 所示。

算法 5-4：粒子群优化算法

输入：约束条件

输出：最优解

1. 初始化种群规模 NP 、最大迭代次数 G 、初始种群 $P(0)$ 、空间维度 D 、惯性权重 w 、学习因子 c_1 和 c_2
2. 计算所有个体的适应度值，确定种群的全局极值 p_{gbest} 和每个粒子的个体极值 p_{ibest}
3. while $t < G$ do
4. 　 for i ：=1 to NP do
5. 　　 for j ：=1 to D do
6. 　　　 $v_{ij}^{t+1} = w v_{ij}^{t} + c_1 r_1 (p_{ibest} - x_{ij}^{t}) + c_2 r_2 (p_{gbest} - x_{ij}^{t})$
7. 　　　 $x_{ij}^{t+1} = x_{ij}^{t} + v_{ij}^{t+1}$
8. 　　 end for
9. 　 end for
10. 计算所有个体的适应度值，更新种群的全局极值 p_{gbest} 和每个粒子的个体极值 p_{ibest}
11. end while
12. 输出最优个体

5.2.2　流程工业过程单目标实时优化案例

本节主要针对复杂地质钻进过程单目标实时优化展开案例式分析与说明，包含单目标实时优化问题模型建立和单目标实时优化两部分内容。首先以钻速最大为目标，考虑相关约束条件，建立复杂地质钻进过程单目标实时优化问题模型，然后基于粒子群算法实现复杂地质钻进过程单目标实时优化，及时求解最优钻进操作参数组合。

1. 复杂地质钻进过程钻速实时优化模型

复杂地质钻进过程中，司钻人员可通过调节钻进操作参数值，实现钻速的变化。在钻速实时优化模型中，包含钻速预测模型（目标函数）、钻进操作参数（决策变量）、安全及范围等约束（约束条件）三部分。

（1）复杂地质钻进过程单目标实时优化问题的目标函数　本案例中，复杂地质钻进过程单目标实时优化模型的目标函数为钻速预测模型，通过将钻进过程状态参数、钻进操作参数作为输入参数，钻速作为模型输出参数，利用回归预测方法建立钻速预测模型。

在建立钻速预测模型前，应对数据进行预处理。针对钻进现场实时采集的钻进数据，应进行缺失值填补、时频域分析、滤波去噪等，提高数据质量，进而提高模型精度。本案例中对钻进数据进行最大最小归一化处理，消除数据的量纲影响。

　　建立钻速预测模型，常用的方法包含机理分析方法和数据驱动方法。考虑钻进数据之间存在的非线性、强耦合关系，利用极限学习机（extreme learning machine，ELM）方法较强的非线性拟合及快速建模能力来建立钻速预测模型，提高钻速预测模型的预测精度和建模效率。

　　ELM 方法是一种机器学习方法，与传统的神经网络算法相比，ELM 方法在训练过程中只需随机初始化隐藏层的参数，然后计算输出层的权重，从而训练模型，有效地简化了训练过程。利用 ELM 方法建立的钻速预测模型如式（5-9）所示。

$$f(\boldsymbol{X}) = g(\boldsymbol{X}\boldsymbol{W}^{\mathrm{T}} + \boldsymbol{b})\beta$$
$$\boldsymbol{X} = (\mathrm{depth,WOB,RPM},Q) \tag{5-9}$$

式中，$\boldsymbol{X}$ 为模型输入，由深度（depth）、钻压（WOB）、转速（RPM）、泵量（Q）组成，各输入参数单位分别为 m、t、r/min、L/s；$f(\boldsymbol{X})$ 为钻速预测值（m/s）；$\boldsymbol{W}$ 为输入层至隐藏层的权重矩阵；$\boldsymbol{b}$ 为隐藏层偏置；$g(x)$ 为激活函数；β 为输出层的权重矩阵。

　　使用 ELM 方法建立钻速预测模型过程中，需要设置神经元个数、激活函数等参数。针对神经元个数的选择，由于钻进数据的较强非线性特点，因此过少的神经元个数可能会导致模型欠拟合，模型的精度不高；其次，过多的神经元个数可能会导致模型冗余，计算复杂度大大提升。因此，本案例中经过多次实验确定一组较好的神经元个数为 6。针对激活函数的选择，由于 Sigmoid 函数具有较强的非线性映射能力，能够学习钻进数据间存在的复杂关系，且能够将输出结果映射到（0，1）范围内，因此本案例中使用 Sigmoid 函数作为激活函数。

　　（2）复杂地质钻进过程单目标实时优化问题的决策变量　复杂地质钻进过程单目标实时优化问题的决策变量为钻进操作参数，包括钻压、转速、泵量等。其中，钻压是施加于钻头的作用力，适当的钻压能够提高钻速；转速是影响钻速的重要因素，过高的钻速导致钻头过热，反而影响钻速；泵量指泥浆流量，具有携带岩屑、冷却钻头的效果，过低的流量导致岩屑堆积，影响钻速。

　　在复杂地质钻进过程中，司钻人员需要根据地层环境变化调整钻进操作参数值，以实现钻进操作参数适应井下变化，提高钻进过程安全性和效率。将钻压、转速、泵量作为决策变量，利用优化算法隔一定时间或一定钻进深度搜寻最优的钻压、转速、泵量，并将其作为参考输入由控制系统进行跟踪控制，从而实现钻速优化提升。

　　（3）复杂地质钻进过程单目标实时优化问题的约束条件　钻速优化模型的约束条件包含安全约束、范围约束，考虑从地层变化产生的非线性约束及钻头磨损情况，钻进过程的约束条件可由式（5-10）概括。

$$\begin{cases} \mathrm{WOB_{min}} \leqslant \mathrm{WOB} \leqslant \mathrm{WOB_{max}}, \mathrm{RPM_{min}} \leqslant \mathrm{RPM} \leqslant \mathrm{RPM_{max}} \\ Q_{\min} \leqslant Q \leqslant Q_{\max}, \mathrm{ROP_{min}} \leqslant \mathrm{ROP} \leqslant \mathrm{ROP_{max}} \\ \mathrm{WOB} \cdot \mathrm{RPM} < K \\ T_{\mathrm{f}} = \left[\dfrac{C_1}{2} + 1 - \left(\dfrac{C_1}{2} h^2 + h \right) \right] \dfrac{D_2 - D_1 \mathrm{WOB}}{A_{\mathrm{f}}(\alpha_1 \mathrm{RPM} + \alpha_2 \mathrm{RPM}^3)} \geqslant T \end{cases} \tag{5-10}$$

式中，K 为某型号钻头系数；T_f 为钻头寿命；h 为钻头磨损；C_1 为钻头磨损系数；D_1、D_2 为钻压影响系数；A_f 为地层研磨性；α_1、α_2 为转速影响系数。

（4）复杂地质钻进过程单目标实时优化模型　复杂地质钻进过程单目标实时优化模型可表示为式（5-11）。对式（5-11）进行优化求解，得到最优操作参数，提高钻速。

$$\max f(X) = g(XW^{\mathrm{T}} + b)\beta$$
$$\text{s.t.}\begin{cases} \mathrm{WOB}_{\min} \leqslant \mathrm{WOB} \leqslant \mathrm{WOB}_{\max}, \mathrm{RPM}_{\min} \leqslant \mathrm{RPM} \leqslant \mathrm{RPM}_{\max} \\ Q_{\min} \leqslant Q \leqslant Q_{\max}, \mathrm{ROP}_{\min} \leqslant \mathrm{ROP} \leqslant \mathrm{ROP}_{\max} \\ \mathrm{WOB} \cdot \mathrm{RPM} < K \\ T_{\mathrm{f}} = \left[\dfrac{C_1}{2} + 1 - \left(\dfrac{C_1}{2} h^2 + h \right) \right] \dfrac{D_2 - D_1 \mathrm{WOB}}{A_f (\alpha_1 \mathrm{RPM} + \alpha_2 \mathrm{RPM}^3)} \geqslant T \end{cases} \tag{5-11}$$

2. 复杂地质钻进过程钻速实时优化

在复杂地质钻进过程中，实时采集钻进数据，并且对数据进行预处理，然后利用预处理后的状态参数——地层深度作为输入，通过优化算法获得的钻进过程操作参数——钻压、转速、泵量的最优解，隔一定时间或一定钻进深度重复上述过程从而实现钻速实时优化。

由式（5-11）可以看出，钻速优化是一个含有多约束的优化问题。针对有约束优化问题的求解过程具体包括：首先将有约束优化问题转化为无约束优化问题，其次利用优化方法寻找操作参数最优解实现钻速优化。

（1）钻进过程约束处理　钻速优化问题中，约束包含钻压与转速的关系约束、钻头寿命约束、钻进操作参数的范围约束等。通常，利用罚函数法将钻速预测模型与钻进过程约束条件融合构造增广函数，作为钻速优化问题的适应度函数。罚函数法主要通过引入罚项，将目标函数与约束条件融合在一起，实现将有约束优化问题转化为无约束优化问题。针对式（5-11）的钻速优化求解问题，利用罚函数法转化为式（5-12）所示的无约束优化求解问题。

$$\max f(X) = g(XW^{\mathrm{T}} + b)\beta + \sigma\left(\sum \alpha_i h_i(X)^2\right)$$
$$\begin{cases} \alpha_i = 0, h_i(x) > 0 \\ \alpha_i = 1, h_i(x) \leqslant 0 \end{cases} \tag{5-12}$$

式中，σ 为罚项，在求解此优化问题时，σ 可视为绝对值很大的负值；$h_i(X)$ 为对应钻速优化过程的每一个约束条件处理成 $h_i(x) > 0$ 后的约束条件，即满足 $h_i(x) > 0$，则满足约束条件，无须罚项。

（2）钻进过程钻速寻优　本案例中选择某井场 95 组钻进过程数据进行钻速优化分析，其中 80 组数据用于建立钻速预测模型，15 组数据用于测试集进行钻速预测及优化。在钻速优化部分，考虑到决策变量之间存在较强的非线性、耦合性特点，且优化过程搜索空间呈现出高维度等特点，传统确定性优化存在容易陷入局部、搜索能力不强等缺点，因此本案例使用粒子群算法进行钻速优化求解。

首先对钻进数据进行预处理，然后其中 80 组数据建立钻速预测模型，该模型作为钻速优化模型的目标函数，针对钻进过程的特性确定约束条件，将钻压、转速、泵量作为决策变量；其次，对钻速优化模型进行转化，将有约束钻速优化问题转化为无约束钻速优化问题；最后，利用粒子群方法进行钻进操作参数寻优，获得最优钻速。

根据 5.2.1 中粒子群方法介绍，利用该算法求解式（5-12）的无约束优化问题。由于粒子群方法常用于求解最小值问题，因此将式（5-12）等效转化为式（5-13）。

$$\min f(\boldsymbol{X}) = -g(\boldsymbol{X}\boldsymbol{W}^{\mathrm{T}} + \boldsymbol{b})\beta + \sigma(\sum \alpha_i h_i(\boldsymbol{X})^2)$$
$$\begin{cases} \alpha_i = 0, h_i(x) > 0 \\ \alpha_i = 1, h_i(x) \leqslant 0 \end{cases} \tag{5-13}$$

式中，σ 为罚项，在此处视为很大的正值。

针对上述内容，复杂地质钻进过程钻速优化流程如算法 5-5 所示。

算法 5-5：复杂地质钻进过程钻速优化

输入：钻进数据（WOB、RPM、Q、depth）
输出：钻速最优解、钻进操作参数最优解
    1. 钻进数据预处理
    2. 钻速优化模型构建
    3. 粒子群算法参数初始化
    4. 计算初始组合解得到的钻速结果，确定钻速全局最优值和当前解得到的钻速最优值
    5. while $t <$ 迭代次数 do
    6.   for i：=1 to 种群数 do
    7.   更新个体速度
    8.   更新决策变量（WOB、RPM、Q）
    9.   end for
    10.   计算当前组合解得到的钻速结果，确定钻速全局最优值和当前解得到的钻速最优值
    11. end while
    12. 输出钻速最优解、钻进操作参数最优解

利用粒子群算法优化钻速，主要设置以下参数：种群数、迭代次数、惯性权重、自学习因子、社会学习因子。根据前文介绍，将惯性权重设置为 0.8，自学习因子和社会学习因子设置为 2。为了满足钻进过程需求，即能够在允许时间内基于钻进数据给出优化后的钻进操作参数，对于算法的种群数和迭代次数不能过大；而且这两个参数的设定值不能过小，否则可能会导致优化结果陷入局部最优或未找到合适解。本案例中，通过对比不同种群数、迭代次数的参数下钻速的优化结果，选择合适的参数设置以满足实时优化的需求，同时最大限度地提高钻速。图 5-3 是使用粒子群算法优化钻速的结果。从图 5-3 中可以看出，在钻速预测模型精度较高的前提下，使用粒子群优化算法能够有效优化钻速。

针对不同的种群数及迭代次数，优化结果也并不相同。可以看出，"迭代次数 20，种

群数 20"的参数下，钻速得到提升，但是个别优化结果并不佳，表现出优化结果陷入局部最优的情况；"迭代次数 50，种群数 20"的参数下，优化结果得到有效提升，但个别优化结果并不是全局最优；"迭代次数 50，种群数 50"与"迭代次数 100，种群数 50"的参数设置下，优化结果较为相似，均优于前两组优化结果。四种参数下的优化时间及优化效果见表 5-2。可以看出后两组的钻速优化结果相较于第二组优化结果提升并不大，然而在优化计算方面却消耗了较长时间。

码 5-1【代码】
复杂地质钻进
过程单目标
实时优化

选择第二组粒子群算法参数进行优化，该地层深度下钻进操作参数推荐值为钻压为 1～2.6t，转速为 98.7～99.1r/min，泵量为 15.5L/s。将优化算法的推荐值显示至人机交互触摸屏，供现场司钻人员参考并设置下发。

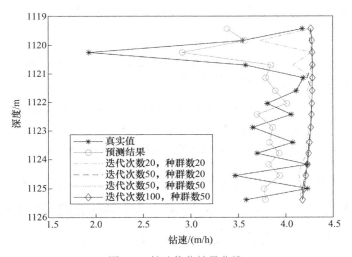

图 5-3　钻速优化结果曲线

表 5-2　不同参数下的优化结果对比

参数设置	平均优化时间 /s	平均优化提升结果
迭代次数 20，种群数 20	0.866	15.63%
迭代次数 50，种群数 20	2.128	17.19%
迭代次数 50，种群数 50	5.302	17.34%
迭代次数 100，种群数 50	10.596	17.42%

5.3　流程工业过程多目标实时优化

本节主要围绕流程工业过程多目标优化展开详细叙述，重点讲述了多目标优化问题及加权求和法、最大最小值法、非支配排序遗传算法（non-dominated sorting genetic algorithm-Ⅱ，NSGA-Ⅱ）和基于分解的多目标进化算法（multi-objective evolutionary algorithm based on decomposition，MOEA/D）四种常用方法，并针对复杂地质钻进过程优化展开案例式分析与说明。

流程工业过程多目标实时优化问题考虑的因素和目标不是单一的，通常存在多个彼此冲突的优化目标，即某个子目标性能的提升可能会导致其他某个或多个子目标性能的下降。例如，在复杂地质钻进过程中，需综合考虑提高钻速、延长钻头寿命、降低钻进成本和钻头比能等多方面因素，然而这些目标之间常常存在影响和冲突。例如，提高钻速可能会增加钻头磨损，从而增加钻进成本。不同目标之间是相互制约的，一个目标的优化往往会导致其他目标的性能下降。因此，在制定生产策略时，需要综合考虑这些因素，实现流程工业过程多目标实时优化。

5.3.1 多目标优化问题及其方法

本小节详细分析了多目标优化问题、重要概念及相关方法。

1. 多目标优化问题分析

多目标优化问题通常包含多个优化目标和约束条件，由目标函数、决策变量和约束条件三要素构成的多目标优化问题数学模型可以表示为

$$
\begin{cases}
\min/\max \boldsymbol{f}(x) = \min/\max(f_1(x), f_2(x), \cdots, f_m(x)) \\
\text{s.t.} \begin{cases}
g_i(\boldsymbol{X}) = (g_1(\boldsymbol{X}), g_2(\boldsymbol{X}), \cdots, g_p(\boldsymbol{X})) \leqslant 0, i = 1, 2, \cdots, p \\
h_r(\boldsymbol{X}) = (h_1(\boldsymbol{X}), h_2(\boldsymbol{X}), \cdots, h_q(\boldsymbol{X})) \leqslant 0, r = 1, 2, \cdots, q
\end{cases}
\end{cases} \tag{5-14}
$$

式中，$\boldsymbol{f}$ 为目标空间 $\mathbf{R}_m$，由 m 维目标函数组成，$\boldsymbol{f} = (f_1, f_2, \cdots, f_m) \in \mathbf{R}_m$；$\boldsymbol{X}$ 为解空间 $\mathbf{R}^n$，由 n 维决策变量 $\boldsymbol{X}$ 组成，$\boldsymbol{X} = (x_1, x_2, \cdots, x_m) \in \mathbf{R}^n$，表示待优化问题的任意一个决策变量或者变向量；$g_p(\boldsymbol{X})$ 表示 p 个不等式约束条件；$h_q(\boldsymbol{X})$ 表示 q 个等式约束条件。

2. 多目标优化的几个重要概念

以求解多目标优化问题的极小值为例，介绍多目标优化问题中的几个重要概念，包括 Pareto 支配、最优解、Pareto 最优解、可行解集及 Pareto 最优前端等。

（1）Pareto 支配　设 $\boldsymbol{f}(x) = (f_1(x), f_2(x), \cdots, f_m(x))^{\mathrm{T}}$ 为目标向量，$\boldsymbol{X}$ 为多目标优化问题的可行解集，$x_k \in \boldsymbol{X}$，$x_l \in \boldsymbol{X}$，称 x_k Pareto 支配 x_l（简称支配，记作 $x_k \leqslant x_l$）当且仅当：

$$
\begin{cases}
\forall i \in \{1, 2, \cdots, m\} : f_i(x_k) \leqslant f_i(x_l) \\
\exists j \in \{1, 2, \cdots, m\} : f_j(x_k) \leqslant f_j(x_l)
\end{cases} \tag{5-15}
$$

（2）最优解　设 $\boldsymbol{X} \in \mathbf{R}^n$ 是多目标优化模型的约束集，$\boldsymbol{f}(x) \in \mathbf{R}^m$ 是向量目标函数。若 $x^* \in \boldsymbol{X}$，并且 x^* 比 $\boldsymbol{X}$ 中所有其他点都优越，则称 x^* 是多目标极小化模型的最优解。

（3）Pareto 最优解　设 $\boldsymbol{X} \in \mathbf{R}^n$ 是多目标优化模型的约束集，$\boldsymbol{f}(x) \in \mathbf{R}^m$ 是向量目标函数。若 $\tilde{x} \in \boldsymbol{X}$ 并且不存在比 $\tilde{x}$ 更优越的 x，则称 $\tilde{x}$ 是多目标极小化模型的 Pareto 最优解，当且仅当满足如下条件：

$$\exists \boldsymbol{x} \in \boldsymbol{X} : \boldsymbol{x} > \tilde{\boldsymbol{x}} \tag{5-16}$$

Pareto 最优解也称为非劣解或者有效解。所有最优解组成的矢量集称为非支配集,除了这些解都在 Pareto 最优集里外,这些解没有明显的联系。所有最优解组成的集合 P_s 称为 Pareto 最优解集,定义如下:

$$P_s = \left\{ \boldsymbol{x}^* \mid \exists \boldsymbol{x} \in \boldsymbol{X} : \boldsymbol{x} \succ \boldsymbol{x}^* \right\} \tag{5-17}$$

(4)可行解集 可行解集 X 定义为满足式(5-14)中约束条件 $g_i(X) \leqslant 0$ 和 $h_r(X) = 0$ 的决策向量 $\boldsymbol{x}$ 的集合,即 X 的可行解域为

$$X = \left\{ \boldsymbol{x} \in \mathbf{R}^n \mid g_i(\boldsymbol{x}) \leqslant 0, i = 1, 2, \cdots, p; h_r(\boldsymbol{x}) = 0, r = 1, 2, \cdots, q \right\} \tag{5-18}$$

X 的可行解域所对应的目标空间可表示为

$$y = f(X) = y_{\boldsymbol{x} \in X} \left\{ f(\boldsymbol{x}) \right\} \tag{5-19}$$

其物理含义为:可行解集 X 中的所有 $\boldsymbol{x}$ 映射到目标空间中的一个子空间,该子空间中的每个决策向量都是可行解集的一部分。

(5)Pareto 最优前端 设对于集合 $A \subseteq X$ 来说为占优的(也称非劣的、有效的或满意的),$p(A)$ 为 A 中非支配解的集合:

$$p(A) = \left\{ \boldsymbol{x} \in A \mid \nexists \bar{\boldsymbol{x}} \in A, \bar{\boldsymbol{x}} \leqslant \boldsymbol{x} \right\} \tag{5-20}$$

则称集合 $p(A)$ 为 A 的非支配解集,其对应的目标向量组成的集合 $f(p(A))$ 被称为 A 的非支配前端,对于 X 来说,如果 $X_p = p(X)$ 是 Pareto 最优集,则称其对应的目标向量组成的集合 $Y_p = f(X_p)$ 为 Pareto 最优前端,简称 Pareto 前端。

3. 多目标优化方法

在流程工业过程中,大多数优化决策问题都属于多目标优化问题,其目标是找到一组 Pareto 最优解。Pareto 最优解的特性是没有其他解能够在所有目标函数上同时取得更优的结果,从而在给定的约束条件下尽可能地同时优化多个目标函数。传统多目标优化算法通常通过将多目标优化问题转换为单目标优化问题来处理,然后利用数学规划工具进行求解,常见的间接求法有加权和法和最大最小值法等。此外,基于进化计算和群智能等智能优化方法提出的 NSGA-Ⅱ 和 MOEA/D,近年来被广泛应用于求解多目标优化问题,它们通过模拟自然界中的进化和群体行为,在保留种群多样性的同时,有效地搜索和逼近 Pareto 最优解集。

(1)加权求和法 加权求和法的基本思想是给每个目标函数分配权重,然后对这些目标函数进行加权求和,从而将多目标优化问题转化为单目标优化问题。利用加权求和方法得到单目标函数可表示为

$$\min F(x) = \sum_{i=1}^{m} \omega_i f_i(x), x \in X \tag{5-21}$$

式中，ω_i 为权重系数，$\omega_i \in [0,1]$ 且满足 $\sum\limits_{i=1}^{m} \omega_i = 1$；$X$ 是决策变量的可行域。

$\omega = (\omega_1, \omega_2, \cdots, \omega_m)$ 反映了每一个子目标函数的重要性。通过改变权重系数，可以调整各目标函数的优先级，从而得到不同的最优解。加权求和法是一种最简单且有效的传统方法，这种方法不需要复杂的数学运算，只需要对每个目标函数分配适当的权重，然后将它们相加。由于只需计算单个加权和目标函数，加权求和法通常具有较高的计算效率，适合处理实时性要求较高的优化问题。但是，该方法的缺点也十分明显。首先，权重系数的选取与各个目标的相对重要程度有关，权重系数取值将直接影响优化结果，如果对多目标优化问题和各个子目标函数缺乏足够的了解，就很难合理分配权重系数，难以找到满意的帕累托最优解。此外，在搜索非凸空间时，这种方法难以找到最优解。

（2）最大最小值法　最大最小值法的基本思路是：对于多属性决策的多目标优化问题，在最劣属性状况的方案中选取最优结果。这种方法基于最大最小准则，又称为极小极大准则，旨在通过考虑最不利的情境来找到一个具有最佳最小值的解决方案，确保在最差情况下仍能获得相对满意的结果。

具体步骤如下：首先，选取各子目标函数中的最大值来构造评价函数，可以将求解多目标极小化问题转化为求解数值极小化问题。最大最小值法作为一种保守优化策略，适用于对每一属性都不希望有太坏结果的决策要求，即在最坏的情况下，寻求最好的结果。构造评价函数为

$$\phi(f) = \max_{1 \leq i \leq m} f_i \qquad (5\text{-}22)$$

然后求解：

$$\min_{x \in X} \{f(x)\} = \min_{x \in X} \left\{ \max_{1 \leq i \leq m} f_i(x) \right\} \qquad (5\text{-}23)$$

将求解的最优解 x^* 作为式（5-14）在最大最小意义下的"最优解"。

当需要反映各子目标重要程度时，引入加权系数后评价函数，则多目标问题转化为

$$\min \mu(F(x)) = \min \left\{ \max \{\omega_i f_i(x)\} \right\} \quad (1 \leq i \leq m) \qquad (5\text{-}24)$$

实际应用最大最小值法时，通常引入变量，则多目标问题极大极小化法则转化为单目标优化问题，其模型为

$$\begin{cases} \min \lambda \\ \text{s.t.} \begin{cases} \omega_i f_i \leq \lambda & (i = 1, 2, \cdots, m) \\ x \in X \end{cases} \end{cases} \qquad (5\text{-}25)$$

最大最小值法适用于由最差目标决定系统性能的情况，它将多目标优化问题转化为寻找弱非劣解的问题。其优点是在系统性能由最差目标决定的情况下，容易得到比较好的结果，强调在最不利情况下仍能保持较好的性能。但是该方法只关注最劣属性值，可能会漏掉那些在其他目标上都较优的优化方案。如果一个方案在某个属性上表现特别差，但在其他属性上表现良好，最大最小值法可能会将其排除在外。

（3）NSGA-Ⅱ　NSGA-Ⅱ的运算过程基于遗传算法进行选择、交叉、变异等操作，算法引入精英策略降低了算法的复杂度，提高了优化结果的准确性，并确保了种群中优秀个体的多样性。拥挤度和拥挤度比较算子能够解决 NSGA 中需要人为指定共享参数的问题，降低算法难度，并且使得所有 Pareto 最优解能够均匀分布在 Pareto 前沿。

NSGA-Ⅱ的基本思想是：首先，随机生成一个规模为 N 的初始种群，并进行非支配排序。然后，通过遗传算法的选择、交叉和变异操作生成第一代子代种群，从第二代开始，将父代种群与子代种群合并，进行快速非支配排序，并计算每个非支配层中个体的拥挤度；根据非支配关系和个体的拥挤度选择合适的个体组成新的父代种群；最后，利用遗传算法的基本操作产生新的子代种群；重复这一过程，直到满足设定的终止条件为止。

NSGA-Ⅱ的主要步骤为：

1）首先，找出种群中非支配解的个体，即 $n_p = 0$ 的个体，将非支配个体放入集合 F_l 中。

2）对于当前集合 F_l 中的每个个体 i，其所被支配的个体集合为 S_i，遍历 S_i 中的每个个体 l，执行 $n_l = n_l - 1$，如果 n_l 为 0，则将个体 l 存放在集合 H 中。

3）记 F_l 中得到的个体为第一个非支配层的个体，并以 H 作为当前集合。重复上述 1）～ 3）操作，直至整个种群被分级。

NSGA-Ⅱ的伪代码如算法 5-6 所示。

1）非支配排序。考虑一个目标函数个数为 $m(m > 1)$、规模大小为 N 的种群，通过 NSGA-Ⅱ对该种群进行分层。具体步骤如下：

① 首先，设 $j = 1$。

② 对于所有的 $g = 1,2,\cdots,N$ 且 $g \neq j$，根据适应度函数比较个体 x^j 和个体 x^g 之间的支配与非支配关系。

③ 如果不存在任何一个个体优于 x^j，则 x^j 标记为非支配个体。

④ 令 $j = j + 1$，转到步骤②直到找到所有的非支配个体。

在进行选择操作之前，首先，根据种群中个体之间的支配与非支配关系进行排序，找出所有非支配个体，并赋予其一个共享的虚拟适应度值，形成第一个非支配最优层。接着，忽略这一层的个体，对剩余的种群按照支配与非支配关系继续分层，并赋予其一个新的虚拟适应度值，该值要低于上一层的值。对剩余个体重复上述过程，直到种群中的所有个体都被分层。

2）适应度值计算。在对种群进行非支配排序的过程中，需要给每一个非支配层指定一个虚拟适应度值。级数越大，虚拟适应度值越小；反之，虚拟适应度值越大。确保在选择操作中等级较低的非支配个体有更多的机会被选择进入下一代，使得算法以最快的速度收敛于最优区域。

为了得到分布均匀的 Pareto 最优解集，就要保证当前非支配层上的个体具有多样性，NSGA 中引入了基于拥挤策略的小生境（Niche）技术，即通过适应度共享函数的方法对原先指定的虚拟适应度值进行重新指定。例如，指定第一层个体的虚拟适应度值为 1，第二层个体的虚拟适应度值应该相应减少，可以取为 0.9，依此类推。这样，可以使虚拟适应度值规范化，保持优良个体适应度的优势，以此获得更多的复制机会，同时也维持了种群的多样性。

算法 5-6：NSGA-Ⅱ

1.   for each $p \in P$
2.   for each $l \in P$
3.   if（p 支配 l）then
4. $S_p = S_p \bigcup l$
5.   else if（l 支配 p）then
6. $n_p = n_p + 1$
7.   if（$n_p = 0$）then
8. $F_1 = F_1 \bigcup p$
9. $i = 1$
10. while（$F_i \neq 0$）do
11. $H = \emptyset$
12.   for each $p \in F_i$
13.   for each $l \in S_p$
14. $n_l = n_l + 1$
15.   if（$n_l = 0$）then（$H = H \bigcup l$）
16. end while
17. $i = i + 1$
18. $F_i = H$
19. 循环得到等级 2、等级 3 …… 复杂度为 $O(mN^2)$

（4）MOEA/D   MOEA/D 将多目标优化问题分解成一组单目标优化子问题，然后利用一定数量相邻问题的信息，采用进化算法同时求解这些子问题。因为 Pareto 前沿面上的一个解对应于每一个单目标优化子问题的最优解，最终可以求得一组 Pareto 最优解。基于分解操作，算法能够有效地利用单目标优化技术来处理多目标问题，该方法在保持解的分布性方面有着很大优势，而通过分析相邻问题的信息来优化，能避免陷入局部最优。

    MOEA/D 是通过加权和法、切比雪夫分解法和基于惩罚边界交叉法等分解方法将多目标问题分解成 N 个单目标优化子问题，然后同时对所有子问题进行整体的优化。MOEA/D 的伪代码如算法 5-7 所示。通过计算权向量之间的欧氏距离，为每个个体选出最邻近的 T 个最近的个体为其邻域，算法使用切比雪夫分解法和 SBX 算子，更新种群是通过比较原先子代和生成子代的适应度值，保留较优的子代。

算法 5-7：MOEA/D

输入：种群大小 N

　　　邻域大小 T

　　　最大迭代次数 M_s

　　　当前种群进化代数 evaluations

输出：POP

1. 初始化 POP 和权向量 λ

2. 根据权向量 λ 和邻域大小 T 生成邻域 B

3. 初始参考点 z^*

4. while evaluations $\leqslant M_s$ do

5.　　for j: =1 to N do

6.　　　随机挑选两个序列号 k 和 l，其相对应个体为 x^k 和 x^l

7.　　　$y \leftarrow$ SBX_Crossover $(x^i,\ x^k,\ x^l)$

8.　　　$y' \leftarrow$ PolynomialMutation (y)

9.　　　evaluate (y')

10.　　　POP $\leftarrow$ 计算子代 y' 的适应度值 g^{te}

11.　　　更新参考点 z^*

12.　　end for

13. end while

1）基础概念。

① 邻域。权向量 λ_i 的邻域定义为 $\{\lambda^1, \lambda^2, \cdots, \lambda^N\}$ 中的一组确定数目的最接近的权向量。同理，第 i 个子问题的邻域就由 λ_i 的邻域所确定的子问题组成。

② 支配。设 $x, y \in \mathbf{R}^m$，当且仅当 $f_i(x) \leqslant f_i(y)$ 对任意 $i \in \{1, 2, \cdots, m\}$ 成立，并且至少存在一个索引 $j \in \{1, 2, \cdots, m\}$ 使得 $f_j(x) \leqslant f_j(y)$ 成立，则称 x 支配 y。同理，如果个体的所有目标均优于 y，则称 x 支配 y，y 为受支配解；如果没有一个个体的所有目标均优于 x，则称 x 为非支配解。

③ SBX 算子。SBX 算子基于模拟二进制编码的交叉过程，采用了一种概率性的方法来确定哪些基因来自父代个体，哪些基因则通过重组产生。具体来说，SBX 算子使用两个参数：交叉分布指数 η 和随机数 u。η 控制交叉过程中父代基因和重组基因的比例，u 则用于决定每个基因位是保留父代信息还是进行重组。

2）分解方法。MOEA/D 常用的分解方法有三种，分别是加权和法、切比雪夫分解法和基于惩罚边界交叉法。

① 加权和法。通过为每个目标分配一个权向量使多目标优化问题分解为单目标优化问题：

$$\begin{cases} \min g^{\mathrm{ws}}(x\,|\,\lambda) = \sum_{i=1}^{m} \lambda_i f_i(x) \\ \text{s.t.} \quad x \in \Omega \end{cases} \tag{5-26}$$

式中，m 为种群大小；λ 为权向量，$\lambda = (\lambda_1, \lambda_2, \cdots, \lambda_m)^{\mathrm{T}}$ 且满足 $\sum_{i=1}^{m} \lambda_i = 1$，$f(x)$ 表示目标函数。该式是两个向量（权向量和目标函数向量）相乘的形式，可看作是目标函数在权向量方向上的投影。

② 切比雪夫分解法。使用权向量的同时，考虑最小化到理想点之间的距离分解：

$$\begin{cases} \min g^{\mathrm{te}}(x\,|\,\lambda, z^*) = \max_{1 \leq i \leq m} \left\{ \lambda_i \left| f_i(x) - z^* \right| \right\} \\ \text{s.t.} \quad x \in \Omega \end{cases} \tag{5-27}$$

式中，g^{te} 为适应度；z^* 为参考点且 $z^* = (z_1^*, z_2^*, \cdots, z_i^*)$；$\lambda$ 为权向量，$\lambda = (\lambda_1, \lambda_2, \cdots, \lambda_m)^{\mathrm{T}}$，对于任意 $i = 1, 2, \cdots, m$，$\lambda_i \geq 0$ 且满足 $\sum_{i=1}^{m} \lambda_i = 1$。对于每一个解 x 都有一个权向量 λ 与之对应。该式中可以看出个体 x 的目标值离参考点距离越远，则等式的值越大，在求解过程中，目标值离参考点越近则说明优化效果越好。

③ 基于惩罚边界交叉法。

$$\begin{cases} \min g^{\mathrm{pbi}}(x\,|\,\lambda, z^*) = d_1 + \theta d_2 \\ d_1 = \left\| z^* - F(x)^{\mathrm{T}} \lambda \right| / |\lambda| \right\| \\ d_2 = \left\| F(x) - (z^* - d_1 \lambda) \right\| \\ \text{s.t.} \quad x \in \Omega \end{cases} \tag{5-28}$$

式中，$\theta > 0$ 为惩罚参数；z^* 为参考点且 $z^* = (z_1^*, z_2^*, \cdots, z_i^*)$；$\lambda$ 为权向量，$\lambda = (\lambda_1, \lambda_2, \cdots, \lambda_m)^{\mathrm{T}}$，对于任意 $i = 1, 2, \cdots, m$，$\lambda_i \geq 0$ 且满足 $\sum_{i=1}^{m} \lambda_i = 1$。$F(x)$ 是目标空间的一个解。d_1 可看作是点 $F(x)$ 指向参考点 z^* 的向量在 λ 方向上的投影，d_2 可看作是点 y 指向点 $F(x)$ 的向量模长。

3）权向量。权向量对于 MOEA/D 至关重要，在 MOEA/D 中，权向量首先在分解方法中用来分解多目标问题，将其分解为多个单目标优化子问题，它与子问题之间一一对应。此外，权向量还决定了种群的搜索方向。在算法中权向量在种群进化之前就已经初始化完成并且保持均匀分布，均匀分布的权向量也更好地保证了解的多样性。

MOEA/D 通过为每个目标分配一个权向量使多目标优化问题分解为单目标优化问题。在 MOEA/D 中使用的均匀分布的权向量一般是采用单纯形格子点法初始化生成的。使用该方法首先需要确定一个正整数 H，确定权向量的个数为 N，权向量 $\lambda = (\lambda_1, \lambda_2, \cdots, \lambda_m)^{\mathrm{T}}$，由参数 H 控制。权向量的个数 $N = C_{H+m-1}^{m-1}$，具体过程是每个权向量从

集合 $\{0/H, 1/H, \cdots, H/H\}$ 中选取对应的值。详细过程描述可以举例如下：

当 $m = 3$，$H = 1$ 时，可以产生 3 个权向量：(0，0，1)，(0，1，0)，(1，0，0)，权向量分布情况如图 5-4a 所示。

当 $m = 3$，$H = 2$ 时，可以产生 6 个权向量：(0，0，1)，(0，1，0)，(1，0，0)，(0，1/2，1/2)，(1/2，0，1/2)，(1/2，1/2，0)，权向量分布情况如图 5-4b 所示。

当 $m = 3$，$H = 3$ 时，可以产生 10 个权向量：(0，0，1)，(0，1，0)，(1，0，0)，(0，1/3，2/3)，(0，2/3，1/3)，(1/3，2/3，0)，(2/3，1/3，0)，(1/3，0，2/3)，(2/3，0，1/3)，(1/3，1/3，1/3)，权向量分布情况如图 5-4c 所示。

一般情况下，由于权向量代表了种群进化的方向，所以权向量一经生成之后就会保持不变；在算法中也会利用权向量来生成邻域，子代之间的相互关系则是用邻域来表示。

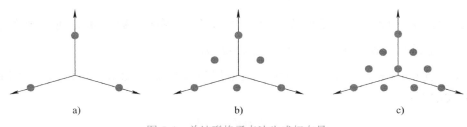

图 5-4　单纯形格子点法生成权向量

权向量的配置生成是 MOEA/D 成功的关键，一般权向量生成时会尽可能地使其均匀分布。根据调整过程中使用的不同信息，可以简单将 MOEA/D 中权向量调整策略分为几个方面：随机或预定义调整、基于拟合调整、邻域权向量引导调整、基于偏好的调整和局部引导调整。随机或预定义调整是指在进化过程中使用随机或者预定义的方式改变权向量来引导种群的进化。传统的调整策略一般是使用预定义的方式，但是现在大多采用预定义加随机的方式。

5.3.2　流程工业过程多目标实时优化案例

本小节主要针对复杂地质钻进过程多目标实时优化展开案例式分析与说明，包含多目标实时优化问题模型建立和多目标实时优化两部分内容。首先综合考虑钻速、钻进成本、钻头寿命和钻头比能建立复杂地质钻进过程多目标实时优化问题模型，然后基于改进 NSGA–Ⅱ算法实现复杂地质钻进过程多目标实时优化，及时求解最优钻进操作参数组合。

1. 复杂地质钻进过程多目标实时优化问题模型

本部分主要从复杂地质钻进过程实时优化问题的目标函数、决策变量、约束条件以及优化模型展开详细描述。

（1）复杂地质钻进过程多目标实时优化问题的目标函数　将钻速最大、钻头寿命最长、钻头比能最小、钻进成本最低作为复杂地质钻进过程多目标实时优化问题的优化目标，具体分析如下：

1）钻速。钻速是钻头在单位时间内的进尺，钻速模型如下：

$$\text{ROP} = K_R C_P C_H (W - M) N^\lambda \frac{1}{1 + C_2 h} \tag{5-29}$$

式中，ROP 为钻速（m/h）；K_R 为地层可钻性系数；C_P 为压差影响系数；C_H 为水力净化系数；W 为钻压（kN）；M 为门限钻压（kN）；N 为转速（r/min）；λ 为转速指数；h 为钻头牙齿磨损量；C_2 为钻头牙齿磨损系数。

2）钻头寿命。钻头寿命取决于钻头磨损，T_f 表示从当前到钻头完全磨损需要的时间，计算公式如下：

$$T_f = \left[\left(\frac{C_1}{2} + 1 \right) - \left(\frac{C_1}{2} h^2 + h \right) \right] \frac{D_2 - D_1 W}{A_f (a_1 N + a_2 N^3)} \tag{5-30}$$

式中，C_1 为钻头牙齿磨损减慢系数；D_1、D_2 为钻压影响系数；A_f 为地层研磨性系数；a_1、a_2 为转速影响系数；h、W、N 同式（5-29）。

3）钻头比能。钻头比能 S_e 是钻头钻破地层岩石所需的能量，单位为 kW/（m³·h）其计算公式如下：

$$S_e = \frac{2.91 W N}{\text{ROP} D} + \frac{4W}{\pi D^2} \tag{5-31}$$

式中，D 为钻头直径；ROP、W、N 同式（5-29）。S_e 越小，钻头的破岩效率越高。

4）钻进成本。钻进成本 C_m 是代表复杂地质钻进过程经济技术效果的核心指标，单位为万元 /m，计算公式如下：

$$C_m = \frac{C_b + C_r (t_t + t)}{10^4 H} \tag{5-32}$$

式中，C_b 为每台钻头的价格（元 / 钻头）；C_r 为钻机运行成本（元 /h）；t_t 为起下钻时间（h）；t 为钻头工作时间（h）；H 为钻头进尺（m）。

钻进成本 C_m 也可以表示为包含 5 个变量（W、N、h_f、C_H、C_P）的目标函数，计算公式如下：

$$C_m = \frac{C_r \left[\frac{t_E A_f (a_1 N + a_2 N^3)}{D_2 - D_1 W} + h_f + \frac{C_1}{2} h_f^2 \right]}{10^4 K_R^2 C_P C_H (W - M) N^\lambda \left[\frac{C_1}{C_2} h_f + \frac{C_2 - C_1}{C_2^2} \ln(1 + C_2 h_f) \right]} \tag{5-33}$$

式中，t_E 为转换时间 $\left(t_E = \dfrac{C_b}{C_r} + t_t \right)$；$h_f$ 为钻头的最终磨损量。

（2）复杂地质钻进过程多目标实时优化问题的决策变量 本案例中复杂地质钻进过

程多目标实时优化问题的决策变量为钻进操作参数，包括钻压（W）和转速（N）。其中，钻压是施加于钻头的作用力，适当的钻压能够提高钻速；转速是影响钻速的重要因素，过高的转速导致钻头过热，反而影响钻速。

在复杂地质钻进过程中，司钻人员需要根据地层环境变化调整钻进操作参数值，以实现钻进操作参数适应井下变化，提高钻进过程安全性和效率。将钻压、转速作为决策变量，利用优化算法隔一定时间或一定钻进深度搜寻最优的钻压、转速，并将其作为参考输入由控制系统进行跟踪控制，从而实现钻速、钻头寿命、钻头比能、钻进成本多目标优化。

（3）复杂地质钻进过程多目标实时优化问题的约束条件　本案例主要考虑了复杂地质钻进过程操作参数的范围约束和钻头磨损的范围约束，约束条件如下：

$$\begin{cases} \max\{0, M\} < W < D_2 / D_1 \\ N_{\min} < N < N_{\max} \\ 0 \leq h \leq 1 \end{cases} \tag{5-34}$$

（4）复杂地质钻进过程多目标实时优化模型　复杂地质钻进过程多目标实时优化模型可表示为

$$F = (\max \mathrm{ROP}(x_i), \max T_f(x_i), \min S_e(x_i), \min C_m(x_i)) \tag{5-35}$$

$$\text{s.t.} \begin{cases} x_i^l \leq x_i \leq x_i^u, i = 1, 2 \\ 0 \leq h \leq 1 \end{cases} \tag{5-36}$$

式中，x_i^l 和 x_i^u 分别为钻进过程操作参数 W 和 N 的下限和上限。

一般来说复杂地质钻进过程的操作参数主要包括钻压和转速等，它们直接影响钻速、钻头的磨损状况以及破碎岩石所做功的大小，本案例将钻压和转速作为所研究优化问题的决策变量。

2. 复杂地质钻进过程多目标实时优化

本部分详细描述复杂地质钻进过程多目标实时优化相关内容，实时优化过程中会基于复杂地质钻进过程实时优化问题模型，隔一定时间或一定钻进深度启动优化求解。

（1）复杂地质钻进过程多目标实时优化模型的相关参数　复杂地质钻进过程多目标实时优化模型中的参数可以分为钻头参数和地层参数两类。钻头参数包括 D_1、D_2、a_1、a_2 等，由钻头型号决定，通常通过查

码 5-2【代码】复杂地质钻进过程多目标实时优化

对应的钻头数据表来确定这些参数，一旦选定了钻头型号，相应参数也就确定；地层参数的确定与钻进现场的钻进条件和环境有密切关系，包括门限钻压 M、转速指数 λ、牙齿磨损系数 C_2、岩石研磨性系数，这些参数的获取与钻进的实际条件和环境有密切关系，需要根据实际钻进资料分析确定，是复杂地质钻进过程多目标实时优化中的待求参数，具体参数见表 5-3。

表 5-3 多目标优化模型参数

参数	参数值	单位	参数	参数值	单位
K_R	0.00229	—	t_t	5.57	h
M	10.1	kN	h_f	1	—
C_P	1	—	h	0.75	—
C_H	1	—	D_1	0.0146	—
λ	0.682	—	D_2	6.44	—
C_1	5	—	a_1	1.5	—
C_2	3.679	—	a_2	6.35×10^{-5}	—
C_r	250	元 /h	A_r	0.00228	—
C_b	900	元 / 钻头	D	251	mm

（2）改进 NSGA-Ⅱ算法的相关参数 针对上述有约束多目标优化问题，这里采用改进非支配排序遗传算法（improved non-dominated sorting genetic algorithm-Ⅱ，INSGA-Ⅱ）进行求解。INSGA-Ⅱ是一种基于遗传算法的多目标优化算法，引入了最优个体系数 P_f，通过这一系数控制下一代种群的选择，表示每代中选择的个体比例。在进行交叉和变异操作后，不再将所有个体都进行非支配排序和拥挤度计算，而是选择 $P_f n$ 个个体进入下一代。通过选择较少的个体进行详细的排序和评估，降低了计算复杂度和时间消耗。

（3）实验结果与分析 本案例采用 MATLAB 进行仿真实验，算法参数设置如下：最优个体系数 paretoFraction 为 0.3，种群大小为 1000，最大进化代数为 200，停止代数为 200，适应度函数偏差为 1e-100。复杂地质钻进过程多目标实时优化实验结果如图 5-5 所示。

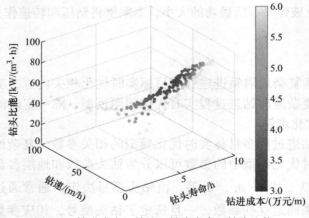

图 5-5 钻进成本、钻速、钻头寿命、钻头比能

从图 5-5 中可以看出，钻进成本、钻速、钻头寿命、钻头比能四个关键目标均在图中体现，散点的颜色代表钻进成本，这些散点形成最优帕累托前沿。

最优钻头比能、钻头寿命、钻进成本曲线图如图 5-6 所示，最优钻速、钻头寿命、钻进成本曲线如图 5-7 所示，最优钻速、钻头比能、钻进成本曲线如图 5-8 所示。

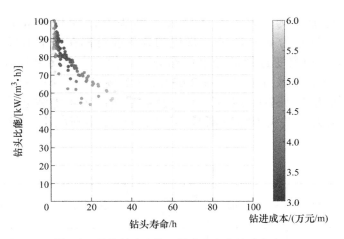

图 5-6　最优钻头比能、钻头寿命和钻进成本

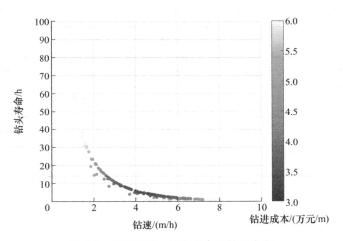

图 5-7　最优钻速、钻头寿命和钻进成本

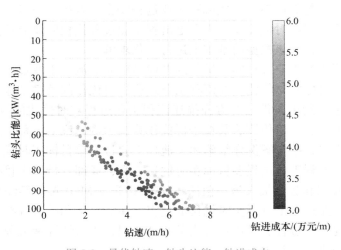

图 5-8　最优钻速、钻头比能、钻进成本

本案例中钻进成本为 3 万～6 万元 /m，钻头寿命为 0～80h，钻头比能为 0～100kW/（m³·h），钻速为 0～8m/h。最优帕累托前沿都在图中形成。部分优化结果如 INSGA-Ⅱ 通过交叉和突变选择部分个体作为下一代，实验结果见表 5-4，当种群规模为 100、500、1000 时，该方法可节省 2.63%、2.23%、1.09% 的模拟时间。从表 5-4 中可以看出钻压和转速被限制在约束范围内，优化求解结果可供钻进操作人员参考。此外随着钻速的逐渐增大，钻头寿命逐渐减小，钻头比能逐渐减小，符合钻进过程的实际情况。

表 5-4 部分优化结果

序号	钻压 /kN	转速 / (r/min)	钻进成本 / (万元 /m)	钻速 / (m/h)	钻头寿命 /h	钻头比能 /[kW/(m³·h)]
1	394.61	20.86	5.82	1.86	12.55	51.33
2	276.97	52.14	4.26	2.41	16.15	69.46
3	263.95	47.03	4.65	2.14	19.71	67.34
4	279.27	32.00	5.54	1.74	27.77	57.45
5	282.60	72.93	3.68	3.09	10.12	77.22
6	364.18	12.89	7.54	1.23	33.99	44.14
7	273.48	28.30	5.95	1.57	32.83	57.22

本章小结

流程工业过程实时优化是控制科学与工程领域研究的热点问题，旨在考虑各类约束条件，通过及时优化调整操作参数，使流程工业过程安全、效率、质量、能耗等目标达到最优。实现流程工业过程实时优化，首先考虑流程工业过程优化问题的特点，建立流程工业过程优化问题模型，再在该模型的基础上进行优化求解。

本章主要介绍流程工业过程实时优化问题模型建立、流程工业过程单目标实时优化以及流程工业过程多目标实时优化。在流程工业过程实时优化问题模型建立方面，主要从目标函数、决策变量、约束条件三个方面描述流程工业过程实时优化问题模型的基本组成。以梯度下降法、牛顿法、遗传算法及粒子群优化算法为例，说明流程工业过程单目标实时优化问题的求解方法，结合案例详细阐述了流程工业过程单目标实时优化的过程、注意事项和结果分析。在流程工业过程多目标实时优化方面，详细分析了多目标优化问题的相关概念，介绍了加权求和法、最大最小值法、NSGA-Ⅱ 及 MOEA/D 等经典方法，结合案例详细阐述了流程工业过程多目标实时优化的过程、注意事项和结果分析。本章通过以上内容，使读者对流程工业过程实时优化形成了基础认识，为后续开展流程工业过程数字孪生方面的学习和实践奠定了基础。

习题

5-1　流程工业过程实时优化问题模型包含哪三个关键要素？

5-2　如何将流程工业过程有约束实时优化问题转换为无约束实时优化问题？

5-3　求解流程工业过程实时优化问题，可以使用哪些常用的单目标优化和多目标优化方法？

第 6 章　流程工业数字孪生

5-1
5-2
5-3

　　流程工业是制造业的重要组成部分，也是国民经济发展的基石。它涵盖了化工、钢铁冶金和地质钻探等多个行业，其安全高效的生产对国家具有重要的战略意义。然而，流程工业面临着复杂的物理化学反应、严重的能质流耦合、多目标冲突以及在线实验的高风险，这些挑战严重影响了生产流程系统的建模与优化控制，制约了生产质量和资源利用率的进一步提升。随着新一代信息技术和人工智能的发展，建立虚实结合、协同优化运行的流程工业数字孪生技术正逐渐成熟，其在流程工业中的应用价值和潜力也日益显现。

　　本章主要讲述数字孪生技术在流程工业中的应用。首先对流程工业数字孪生进行概述，然后分别详细阐述数字孪生五维模型与关键技术，以及它在复杂地质钻进过程智能控制、隧道超前地质预报、地下管网健康管理领域的应用，最后对流程工业中的数字孪生技术进行分析和总结。

6.1　流程工业数字孪生概述

　　数字孪生技术，本质上是在数字空间中以物理实体为基础构建一个虚拟对象，这个虚拟对象在外观、行为上与物理实体完全一致，是物理实体的全生命周期在数字空间中的一种实时映射。从数字孪生概念的起源来看，可以将数字孪生技术的发展分为三个阶段：概念萌芽期、航空航天应用期以及多行业拓展期，如图 6-1 所示。

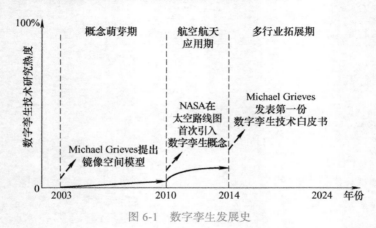

图 6-1　数字孪生发展史

　　20 世纪 60 年代至世纪之交，诸如计算机辅助工程（computer aided engineering，CAE）、计算机辅助设计（computer aided design，CAD）等各种仿真软件相继问世，传统系统工程发展迅速，为数字孪生的发展奠定了基础。2003 年前后，数字孪生开始进入概念萌芽期，最早由美国密歇根大学的 Michael Grieves 教授在产品全生命周期管理课程中提出，如图 6-2 所示。

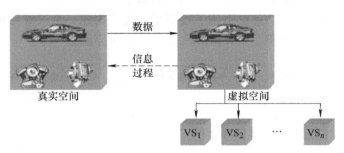

图 6-2　PLM 中的概念设想

　　尽管当时 Grieves 教授将这一设想称为 "conceptual ideal for PLM（product lifecycle management）"，但已有数字孪生的雏形，即物理实体与虚拟实体交互映射。直到 2010 年，"digital twin" 一词在 NASA 的技术报告中被正式提出，并被定义为 "集成了多物理量、多尺度、多概率的系统或飞行器仿真过程"。随后的几年中，数字孪生开始在航空航天领域得到广泛应用，涵盖了机身设计与维修、飞行器性能评估以及飞行器故障预测等方面。

　　伴随着物联网、大数据、云计算等新一代信息技术的迅猛发展，化工、制造、电力、船舶、农业、建筑、医疗和环境等多个行业对技术升级的不断需求，数字孪生技术开始蓬勃发展。2014 年，Michael Grieves 教授发布了数字孪生研究领域的首份技术白皮书，标志着数字孪生技术进入了跨行业的拓展阶段。在智能制造领域，数字孪生被视为实现制造虚拟空间与物理空间互动融合的关键技术手段。许多知名企业（如空客、洛克希德马丁、西门子等）和组织对数字孪生的重视程度不断提升，并在基于数字孪生的智能生产新模式上进行探索。自 2014 年以来，数字孪生技术逐步向民用领域拓展，在电力、汽车、医疗等领域展示出了广泛的应用需求和市场前景，国内外数字孪生产业视图如图 6-3 所示。

　　国外数字孪生应用领域主要将研究聚焦于数字孪生在故障预测和维护方面的应用。例如，全球三大航空发动机生产商之一 GE 在 2016 年与 ANSYS 进行合作，将 ANSYS 的工程仿真、嵌入式软件研发平台整合至 GE 的 Predix 平台中，通过将航天发电机的性能模型与实时传感器数据进行结合，构建与环境变化和实际发电机性能衰减同步的自适应模型，实现对航天发动机部件以及整机性能的精准监测。除此之外，该数字孪生系统还可以结合历史数据以及性能模型对航天发电机进行故障诊断和性能预测，及时调整航天发电机运行状态，实现数据驱动的最佳发电机性能寻优。

　　国内各大高校和科研机构在数字孪生技术的研究方面也取得了显著进展。例如，北京航空航天大学陶飞教授团队牵头国内外学者共同探索建立了数字孪生理论、技术等的标准体系，其中包括数字孪生五维模型、"建－组－融－验－校－管"数字孪生模型构建、孪生数据管理、连接交互、孪生服务等理论技术与标准。上海交通大学义理林教授课题组针对长距离光纤通信，提出了联合物理模型与 AI 模型的光纤通信实验系统数字孪生方案，相比于传统的分步傅里叶建模方法实现 1200 倍速率提升。电子科技大学的神经工程与神经数据团队成功建立了国内首个数字孪生脑模型，并基于该模型开展了稳态视觉诱发电位响应机制研究。除了上述研究团队之外，国内诸多企业也在实际生产应用中引入了数字孪生技术。例如，北京燃气场站首次引用了数字孪生技术构建一个三维可视化监控系统，实现了对北京市燃气管网全天候、全要素和全方位的实时监测。

图 6-3　国内外数字孪生产业视图

随着科技发展，数字化转型和智能化升级是各行业所面临的必然发展趋势，如何实现数字经济和实体经济的融合更是发展的重中之重，而数字孪生因其虚实交互的融合被广泛应用。近年来，流程工业频繁发生生产事故，这些事故不仅污染环境、威胁人民生命安全，还严重损害经济效益。建立流程工业数字孪生系统，实现数字孪生模型与实体工业设备的并行运行、实时交互和迭代优化，能够显著提升生产过程的精准预测与控制、生产自动化优化调度、设备全生命周期管理以及产品质量溯源和管控等的性能，从而推动流程工业的高质量发展，提升生产质量和效益。

6.2　数字孪生五维模型与关键技术

为使数字孪生进一步在更多领域落地应用，与实际应用服务以及工业需求更加紧密结合，在 Michael Grieves 教授所提出的数字孪生三维模型的基础上，北京航空航天大学陶飞教授团队于 2018 年在数字孪生三维模型上增加了孪生数据和服务两个新维度，提出了数字孪生五维模型的概念，并广泛应用在流程工业中。基于此，本节将对数字孪生五维模型及其实现的关键技术展开详细阐述。

6.2.1　数字孪生五维模型

在数字孪生五维模型中，包括物理实体（PE）、虚拟实体（VE）、服务（Ss）、孪生数据（DD）以及它们之间的连接（CN），如下所示：

$$M_{DT} = (PE,VE,Ss,DD,CN) \tag{6-1}$$

根据上述结构，数字孪生五维模型如图 6-4 所示。

数字孪生五维模型满足了流程工业中的应用需求。M_{DT} 作为通用参考架构，可以应用于不同领域的多种场景。其五维结构能够与物联网、大数据、人工智能等信息物理技术进行集成和融合，以满足信息物理系统集成、数据融合、虚实双向交互连接等需求。首先，虚拟实体（VE）通过多维度、多空间尺度和多时间尺度对物理实体（PE）进行刻画和描述。其次，服务（Ss）通过服务化封装，为不同领域、层次和业务需求提供数据、模型、算法、仿真和结果等，以便捷和按需的形式提供给用户。而孪生数据（DD）集成了信息数据和物理数据，保证了信息空间与物理空间的一致性和同步性，从而提供全面准确的工业流程应用场景中的全要素、全流程、全业务数据支持。最后，连接（CN）实现了物理实体、虚拟实体、服务和数据之间的通用工业互联，支持虚实互联和融合。

175

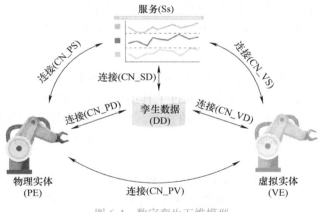

图 6-4　数字孪生五维模型

1. 物理实体（PE）

物理实体是数字孪生五维模型的基础构成部分，对其进行精确分析和有效维护是建立 M_{DT} 的前提条件。PE 可以根据层级划分为单元级 PE、系统级 PE 和复杂系统级 PE 三个层次。以流程工业为例，单元级 PE 指生产线上的各设备，是功能实现的最小单元；系统级 PE 则由设备组合配置形成的生产线，完成特定零部件加工任务；而复杂系统级 PE 则由多条生产线组成，涵盖物料流、能量流和信息流，是一个综合复杂系统，负责各子系统的组织、协调和管理。根据不同应用需求和管理精度对 PE 进行层次划分，有助于构建数字孪生五维模型。例如，针对单个设备可建立单元级 M_{DT}，实现设备监测、故障预测和维护；针对生产线可建立系统级 M_{DT}，优化生产进度和产品质量控制；对整个车间则可建立复杂系统级 M_{DT}，分析和预测系统的演化过程。

2. 虚拟实体（VE）

在虚拟实体中，包括了几何模型（Gv）、物理模型（Pv）、行为模型（Bv）和规则模型（Rv）。这些模型可以从多时间尺度、多空间尺度对物理实体（PE）进行详细描述和建模。虚拟实体构成如下式所示：

$$VE=(Gv,Pv,Bv,Rv) \tag{6-2}$$

式中，Gv 为几何模型（如形状、尺寸、位置等），是描述物理实体外观的三维模型，与 PE 具有良好的时空分布一致性。通过对物理实体细节的渲染，Gv 可以更真实地展现 PE 的细节层次。Bv 描述了 PE 在各时间尺度中受到外部环境与干扰影响下，其内部运行机制的实时响应和行为，包括演化行为、动态功能和性能退化等。Rv 包含物理实体在历史运行过程中基于历史关联数据的规则模式，基于经验总结得到的隐性知识，以及其相关研究领域的常用标准和准则。随着时间的推移，Rv 中的规则不断增长、自学习和自适应演化，使 VE 具备实时的判断、评估、优化和预测能力。这不仅对 PE 的控制和操作提供指导，还能对 VE 进行校正和一致性分析。

通过对上述四种模型进行组合、集成和融合，可以创建完整的 VE 来反映物理世界中对应的 PE。与此同时，还可以通过模型的校核、验证来确保 VE 在一致性、准确性和灵敏度方面的真实映射。此外，还可以利用虚拟现实（VR）和增强现实（AR）技术实现 VE 与 PE 的虚实叠加和融合显示，从而增强 VE 的沉浸性、真实性和互动性。

3. 服务（Ss）

服务是指为数字孪生结合实际应用过程中所需的各类数据、模型、算法、仿真和结果，为用户提供服务化封装。这些服务通过工具组件、中间件和模块引擎等形式帮助数字孪生实现用户所需功能，同时针对不同的领域、用户分别采用应用软件和移动端 APP 等形式满足其业务需求。根据服务对象的不同，可以将数字孪生服务分为功能性服务和业务性服务。

功能性服务为业务性服务的实现和运行提供支撑。功能性服务主要面向物理实体、孪生数据以及连接。一方面，功能性服务面向 PE，为其提供模型管理服务，如建模、模型融合和模型一致性分析等。另一方面，功能性服务面向 DD，为其提供数据管理与处理服务，如数据存储、封装、挖掘和融合等。最后，功能性服务面向 CN，为其提供综合性连接服务，如数据采集、感知接入和数据传输，帮助实现数字孪生系统的虚实交互。

业务性服务在功能性服务的基础上，针对不同类型的用户，提供定制化服务。针对流程工业现场的操作人员提供基础操作指导服务，如各设备的虚拟装配、维修以及人员的设备工艺培训等。针对研发领域的专业技术人员提供专业化技术服务，如设备各阶段的仿真推演评估、设备控制策略的自适应以及设备的动态优化调度等。针对管理决策人员提供智能决策服务，如产品需求分析、生产风险评估和趋势预测等。针对终端用户提供产品服务，如用户功能体验、虚拟设备使用指导和远程维修等。

4. 孪生数据（DD）

孪生数据是数字孪生的驱动，涵盖了 PE 数据（Dp）、VE 数据（Dv）、Ss 数据（Ds）、知识数据（Dk）及融合衍生数据（Df），其具体表达如下式所示：

$$DD=(Dp,Dv,Ds,Dk,Df) \tag{6-3}$$

物理实体数据 Dp 主要包括了描述 PE 规格、功能、性能、关系等方面物理特征属性数据，以及揭示 PE 运行状况、实时性能、环境参数等动态过程数据，实体数据的采集方式包括传感器、嵌入式系统、数据采集卡等数据采集设备。虚拟实体数据 Dv 主要包含与 VE 相关的数据，例如，几何模型中的几何尺寸、装配关系、位置等相关数据，物理模型中的材料属性、载荷、特征等相关数据，以及行为模型中的驱动因素、环境扰动、运行机制等相关数据，还有规则模型中约束、规则、关联关系等相关数据，以及基于上述四个模型 VE 在运行过程中的各类仿真数据，如过程仿真、行为仿真、过程验证、评估、分析、预测等。

除了以上两类基础数据，数字孪生在其运行过程中的各种操作数据也被存储在数字孪生的 DD 中，可以分为服务数据 Ds、知识数据 Dk 以及融合衍生数据 Df。其中，Ds 主要由功能性服务相关数据和业务性服务相关数据构成，例如，功能性服务中的算法、模型、数据处理方法等，以及业务性服务中企业管理数据、生产管理数据、产品管理数据、市场分析数据等。Dk 主要涵盖了专家知识、行业标准、规则约束、推理推论、常用算法库和模型库等内容。而 Df 则是对上述四大类数据 Dp、Dv、Ds、Dk 进行数据转换、预处理、分类、关联、集成等处理后得到的衍生数据，通过对物理实体的实时数据、历史统计数据、专家知识、多时空关联数据等信息，生成信息物理融合数据，以得到更全面和准确的信息，实现对信息的共享与增值。

5. 连接（CN）

连接是实现 M_{DT} 各组成部分互相联通交互的关键，包括 PE 和 DD 的连接（CN_PD）、PE 和 VE 的连接（CN_PV）、PE 和 Ss 的连接（CN_PS）、VE 和 DD 的连接（CN_VD）、VE 和 Ss 的连接（CN_VS）、Ss 和 DD 的连接（CN_SD），具体表述如下所示：

$$CN=(CN\_PD,CN\_PV,CN\_PS,CN\_VD,CN\_VS,CN\_SD) \tag{6-4}$$

其中，CN_PD 通过各种传感器、嵌入式系统、数据采集卡等设备实时采集 PE 数据，然后利用 MTConnect、OPC-UA、MQTT 等协议规范地将数据传输至 DD，对应地，在 DD 中处理后的数据或指令也可以通过协议传输反馈给 PE，从而实现了 PE 和 DD 之间的交互，以及 PE 运行状态的优化。CN_PV 则是实现 PE 和 VE 之间双向交互的关键，其实现方式和协议相似，它将采集的 PE 实时数据传输至 VE，以结合 PE 的实际运行状态更新和校正各种数字模型，保证 PE 模型的精度。与此同时，收集得到的 VE 仿真分析等数据则会转换为控制指令传输至 PE 的执行器中，实时控制 PE 的运行。

另外，CN_PS 实现了 PE 和 Ss 之间的交互，其实现方式与 CN_PD 类似，通过将传感器等采集的 PE 实时数据传输至 Ss，对 Ss 进行更新和优化；而 Ss 针对用户需求所生成的操作指导、决策优化等信息将会以应用软件或移动端 APP 的形式呈现给用户，然后通过用户的人工操作实现对 PE 的调控。而 CN_VD 通过 JDBC、ODBC 等数据库接口实现了 VE 和 DD 之间的交互，它将 VE 生成的仿真及相关数据实时存储到 DD 中，同时实时读取 DD 的融合数据、关联数据、生命周期数据等，推动动态仿真的实施。CN_VS 则是通过 Socket、RPC、MQSeries 等软件接口实现 VE 与 Ss 的双向通信，完成指令传递、数据收发、消息同步等任务，实现了 VE 和 Ss 之间的交动。CN_SD 的实现方式与 CN_VD 相似，它通过 JDBC、ODBC 等数据库接口，将 Ss 的数据实时存储至 DD，并实时读取 DD 中的历史数据、规则数据、常用算法及模型等，协助 Ss 的运行和优化。

6.2.2　数字孪生关键技术

上一小节中，结合流程工业中的系统复杂耦合问题，利用数字孪生技术将流程工业抽象概括为五维模型，本小节将从数字孪生五维模型出发，分别介绍流程工业数字孪生的主要关键技术。

1. 虚拟实体（PE）构建关键技术

根据流程工业中研究对象的特性构建一个精确的虚拟实体是实现数字孪生的基础与核心，虚拟实体的构建分为几何物理模型（Gv，Pv）构建和行为规则模型（Bv，Rv）构建，其中几何物理模型是虚拟实体与物理实体保持一致外观的关键，行为规则模型是虚拟实体行为与物理实体保持一致的关键，下面分别对两种模型构建方法进行阐释。

（1）几何物理模型（Gv，Pv）构建　建立几何模型 Gv 可以使用各种三维建模软件（如 SolidWorks、3D MAX、Pro/E、AutoCAD 等），或者使用设备如三维扫描仪进行创建。物理模型 Pv 基于 Gv 增添了 PE 的物理特性、约束和特征等详细信息，通常可以通过 ANSYS、ABAQUS、HyperMesh 等工具在宏观和微观尺度上进行动态的数学近似模拟和描述，包括结构、流体、电场、磁场等方面的建模和仿真分析。

（2）行为规则模型（Bv，Rv）构建　当工业过程系统能够用简单的数学关系（如代数式、计算式、概率理论等）表示时，通常可以得到系统满足目标的解析解。但是，实际生产中的系统往往是十分复杂的，难以找到对应的关系，这就需要采用稳态仿真技术进行研究。稳态仿真通常运用的是一个数值模型，通过数据的估计与计算得到真实系统的特征。在某些特定的研究领域，稳态仿真分析是研发过程中不可或缺的关键环节。以低温火箭发动机研发为例，从发动机方案优化设计、参数选择和预估，到系统级试车方案的制定、偏差分析和故障分析，都需要进行发动机稳态仿真分析。稳态仿真分析与试验研究相互促进，以实现设计要求，降低试验成本，提高工程研制效率。

1）稳态仿真建模技术概述。稳态仿真建模技术主要应用于离散式工业过程中，针对制造对象进行稳态建模，分析该对象是否满足设计指标要求。稳态模型主要是通过机理、数据驱动或两种方法相结合的方式建立。其中，机理方法主要用于分析建模对象的内在特性，如化学反应特性、电磁特性等，以此建立对象的稳态模型；数据驱动方法主要基于制造对象的大量数据，利用机器学习等方法模拟参数间的关系，建立对象的稳态模型；机理与数据驱动相结合的方法则是针对较为复杂的对象，首先利用机理知识确定模型的结构，然后用大量数据来辨识模型的参数，以此建立稳态模型。

离散过程系统的稳态建模过程主要涉及以下三类问题：

① 过程系统的模拟分析：对特定离散过程系统进行模拟求解，获取必要的系统状态

变量，以便分析和验证该过程。在传统的化工工业过程中，这种仿真应用至关重要。

②过程系统的设计：结合系统的特性，对其运行过程中的某个或某些变量提出设计规定要求，通过优化这些决策变量使仿真结果满足设计规范。这类仿真主要应用于新装置的设计、旧装置的改造以及新工艺、新流程的开发等场景。

③过程系统的参数优化：将过程系统模型与优化模型联合求解，得出一组使工况目标最佳的决策变量（即优化变量），从而实现最佳工况。与系统设计和改进不同，优化并非通过修改工艺或增加生产设备来实现，而是通过调整工艺操作条件来达到目标。通常结合稳态模拟软件和优化软件，对过程操作变量进行优化。

2）动态仿真建模技术及应用概述。针对连续生产过程，稳态模型难以适用，通常采用动态模型仿真技术。在生产过程中，通过对某一过程进行动态仿真，建立该过程的动态模型，进而基于该模型进行各种控制系统的设计，反过来指导控制，从而实现生产过程的平稳运行。

在动态模型仿真中，仿真模型大都根据某一对象或过程的物理机理、化学机理等（如动能方程、质量守恒定律、能量守恒定律）建立数学描述方程，然后根据模型的输入输出来选择相应的数学方法（如牛顿迭代法）求解，得到模型输入输出之间的数学关系（传递函数等），进而建立某一对象或某一过程的动态仿真模型。

上述方法针对的是机理比较明确的过程。对于一个"黑箱"或"灰箱"过程，主要使用数据驱动的方法（或数据驱动与机理相结合的方法）建立该过程的动态仿真模型。利用大量过程数据，基于机器学习方法（如支持向量机、神经网络等）建立反映输入输出关系的动态仿真模型；或者先利用仅有的机理来确定模型结构，然后再用大量的输入输出数据经过机器学习等方法得到模型参数，以此得到该过程的动态仿真模型。

179

3）双容水箱的建模与仿真。下面以双容水箱为例，分别详细介绍稳态仿真模型和动态仿真模型的建模过程。

双容水箱系统的构造如图 6-5 所示。其中，左边水箱的进水量为 Q_1，液面高度为 H_1，出水阀 R_1 固定于某一开度值，出水量为 Q_i。右边水箱的进水量为 Q_i，液面高度为 H_2，出水阀 R_2 固定于某一开度值，出水量为 Q_2。若将进水量 Q_1 作为被控对象的输入变量，H_2 为输出变量，则该被控对象的模型就是 H_2 与 Q_1 之间关系的表达式。

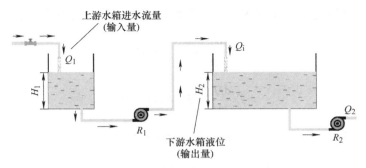

图 6-5　双容水箱示意图

①双容水箱的稳态建模与仿真研究。水箱的出水量与水压有关，且水压与水位高度近似成正比关系。当水箱的液位升高时，其出水量也随之不断增大。在水箱未溢出的情

况下，当水箱的进水量保持恒定时，水位的上升速度将逐渐减缓，最终趋于平衡，由此可得，双容水箱可视为一个自平衡系统。

根据双容水箱的运行机理有

$$Q_1 = K_u u \tag{6-5}$$

$$Q_i = \frac{1}{R_1} H_1 \tag{6-6}$$

$$Q_2 = \frac{1}{R_2} H_2 \tag{6-7}$$

式中，R_1、R_2 为线性化水阻。

对于双容水箱的稳态模型，在稳态时，水箱的进水量与出水量相等，则有

$$Q_1 = Q_2 \tag{6-8}$$

根据式（6-5）与式（6-7）推导可得，双容水箱的稳态模型为

$$H_2 = K_u u R_2 \tag{6-9}$$

即

$$H_2 = R_2 Q_1 \tag{6-10}$$

该模型表征双容水箱处于稳态过程时，进水量 Q_1 与水箱液位 H_2 之间的关系，从而为水箱过程模型、水箱参数设计等提供理论基础。

② 双容水箱的动态建模与仿真研究。对于图 6-5 中所示的双容水箱模型，根据动态物料平衡关系有

$$Q_1 - Q_i = C_1 \frac{dH_1}{dt} \tag{6-11}$$

$$Q_i - Q_2 = C_2 \frac{dH_2}{dt} \tag{6-12}$$

式中，C_1、C_2 为水箱的横截面面积。各变量均以其稳态值为起始点，合并后得

$$T_1 \frac{dH_1}{dt} + H_1 = K_u R_1 u \tag{6-13}$$

$$T_2 \frac{dH_2}{dt} + H_2 - r H_1 = 0 \tag{6-14}$$

式中，$T_1 = C_1 R_1$；$T_2 = C_2 R_2$；$r = R_2 / R_1$。联立消去 H_1 得

$$T_1 T_2 \frac{d^2 H_2}{dt^2} + (T_1 + T_2) \frac{dH_2}{dt} + H_2 = K_u R_2 u \tag{6-15}$$

式（6-15）为二阶微分方程，体现了双容水箱之间的串联关系。该表达式的传递函数形式为

$$G(s) = \frac{K}{(T_1 s + 1)(T_2 s + 1)} e^{-\tau s} \qquad (6\text{-}16)$$

式中，K 为增益。

当双容水箱控制系统接收到阶跃信号时，系统开始运行并产生液位输出值。随后，通过系统辨识方法获取系统模型参数，建立基于液位控制系统输入输出的传递函数。与此同时，对控制系统和传递函数施加阶跃信号，进行阶跃响应曲线拟合，并调整传递函数参数，以获得系统的近似数学模型。在上述双容水箱系统中，系统辨识后的近似数学模型为

$G(s) = \dfrac{0.18}{3442 s^2 + 117.4 s + 1}$。系统阶跃响应曲线如图 6-6 所示。实线为水箱系统响应曲线，

虚线为传递函数响应曲线。两条曲线基本吻合，证明了该方法建模的有效性。

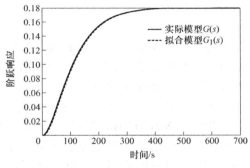

图 6-6　阶跃响应对比图

181

2. 服务（Ss）构建关键技术

数字孪生作为一项创新型技术，其真正的价值在于将其转化应用，为企业创造价值。在物理产品或系统的整个生命周期中，通过各种软件、程序代码和插件等实现各种功能和服务，包括感知通信服务、数字化服务、仿真分析服务等是 Ss 的关键，如图 6-7 所示。

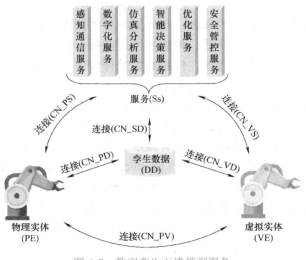

图 6-7　数字孪生五维模型服务

在数字孪生技术多行业拓展期初期，数字孪生主要基于云计算、SaaS（software as a service）平台的构架，通过 APP 软件向客户提供服务应用和解决方案。其中，SaaS 是一种通过网络提供软件的模式，厂商将应用软件部署在企业服务器上，客户可以根据实际需求通过互联网向厂商订购所需的应用软件服务，按照订购的服务量和时间向厂商支付费用，并通过互联网获取服务。这种模式显著降低了中小型企业购买、构建以及维护基础设施和应用程序的需求，不仅极大地节约了客户对信息技术（information technology，IT）的投资，还可以帮助客户获得更稳定、更有效的服务应用。尽管上述这种模式在离散行业、智慧城市中应用广泛，但是在流程工业中的应用存在限制。因为各流程工业企业的需求更为复杂，导致其行业专业性要求更强。一方面，开发 SaaS 平台的 IT 人员并不具备相关领域的专业知识，另一方面，在生产一线的工人对 IT 技术的了解有限，导致构建能够支持流程工业应用的中台系统存在较大挑战。现阶段，数字孪生技术常见的各类应用包括数字化学习工厂、生产过程控制、生产自组织运行与调度、产品生命周期管理和设备故障诊断等。

除了上述的各类转化应用之外，为加强操作人员和物理实体之间的交互，结合虚拟实体与物理实体在外观上的相似性，增强式交互技术被广泛应用于数字孪生系统的外部显示与交互中，主要技术包括虚拟现实（virtual reality，VR）、增强现实（augmented reality，AR）和混合现实（mixed reality，MR），这三类技术被合称为 3R 技术。目前多种 AR 技术已在工业的产品设计、调试和维护等环节中得到应用。例如，首先通过手持设备拍摄生产线进行 3D 重建，生成数字孪生三维模型。然后通过佩戴式设备与构建的三维模型进行 VR 交互，这种方法能在保证三维模型精度的同时，有效降低数字孪生三维模型的开发成本，推动数字孪生技术在中小企业中的应用。

3. 孪生数据（DD）构建关键技术

构建功能完善的数字孪生需要大量准确的相关数据，而数据的感知决定了数字孪生的最终效果。流程工业现场数据可通过分布式控制系统（distributed control system，DCS）、可编程逻辑控制器系统（programmable logic controller，PLC）以及智能检测仪表等进行采集。自 2010 年以来，随着深度学习的进展，各类的图像、文字和声音中所包含的信息被充分挖掘，极大地拓展了信息的来源，与此同时各类图像、声音采集设备也被广泛应用于数据采集。随着传感器成本的降低、传感器性能的提升以及通信技术的发展，各类传感器与终端节点的连接数量也大幅增加，传感器的采样频率也随之提高，获取的数据量也同时增加，上述技术变革为数字孪生的发展带来更多的可能性。

在数字孪生的建设过程中，采集到的数据其形式多种多样，根据这些数据的结构特性将其分为非结构化数据、结构化数据以及半结构化数据。其中，非结构化数据主要包括各类图像、声音数据，结构化数据则主要有温度、压力、流量、成分等数据，而半结构化数据则主要是由产品生命周期管理系统（product lifecycle management，PLM）、应用程序生命周期管理系统（application lifecycle management，ALM）、服务生命周期管理系统（service lifecycle management，SLM）等系统产生的数据。除了上述数据形式的多样化，流程工业数据还存在着更为复杂的特点，主要表现在数据的多采样率特性。

多采样率过程是指工业过程中的变量同时具有多个采样率的现象，这在流程工业中非常普遍。例如，电信号的采样间隔通常为秒级或者毫秒级，而温度、流量、压力等过程变量的采样间隔则一般在分钟级，而生产性能指标相关的数据通常需要实验室化验分析才能获取，这导致这些变量的采样间隔可能在小时级甚至天级。这些特性使得传统的均一采样间隔建模分析方法在处理多来源数据时面临挑战。因此针对多采样率问题，根据数据维度的不同，将进行升采样与降采样的方法分为单维估计法和多维估计法，其中常用的单维估计法有统计法、插值法、时间序列法以及降采样等；常用的多维估计法有因子分析（factor analysis，FA）、主成分分析（principal component analysis，PCA）等。通过整合上述异构数据集成，将多个系统转接至数据平台，实现数字孪生体的构建与融合，显著提升了系统整体建模能力。

4.连接（CN）构建关键技术

在数字孪生系统的发展过程中，连接与交互是至关重要的核心要素，它们使得数字孪生从静止到动态、从孤立到融合。在工业场景中，意外的随机干扰、频繁的插入顺序、设备故障等偶然性因素往往会使虚拟空间与实际情况不一致，孪生连接通过虚实交互可以保证虚拟空间中虚拟实体行为和物理实体行为的一致性和同步性。通过 CN 可以实现数字孪生内外要素的紧密关联，使其不仅能够实现数据之间互通、各环节资源的共享以及信息的融合，还能够与外部环境积极交互共融。基于此，结合"感知–通信–映射–联动–融合"的连接交互理论体系，从信息感知、连接通信、虚实映射、数模联动以及交互融合五个方面分别阐述相关技术，数字孪生连接关键技术如图 6-8 所示。

（1）信息感知技术 信息感知技术用于获取物理空间要素和环境状态数据，通过各类数据处理提取和分析方法获取设备的状态信息，实现物理空间的状态感知。相关技术包括多模态感知、同步感知、"人–机–物–环境"状态感知、"端–边–云"协同感知、感知数据预处理以及感知信息融合技术。

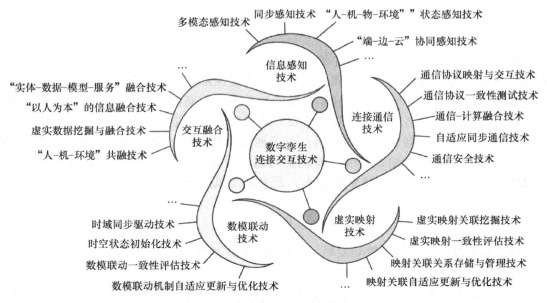

图 6-8 数字孪生连接关键技术

（2）连接通信技术　连接通信技术主要应用于实时数据传输，从而实现数字孪生内外各个要素之间的数据互联互通。其主要相关技术包括通信协议映射与交互、通信协议一致性测试、通信－计算融合、自适应同步通信以及通信安全技术。

（3）虚实映射技术　虚实映射技术用于建立虚拟空间与物理空间之间的时空映射关系，帮助实现虚拟空间与物理空间之间的同步。常用的技术有虚实映射关联挖掘、虚实映射一致性评估、映射关联关系存储与管理、映射关联自适应更新与优化以及映射关联可视化技术。

（4）数模联动技术　数模联动技术用于构建数字孪生的实时驱动机制，实现虚拟实体和物理实体之间的动态结合。相关技术主要包括数模联动机制自适应更新与优化、数模联动一致性评估、时空状态初始化、时域同步驱动以及数据同步交互技术。

（5）交互融合技术　交互融合技术主要用于关联数字孪生内外各个环节中的各类信息，从而实现模型、数据、信息以及知识之间的深度融合。相关技术包括"人－机－环境"共融、虚实数据挖掘与融合、"以人为本"的信息融合以及"实体－数据－模型－服务"融合技术。

上述这些技术的应用，有助于数字孪生在实践中取得更加显著的效果和应用价值。

6.3　流程工业数字孪生应用案例

随着企业数字化转型需求的提升，数字孪生技术将持续在流程工业领域发挥作用，形成更深层次应用场景，通过跨设备、跨系统、跨厂区、跨地区的全面互联互通，实现全要素、全产业链、全价值链的全面连接，为流程工业领域带来巨大转型变革。

数字孪生凭借独有的优势与特点，在流程工业的设计、制造、管控、评估、监测等多个过程均拥有广泛的应用，具体如下。

6.3.1　复杂地质钻进过程智能控制数字孪生

钻进过程是将各种岩石破碎并到达目的层，以获取地下埋藏资源的过程。随着浅层资源的日益枯竭，以及深部成矿理论的发展和大量深部矿产资源的勘探，复杂地质钻进成为必然。但是，复杂地质资源和非常规能源勘探开发遇到的地层层位多，压力体系复杂，具有高地应力、高地温、高陡构造及开采扰动的复杂地质力学环境，导致钻进过程强干扰、非线性、强耦合等问题突出；由于地层自然造斜效应和地层软硬交替的影响，不可避免地存在坍塌、缩颈、漏失等复杂问题。因此，通过融合信息化、智能化技术，形成面向复杂地质条件的高端钻进技术，是突破高风险低效率地质勘探工程核心技术的关键。

1. 复杂地质钻进过程智能控制问题和需求

随着信息技术理论的完善和发展，复杂地质钻进也逐渐向着数字化、智能化转型，但在这过程中也会遇到一些困难和挑战。

1）复杂地质钻进过程的有序进行需要三大系统（绞车转盘系统、泥浆循环系统和轨迹控制系统）相互配合。其中，绞车转盘系统主要用于带动钻柱、底部钻具组合、钻头整

体旋转并控制钻头 – 岩石接触压力大小，是实现破岩钻进的重要系统，系统中的钻压和转速是钻进过程中的关键钻进操作参数；泥浆循环系统被称为"钻进的血液"，对保证复杂地质钻进过程安全性起到决定性的作用，另外一个钻进操作参数（泵量）是实现及时排出井底岩粉、冷却钻头的关键因素，泥浆循环系统还具有平衡井底压力、保护井壁的作用；轨迹控制系统主要是通过调整工具面向角实现方位角和井斜角的改变，进而控制实际钻进轨迹有效跟踪设计钻进轨迹。

2）钻进过程中钻柱、底部钻具组合、钻头、泥浆和井壁之间存在强烈热 – 流 – 固反应，机理复杂，非线性强。例如，钻柱与井壁、钻头与井底非线性摩擦等因素导致钻柱轴向振动（跳钻振动）、周向振动（回旋振动）、扭转振动（黏滑振动），会影响钻进效率，降低安全性。

3）各钻进参数之间耦合严重，例如，钻压、转速、地层可钻性与扭矩之间相关性强，而泵量、泵压、深度、钻头喷嘴大小对立管压力影响很大，等等。

因此，针对深部地质钻进过程会遇到复杂多变的地质环境，如何有效获取地层特征参数，建立复杂地质预测模型，准确描述深部地层情况尤为重要。

2. 复杂地质钻进过程智能控制数字孪生概述

钻进过程的数字孪生模型通过实时采集地层环境、钻进过程以及钻机设备等参数，运用虚拟仿真、孪生数据驱动相结合的方式，动态模拟钻进工况并预测分析潜在事故。结合智能钻进控制系统，实时调控钻进过程参数，旨在更高效、快速地预测、分析和应对钻进过程中的事故，从而提升钻进效率和可靠性。

国内在钻进过程数字孪生技术的研究和应用处于初步阶段，主要集中在理论研究和小规模实验验证，许多团队正在探索如何将数字孪生技术应用于复杂地质钻进过程中，以提高钻井效率和安全性。相关团队开始开发基于数字孪生的钻井仿真平台，例如，中石油和中石化等大型企业的研究院，尝试构建钻井过程的虚拟模型，通过仿真和数据分析来优化钻井参数和策略；成都理工大学的重点实验室利用钻进过程不同时段采集的监测数据，在虚拟空间中构建了智能钻探服务数字孪生模型，以此实现钻进全过程的模拟与优化。

国外在钻进过程数字孪生技术的研究和应用方面处于领先地位，目前已开发了全面的数字孪生平台，能够实时模拟和监控钻井过程，通过虚拟模型与实际操作的实时联动，实现精细化管理和控制。其中，欧美国家的大型石油公司和科研机构，如 Schlumberger、Halliburton、Baker Hughes 等，已经在实际钻井作业中广泛应用数字孪生技术，取得了显著效果；此外，挪威的 Equinor 公司在其北海油田的钻井作业中，成功应用了数字孪生技术，实现了全程的智能化控制和管理。

数字孪生技术在复杂地质钻进过程智能控制领域的应用，可以实现钻进全过程的数字化和智能化，以此保障钻进效率和安全性。

3. 复杂地质钻进过程智能控制数字孪生系统架构

在复杂地质钻进过程中，数字孪生五维模型是数字孪生技术的关键组成部分。复杂地质钻进过程智能控制数字孪生系统如图 6-9 所示，涵盖了物理实体、虚拟实体、孪生数据库、应用服务和连接层五个方面。

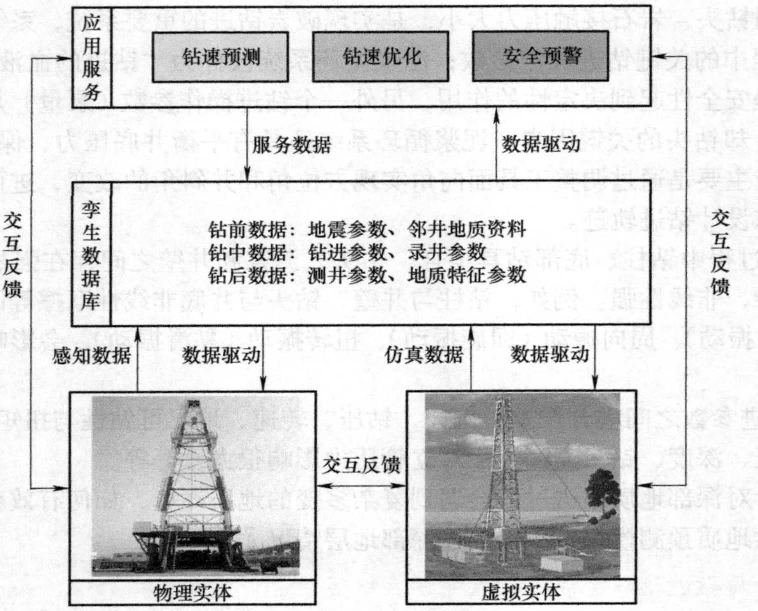

图 6-9 复杂地质钻进过程智能控制数字孪生系统

1）物理实体是构建钻进过程数字孪生体的关键要素。它涵盖钻机、钻具等硬件设备，以及钻进人员、控制系统等操作与管理元素。此外，还包括一系列用于实时监测与数据传输的功能部件，如井下有线测量装置、无线随钻传感器等部件，它们共同支持钻进过程的全面数字化与智能化。

2）虚拟实体主要包括钻进过程模型构建，以此对实际孔内钻进过程全周期实现真实完整映射。钻进过程钻速预测模型、钻速优化模型以及钻进过程安全预测模型，通过这些模型反馈给物理实体来指导实际钻进作业。

3）孪生数据库主要以实际钻进过程采集的参数为主。它可以划分为钻取数据、钻中数据和钻后数据。钻前数据包括地震参数、邻井地质资料，钻中数据则包括钻进参数、录井参数，钻后数据包括测井参数、地质特征参数。利用构建的虚拟模型对这些数据进行仿真，还原实际钻进过程，并通过优化模型优化这些钻进参数，最后将优化数据反馈给物理实体，使其调节并修正实际钻进参数来指导钻进作业。

4）应用服务模块为复杂地质钻进过程智能控制数字孪生提供各种服务，如钻速预测、钻速优化以及钻进过程安全预警。通过模拟钻前的钻具组合选择、钻中钻进参数优化、钻孔结构可视化及钻后案例分析，从钻前、钻中、钻后三个阶段实现复杂地质钻进全过程智能服务。

5）连接层作为五维模型架构中的核心数据传输纽带，不仅促进了传感器与虚拟模型之间的通信，还确保了虚拟模型与多样化服务系统间的高效沟通，以及各服务接口间数据请求的交互。

4.复杂地质钻进过程智能控制数字孪生系统应用及服务

复杂地质钻进过程智能控制数字孪生系统服务于钻进全生命周期，为钻速预测、钻速优化、安全预警等提供解决方案。

186

（1）钻进过程的现场概况及电气结构实验　复杂地质钻进过程是穿越多套高地应力、高地温和高陡构造地层抵达目标区域，对资源能源进行勘探开发的过程。该过程包含的系统主要有三个，分别是泥浆循环系统、转盘旋转系统和绞车提升系统。泥浆循环系统被称为"钻进的血液"，主要保证钻进过程安全；转盘旋转系统用于带动钻柱、底部钻具组合、钻头整体旋转；绞车提升系统是控制钻头–岩石接触压力大小的关键。转盘旋转系统和绞车提升系统是实现破岩钻进的重要系统。

该孪生系统以某款交流变频电传动钻机为基础进行研究，所用设备包括：井架、司钻房、绞车、转盘、电控房、振动筛、泥浆泵、泥浆罐、沉淀池、除砂器、加料器等，通过虚拟仿真建模展现了钻进现场绞车提升、转盘回转和泥浆循环三大系统及其电气结构，具体如图 6-10 至图 6-12 所示。其中，图 6-10 模拟了实际钻进现场的基本情况，图 6-11 展示了孪生系统中钻进现场的设备（以司钻房为例），图 6-12 模拟了实际钻进现场采集各种参数以及下发到实际钻进设备的一个双向流动过程。

图 6-10　钻进现场概况

图 6-11　钻进现场设备认知（以司钻房为例）

图 6-12　电控结构图

（2）钻进过程安全预警　钻进过程安全预警是实现复杂地质条件下高效、安全钻进的关键。据统计，在钻进过程中，因钻进事故导致的停产时间（non-productive time，NPT）约占总时间的 15% ~ 20%。因此，建立钻进过程安全预警系统，是实现地质勘探钻进过程安全高效目标的重要基础。钻进过程中常见的井下事故类型包括：井漏、井涌、钻具刺漏和断钻具。下面以井漏为例介绍数字孪生在钻进安全预警方面的运用。

1）井漏：地层压力的变化导致井壁破裂，钻井液漏失。地层压力小于钻井液压力，钻井液在井底返回至地面途中，部分钻井液渗入地层；当井漏严重时，钻井液无法返回至地面；此时反映到钻进参数的变化包括：总池体积下降、立管压力下降，判断可能出现井漏异常，如图 6-13 所示。

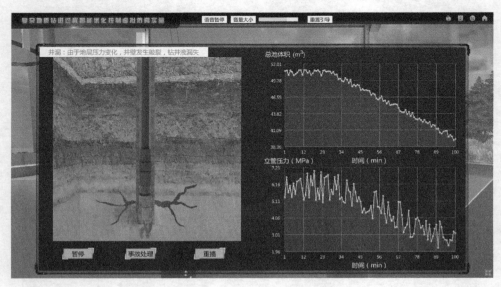

图 6-13　井漏事故发生时立管压力变化情况

188

2）井漏事故处理：当观察到钻进过程数据变化情况符合井漏异常时，调整司钻房中的泵量，通过调整加料器，加入堵漏材料，提高钻井液黏度。

6.3.2 隧道超前地质预报数字孪生

隧道作为交通运输的载体，承载着连接城市、地区的重要功能。在隧道施工中，常常会面临穿越不同的不良地质环境，如断层、岩溶地带、富水区、高地应力、软弱围岩以及高瓦斯浓度区域等。如果在掘进前不对掌子面前方一定范围的地质情况进行充分了解，可能会导致突泥涌水、瓦斯爆炸、岩爆等地质灾害发生。在进行掘进前，通过进行隧道超前地质预报，可以及时了解掌子面前方不良地质的位置、类型以及可能的地质风险，从而采取相应的预防措施。因此，有必要开展隧道超前地质预报的研究，以提高施工效率，减少由于地质原因导致的工期延误，保障施工安全。

1. 隧道超前地质预报问题和需求

在工业转型过程中，信息技术的理论和方法逐渐改造传统隧道建造模式，隧道超前地质预报的需求呈现出数字化、智能化发展的趋势。

在隧道超前地质预报中，盾构机（tunnel boring machine，TBM）得到广泛运用。然而，由于盾构机施工方法的灵活性和地质适应性相对较低，一旦遇到未探明的不良地质体，如突水、塌方和卡机等灾害，可能导致机身受损或长时间停机，甚至引发工程失败和人员伤亡等严重问题。

从地质学角度来看，隧道施工区域的岩体在受到不良地质作用影响时，其成分和结构可能发生变化，逐渐丧失原有的强度和完整性。在这种情况下，一旦发生施工扰动，地质灾害的风险显著增加，严重威胁施工安全。因此，在盾构机掘进过程中，需要利用地质感知方法和模型，结合岩 - 机相互作用理论，及时感知前方地质情况并进行决策。

目前对于盾构机的参数控制和调整仍然广泛依赖于人工操作，这使得隧道掘进时难以根据实际情况实现实时的智能控制，并可能导致决策失误，存在较大的安全隐患。

2. 隧道超前地质预报数字孪生概述

数字孪生技术已逐渐在隧道建设与运营全过程中得到应用。在隧道建设阶段，智能化技术的应用旨在整合地质感知和灾害预报预警等功能。地质感知依赖于钻探、物探和三维扫描等多种数据源，用以构建隧道地质环境模型；灾害预报预警主要在现场布置各种类型的传感器和仪器，例如，地震传感器、地质雷达、倾斜仪、应变计和水位监测仪等，实时采集地质数据和环境参数，然后利用评估模型进行灾害风险评估。在隧道运营阶段，智能化技术的应用主要集中在全方位监测系统和检测装备上，以实现隧道缺陷检测和运行管控等功能。缺陷检测一般在多种移动平台上搭载激光模块、雷达模块和图像模块等设备，进行常态化智能巡检；运行管控依赖于交通隧道监控系统获取的视频图像等监控数据，结合数字孪生技术完成可视化的交通事件监控。

在隧道超前地质预报中，数字孪生技术发挥着关键作用。通过建立精细的虚拟模型，融合计算机建模、数值计算和辅助设计技术，预报结果更加精准。同时，利用传统测量技术、仪器设备和健康监测系统提供的海量数据，构建工程数字孪生体，实现信息化与自动化高度融合。这种综合应用可有效预防与应对隧道施工中遇到的不良地质情况，为工程安全与高效提供科学依据。

将数字孪生技术和智能算法引入盾构掘进施工中，通过建立盾构机的虚拟模型和分析模型，并实现盾构机实体与虚拟模型、分析模型的相互融合和数据交互，不仅能准确地对掘进参数进行预测和预警，还能及时进行掘进参数的控制调整，实现盾构施工的智能化管控。因此，数字孪生技术在隧道超前地质预报领域的应用可以实现隧道施工全生命周期的数字化和智能化。

3. 隧道超前地质预报数字孪生系统架构

在隧道掘进过程中，数字孪生五维模型是数字孪生技术的关键组成部分。隧道超前地质预报数字孪生系统如图 6-14 所示，涵盖了物理实体、虚拟实体、孪生数据库、系统服务和连接层五个方面。

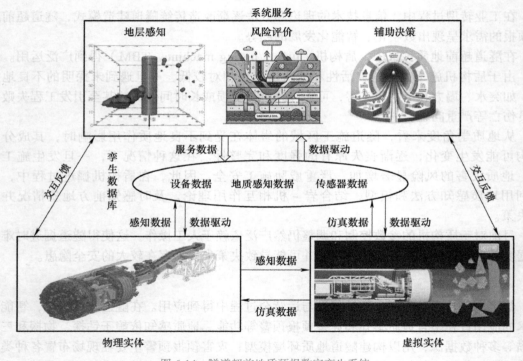

图 6-14 隧道超前地质预报数字孪生系统

1）物理实体是一个重要的概念，包含了岩体信息和 TBM 设备信息。物理实体是数字孪生的基础，也是虚拟空间映射的本体。通过对物理实体的建模和监测，可产生大量多源数据，不仅为后续数据分析提供了基础，也为隧道虚拟空间的决策提供了依据。

2）虚拟实体是对 TBM 物理实体的数字化映射。它可以从数据驱动和知识驱动两个方面进行建构。数据驱动的虚拟模型利用传感器和数据采集系统记录和提取其工作状态的实时数据，并利用数据挖掘技术提取数据内在关系，构建分析预测模型，从而对 TBM 的关键性能指标进行精确估算，并为 TBM 控制提供有用指导；而知识驱动的虚拟模型则利用数值仿真技术，构建岩体与 TBM 的几何、物理模型以及岩 – 机作用规律的行为模型。这些虚拟模型能够模拟开挖过程，并将模拟结果反馈给物理实体，以便进行决策和优化。

3）孪生数据库主要存储隧道掘进过程中的地质感知和 TBM 参数，可划分为静态孪生数据和动态孪生数据两类。静态数据包括机械设备的几何参数等信息，动态数据则包括地质感知和 TBM 设备内置传感器数据，会随着 TBM 掘进性能的变化不断更新并存储在数据库中。数据通过连接层输入岩 – 机虚拟模型，用于预测和判识掘进过程中的岩体信息。

4）系统服务模块为岩 – 机数字孪生提供各种服务，如地下水情况智能预测和风险评价。这些服务包括地层感知、风险评价、辅助决策等功能。服务应用模块可以帮助施工人员更好地管理和控制施工过程，提高施工效率和质量。

5）连接层是五维模型间数据传输的通道，包括传感器与虚拟模型的通信、虚拟模型和服务系统的通信以及各服务接口数据请求的通信。这些数据通信共同构成连接层，为数据的传输提供支持，通信方式根据需求而定。

4. 隧道超前地质预报数字孪生系统应用及服务

隧道超前地质预报数字孪生系统贯穿于整个隧道施工过程中，为地层感知、风险评价、辅助决策提供解决方案。以地下水状况智能预报为例，从地层感知、风险评价以及辅助决策三个层面，分别阐述数字孪生在隧道超前地质预报中的应用，如图 6-15 所示。

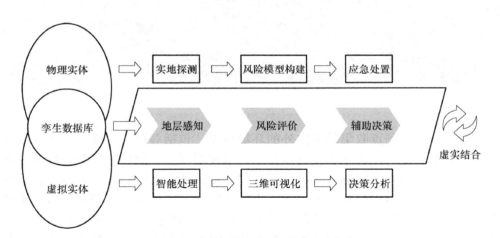

图 6-15　隧道超前地质预报数字孪生服务

1）地层感知：数字孪生系统通过整合地质勘探数据、地质监测数据等多源数据，利用模型分析和数据挖掘技术实现对隧道周围地层的感知。系统可以准确预测地下水位、地下水渗流方向、地层变化等情况。

2）风险评价：数字孪生系统能够对隧道施工中可能遇到的地下水风险进行评估。系统利用地下水数值模拟和风险分析技术，对地下水位变化、地下水压力分布等进行模拟和预测，识别可能存在的地质风险点和风险程度。

3）辅助决策：数字孪生系统在隧道施工中扮演着重要的辅助决策角色。系统通过实时监测和分析地下水状况，为施工管理者和工程师提供全面的数据支持和决策参考。例如，在地下水突发事件发生时，系统可以及时预警并提供相应的应对建议；在复杂地质条件下，系统可以帮助确定最佳的施工方案和工艺流程，以指导施工人员对出水处坑穴进行及时的填实封闭，并设置排水系统。辅助决策服务有助于提高施工效率、降低成本，并保障隧道工程的顺利进行。

数字孪生平台通过整合多种监测数据、实时更新的先进地质预测信息以及施工进度等信息，不仅可以实现管理人员与工人之间的动态互动，还能为用户提供综合决策依据。图 6-16 所示为数字孪生技术在隧道施工中的应用。

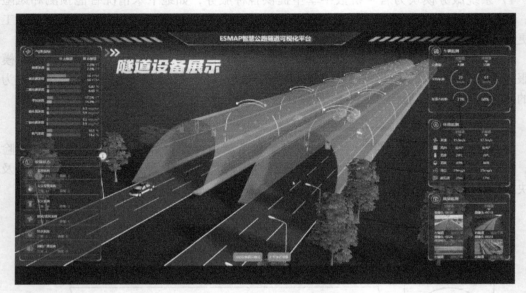

图 6-16　数字孪生技术在隧道施工中的应用

系统通过多种监测点收集隧道内外的环境数据，包括温度、湿度、照明、风速、风向和气压等信息数据，并将施工实时数据与三维模型同步，然后将这些信息通过网络传输到服务器，以便用户随时查看实时监测数据。在具体应用中，施工人员可以在虚拟隧道中漫游，确保施工过程的透明和可控。当某一监测点的数据超过警戒值时，系统会自动发出预警，并提供相应的处理建议。此外，施工现场的指示灯、报警器、人员卡提示和短信提示等都与预警系统集成，确保信息的及时传递和处理，避免潜在风险。数字孪生技术不仅实现了高效的实时监控和智能管理，还大大提高了施工安全性和管理效率。通过全面的数据采集和分析，使得施工过程更加透明、可控。预警机制确保了施工的安全，减少了风险。数字孪生为隧道施工提供监测和远程支持，是未来隧道施工管理的重要方向。

6.3.3　地下管网健康管理数字孪生

城市地下管网作为城市的主要供能方式，是保障城市正常运行的重要基础设施和"生命线"。近年来，随着城市现代化与信息化进程的加快，地下管网的管道长度、种类以及敷设范围不断增加。与此同时，随着管网使用年限的增长，管网在运行过程中不可避免地出现诸多问题，如管道腐蚀、老化以及磨损等，导致管网故障频发。因此有必要开展地下管网故障诊断和健康管理（prognostics and health management，PHM）研究，以保证地下管网长期安全、稳定地运行。

1. 地下管网 PHM 技术和需求分析

在当前大力推进智慧城市和信息化的时代背景下，城市地下管网 PHM 在其技术和需求等方面呈现出信息化、数字化和智能化的发展趋势。

1）在技术发展方面，随着智能传感器、新兴通信技术等新设备、新技术的使用，极大地提升了管网运行数据获取的自动化、实时化和远程化。与此同时，管网运营过程中数据种类呈指数型增长，导致各种数据孤岛的存在，如何整合管网运营全要素、全流程、全业务数据，通过数据的标准化、一体化以及融合化来实现数据获取便捷化、数据中心规范化、信息系统平台化及运维管理智能化是未来的主要研究方向。

2）在需求发展方面，随着地下管网敷设范围和使用年限的不断增加，需要在管网的全流程、全业务、全生命周期构建智能生命线工程，以此建立安全、多元化的城市地下管网系统。而如何充分融合物理世界和信息世界，在降低运营成本的同时优化用户体验，以提高管网运营效率，是管网 PHM 技术研究的重中之重。

2. 数字孪生驱动的地下管网 PHM 概述

随着物联网技术的发展，地下管网监测的信息化和自动化程度不断提升，数字孪生技术也开始进入地下管网 PHM 研究领域。

在地下管道的状态监测、运行调控等方面，国外多家管道企业开发了基于数字孪生理念的管道应用软件。例如，美国哥伦比亚管道公司通过构建交互式三维动态视觉和物理行为模拟系统，推出了全球首个基于工业互联网的智能管道解决方案，实现管道运行情景的模拟。加拿大 Enbridge 公司与微软公司以及 Finger Food 公司合作，将 3D 技术引入管道管理中，研发了管道完整性管理数字孪生显示技术。该技术不仅可以用热图形式显示管道附近关键区域内的地质条件，以及它们随时间推移的变化状况，还能够实时监测管道及其外部环境随时间的变化。德国西门子公司的 Pipeline 4.0 项目则是致力于实现电机、燃气轮机、泵、压缩机等管道设备组件全生命周期优化。

相比之下，国内对管道数字孪生的研究主要集中在框架设计层面，各大管道公司针对各应用场景，提出了"端 + 云 + 大数据""两端两核""五维模型"等数字孪生构建框架，以实现管道全生命周期数据的统一管理和智能化决策支持。

3. 地下管网 PHM 的数字孪生系统架构

以 6.2.1 小节中阐述的数字孪生五维模型 M_{DT} 为基础，结合地下管网 PHM 在实际工程中的需求，设计地下管网 PHM 的数字孪生系统如图 6-17 所示。该数字孪生系统由实际管网、孪生体、时空智能数据库以及决策体四个部分组成，下面将分别阐述它们的构成及功能。

1）实际管网指数字孪生五维模型 M_{DT} 中的物理实体（PE），它具有明确的结构尺寸、材料参数等属性，是整个数字孪生系统的基石。数字孪生系统的其他三个部分都需要基于实际管网产生的数据运行，或将其产生的结果作用于实际管网。

2）孪生体指 M_{DT} 中的虚拟实体（VE），它作为地下管网数字孪生系统的核心组成部分，是地下管网在数字空间中的高保真虚拟映射。它由三维模型和行为模型构成，其中三维模型是地下管网在数字空间中的可视化载体，它与实际管网有相同的拓扑结构。行为模型则是保证孪生体与实际管网行为一致的关键，用于刻画管道运行过程中管内流体和管道之间的耦合关系。随着数字孪生系统的运转，行为模型会不断更新管道运行相关参数，不断优化模型精度，最终实现实际管网的高保真映射。

3）时空智能数据库承担着 M_{DT} 中的孪生数据（DD）和各部分连接（CN）的功能，它主要用于数字孪生系统存储数据以及学习知识。时空智能数据库不仅存储来自实体和孪生体的数据，还会对其进行特征提取、关联分析、性能评估等处理，一方面为孪生体提供高质量的数据集并指导进一步逼近实体，另一方面也为决策体提供预处理后的数据，以便其进行决策判断。

4）决策体指 M_{DT} 中的服务（Ss），它是数字孪生系统实现虚实交互的关键。它通过结合时空智能数据库提供的数据进行算法的初始化，并通过与孪生体的迭代交互，并将其作用于实体，不断调整实际管网的运行参数，保证实际管网安全稳定的运行。

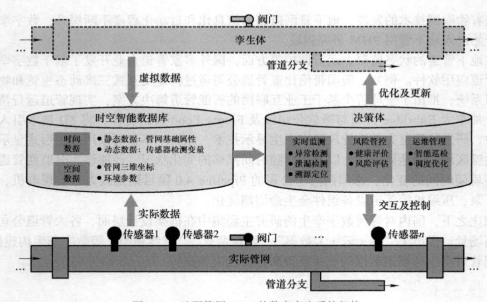

图 6-17 地下管网 PHM 的数字孪生系统架构

4.地下管网 PHM 的数字孪生系统应用及服务

上述数字孪生系统始终贯穿于地下管网全生命周期的故障诊断与健康管理，通过与实际地下管网之间相互融合促进，为地下管网 PHM 系统中的实时监测、风险管控、运维管理提供解决方案，如图 6-18 所示。

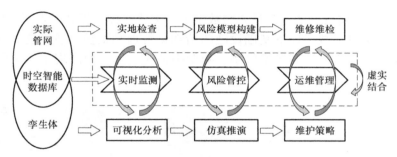

图 6-18　地下管网 PHM 的数字孪生系统应用及服务

1）实时监测：实时监测作为确保管网安全稳定运行的关键环节，该过程主要包括异常检测、泄漏检测、泄漏溯源定位三个部分。数字孪生系统首先通过时空智能数据库中收集整理管网运行相关数据，其中包括物理管网数据和虚拟模型数据，对数据形式进行统一化及标准化；然后通过智能决策体将预处理后的数据导入孪生体的行为模型中，使用人工智能、大数据等技术分析管网的剩余寿命、损失速率等；最后将结果在孪生体的三维模型中进行可视化呈现。通过上述过程可以有效监测到管网中的异常，以及时发现管网中的泄漏，并进行溯源。除此之外，还可以利用虚拟模型模拟管内流体的泄漏趋势，绘制管内流体的泄漏趋势云图，帮助后续决策体为用户提供管网的运维管理策略。

2）风险管控：风险管控包括健康评价和风险评估两个部分，是实现管网故障预警的主要手段。其中，健康评价是指结合实际管网检测数据，利用孪生体模拟管网未来的演化，从而判断管网当前的健康状况。风险评估是指决策体通过对风险因素进行识别，并导入虚拟模型进行仿真模拟，确定风险发生的可能性、严重性、可能的损失等结果，从而判定风险等级。

3）运维管理：运维管理则是实现对管网突发故障进行快速应急响应的关键，也是管网健康的重要组成部分，它包括智能巡检和调度优化两个方面。其中，智能巡检是通过将实际管网的数据采集传输至孪生体的行为模型，行为模型通过数据分析、仿真验证等方法获得巡检相关结果并反馈至实际管网，最终实现虚实一体的全空间、自适应的智能巡检。调度优化则是在于通过孪生体对管网的供给侧、需求侧及输配侧进行仿真，并将仿真策略应用到实际管网中，以进行需求预测、供给预测及调度方案的优化。

图 6-19 展示了数字孪生技术在城市地下管网管理中的应用，通过 AR 和 VR 技术，结合多种传感器数据，实现了对管网运行和维护信息的高效查询和管理。

图 6-19a 显示用户通过移动设备查询特定管网（如 GasPipe_6）的属性数据，包括管径、材料、铺设日期和埋深等，这些信息有助于运维人员全面了解管网的基本情况。图 6-19b 展示了用户查询历史运维记录的功能，可以查看过去的维护操作和相关记录，帮助运维人员分析和判断管网的健康状态和历史问题。图 6-19c 显示了用户查询 3D 损伤数据的功能，通过直观的 3D 模型展示管网的损伤位置和程度，结合传感器数据，如分布式光纤传感器，提供精确的腐蚀和损坏检测信息。图 6-19d 演示了添加运维记录的过程，运维人员可以实时记录管网的维护情况，确保信息的及时更新和管理。这些功能综合运用了

195

多传感器融合技术，将管网的物理世界与数字世界无缝连接，提高了管网管理的智能化水平和决策效率，实现了城市地下基础设施的精细化管理和维护。通过这些应用，数字孪生技术在保障管网安全、提高运维效率、降低维护成本等方面展现了巨大的潜力和应用前景。

图 6-19　数字孪生技术在城市地下管网管理中的应用

本章小结

　　流程工业具有生产过程复杂、工序间耦合强、全局优化困难等特点，使得流程工业面临资源利用效率偏低、能耗物耗较高、生产成本高、环境污染较严重等问题。基于此，本章针对流程工业的上述特点，通过引入数字孪生技术，将流程工业抽象概括为数字孪生五维模型，并探讨了构建流程工业数字孪生五维模型中的关键技术。最后以复杂地质钻进过程智能控制、隧道超前地质预报、地下管网健康管理三个研究领域展示了数字孪生技术在其中的应用。数字孪生系统可以为流程工业提供从产品生产到企业规划的全产品生命周期的应用，不仅能够有效提高生产质量，实现节能减排，还有助于促进企业高质量发展。在未来，在提高流程工业数字孪生体精度、数字孪生体与物理实体自主交互安全性等的同时，需要促进数字孪生技术在流程工业的应用推广，从而推动流程工业数字孪生技术的发展。

码 6-1
【图 6-19 彩图】

习题

　　6-1　请描述数字孪生五维模型的主要内容，并举例说明在流程工业中如何应用这五个维度来优化生产过程。

6-2　根据数字孪生五维模型的概念，解释数字孪生在流程工业中的作用和价值，并列举具体的案例加以说明。

6-3　在数字孪生五维模型中，数据是核心驱动力之一，请说明数字孪生如何利用大数据分析和人工智能技术来提高流程工业的效率和生产质量。

6-4　以传统的流程工业生产过程为例，说明数字孪生技术如何帮助企业实现实时监测、预测维护和优化调整，提高生产效率和降低成本。

6-5　请结合数字孪生五维模型，探讨适用于各类流程工业中的数字化转型方案，包括数据采集与分析、模型建立与优化、实时监控与预测维护等环节，以实现流程工业生产的智能化和自动化。

附录 英文缩略语对照表

英文缩略语	英文全称	中文释义
5G	5th generation mobile communication technology	第五代移动通信技术
A&E	alarms & events	报警与事件
AI	artificial intelligence	人工智能
AMQP	advanced message queuing protocol	高级消息队列协议
API	application programming interface	应用程序编程接口
APM	asset performance management	资产绩效管理
AR	augmented reality	增强现实
BP	backpropagation neural network	反向传播神经网络
CA	correlation analysis	相关分析法
CAD	computer aided design	计算机辅助设计
CAE	computer aided engineering	计算机辅助工程
CAN	controller area network	控制器局域网络
CAP	constrained application protocol	约束应用协议
CCA	cross-correlation analysis	互相关分析
CCS	computer control system	计算机控制系统
CIP	control information protocol	控制和信息协议
CN	connection	连接
COM	component object model	组件对象模型
DA	data access	数据访问
DCOM	distributed component object model	分布式组件对象模型
DCS	distributed control system	集散控制系统
DD	digital twin data	孪生数据
DT	digital twin	数字孪生
DMC	dynamic matrix control	动态矩阵控制
ERP	enterprise resource planning	企业资源规划
ETL	extract-transform-load	抽取－转换－加载
ELM	extreme learning machine	极限学习机

（续）

英文缩略语	英文全称	中文释义
FA	factor analysis	因子分析
FIR	finite impulse response	有限冲激响应
FMS	fieldbus messaging specification	现场总线信息规格
FTP	file transfer protocol	文本传输协议
GA	genetic algorithm	遗传算法
GC	Granger causality	格兰杰因果关系
GE	General Electric Company	通用电气公司
GPT	generative pre-trained transformer	生成式预训练转换器
GPC	generalized prediction control	广义预测控制
HDA	historical data access	历史数据访问
HMI	human machine interface	人机界面
HTTP	hyper text transfer protocol	超文本传输协议
HVAC	heating ventilation and air conditioning	供暖通风与空气调节
IaaS	infrastructure as a service	基础层，基础设施即服务
IBM	International Business Machines Corporation	国际商业机器公司
ICMP	internet control message protocol	互联网控制报文协议
IGMP	internet group management protocol	互联网组管理协议
IIR	infinite impulse response	无限冲激响应
I/O	input/output	输入 / 输出
IRT	isochronous real-time	同步实时
IT	information technology	信息技术
INSGA-Ⅱ	improved non-dominated sorting genetic algorithm-Ⅱ	改进的非支配排序遗传算法
KS	Kolmogorov-Smirnov	柯尔莫可洛夫 - 斯米洛夫（检验）
LLI	low level interfaces	底层接口
LQG	linear quadratic Gaussian Problem	线性二次高斯
LSTM	long short-term memory	长短期记忆网络
MAC	model algorithm control	模型算法控制
MES	manufacturing execution system	制造执行系统
MOM	message oriented middleware	消息中间件
MPC	model predictive control	模型预测控制
MPP	massive parallel processing	海量并行处理
MQTT	message queuing telemetry transport	消息队列遥测传输
MR	mixed reality	混合现实
MVC	minimum variance control	最小方差控制
MOEA/D	multi-objective evolutionary algorithm based on decomposition	多目标进化算法

（续）

英文缩略语	英文全称	中文释义
NPT	non-productive time	停产时间
NSGA-Ⅱ	non-dominated sorting genetic algorithm-Ⅱ	非支配排序遗传算法
OC	operation technology	操作技术
ODVA	open devicenet vendors association	开放式设备网供应商协会
OPC	object linking and embedding for process control	对象链接与嵌入的过程控制
OPC UA	ole for process control unified architecture	用于过程控制的 OLE 统一架构
OPM	operations performance management	运营绩效管理
OSI	open system interconnection reference model	开放式系统互联通信参考模型
OT	operation technology	操作技术
PaaS	platform as a service	平台层，平台即服务
PC	personal computer	个人计算机
PCA	principal component analysis	主成分分析
PE	physical entity	物理实体
PHM	prognostics and health management	故障诊断和健康管理
PID	proportion integration differentiation	比例 – 积分 – 微分
PLC	programmable logic controller	可编程逻辑控制器
PLM	product lifecycle management	产品生命周期管理
PSO	particle swarm optimization algorithm	粒子群优化算法
RBFNN	radial basis function neural network	径向基神经网络
RNN	recurrent neural network	循环神经网络
RT	real-time	实时
RTO	real-time optimization	实时优化
RTU	remote terminal unit	远程终端单元
SaaS	software as a service	应用层，软件即服务
SCADA	supervisory control and data acquisition	数据采集与监视控制系统
SLM	service lifecycle management	服务生命周期管理系统
SMTP	simple mail transfer protocol	简单邮件传输协议
SPE	squared prediction error	平方预测误差
Ss	service	服务
SVM	support vector machine	支持向量机
SVS	stepwise variable selection	逐步变量选择法
TBM	tunnel boring machine	盾构机
TCP/IP	transmission control protocol/internet protocol	传输控制协议 / 网际协议

（续）

英文缩略语	英文全称	中文释义
TE	transfer entropy	传递熵
TSN	time sensitive networking	时间敏感网络
UA	unified architecture	统一架构
UDP	user datagram protocol	用户数据报协议
VE	virtual entity	虚拟实体
VR	virtual reality	虚拟现实

参考文献

[1] 工业互联网产业联盟. 工业智能白皮书 [DB/OL]. (2020-04-22) [2024-03-29]. http://www.aii-alliance.org/upload/202004/0430_161537_192.pdf.

[2] 中国电子技术标准化研究院. 流程型智能制造白皮书 [DB/OL]. (2019-08-02) [2024-05-16]. https://www.cesi.cn/images/editor/20190802/20190802092925693.pdf.

[3] 李彦瑞, 杨春节, 张瀚文, 等. 流程工业数字孪生关键技术探讨 [J]. 自动化学报, 2021, 47 (3): 501-514.

[4] 张俊, 徐箭, 许沛东, 等. 人工智能大模型在电力系统运行控制中的应用综述及展望 [J]. 武汉大学学报 (工学版), 2023, 56 (11): 1368-1379.

[5] 工业互联网产业联盟. 工业数字孪生白皮书 [DB/OL]. (2021-12-06) [2024-04-01]. https://aii-alliance.org/uploads/1/20211206/0abb4304b8de47a3c04ce803a5ac5dc8.pdf.

[6] 王晨, 宋亮, 李少昆. 工业互联网平台: 发展趋势与挑战 [J]. 中国工程科学, 2018, 20 (2): 15-19.

[7] 何文韬, 邵诚. 工业大数据分析技术的发展及其面临的挑战 [J]. 信息与控制, 2018, 47 (4): 398-410.

[8] 陈世超, 崔春雨, 张华, 等. 制造业生产过程中多源异构数据处理方法综述 [J]. 大数据, 2020, 6 (5): 55-81.

[9] 姚锡凡, 景轩, 张剑铭, 等. 走向新工业革命的智能制造 [J]. 计算机集成制造系统, 2020, 26 (9): 2299-2320.

[10] 周佳军, 姚锡凡. 先进制造技术与新工业革命 [J]. 计算机集成制造系统, 2015, 21 (8): 1963-1978.

[11] 李杰, 李响, 许元铭, 等. 工业人工智能及应用研究现状及展望 [J]. 自动化学报, 2020, 46 (10): 2031-2044.

[12] 柴天佑. 工业人工智能发展方向 [J]. 自动化学报, 2020, 46 (10): 2005-2012.

[13] 周济. 智能制造: "中国制造 2025" 的主攻方向 [J]. 中国机械工程, 2015, 26 (17): 2273-2284.

[14] 周济, 李培根, 周艳红, 等. 走向新一代智能制造 [J]. Engineering, 2018, 4 (1): 28-47.

[15] 刘强. 智能制造理论体系架构研究 [J]. 中国机械工程, 2020, 31 (1): 24-36.

[16] 王媛媛, 张华荣. G20 国家智能制造发展水平比较分析 [J]. 数量经济技术经济研究, 2020, 37 (9): 3-23.

[17] 李伯虎, 柴旭东, 刘阳, 等. 工业环境下信息通信类技术赋能智能制造研究 [J]. 中国工程科学, 2022, 24 (2): 75-85.

[18] 王龙, 冀秀梅, 刘玠. 人工智能在钢铁工业智能制造中的应用 [J]. 钢铁, 2021, 56 (4): 1-8.

[19] ZHENG P, WANG H H, SANG Z Q, et al. Smart manufacturing systems for industry 4.0: conceptual framework, scenarios, and future perspectives[J]. Frontiers of mechanical engineering, 2018, 13 (2): 137-150.

[20] LI Q, TANG Q L, CHEN Y T, et al. Smart manufacturing standardization: reference model and standards framework[J]. Computer integrated manufacturing systems, 2018, 24 (3): 539-549.

[21] TAO F, QI Q L, LIU A, et al. Data-driven smart manufacturing[J]. Journal of manufacturing systems, 2018, 48: 157-169.

[22] ZHANG L, ZHOU L, REN L, et al. Modeling and simulation in intelligent manufacturing[J]. Computers in industry, 2019, 112: 103123.

[23] HE B, BAI K J. Digital twin-based sustainable intelligent manufacturing: a review[J]. Advances in manufacturing, 2021, 9 (1): 1-21.

[24]　周济，李培根．智能制造导论 [M]．北京：高等教育出版社，2021．

[25]　李培根．智能制造概论 [M]．北京：清华大学出版社，2021．

[26]　曹卫华，何王勇，甘超．过程控制系统 [M]．武汉：中国地质大学出版社，2021．

[27]　陶永，蒋昕昊，刘默，等．智能制造和工业互联网融合发展初探 [J]．中国工程科学，2020，22（4）：24-33．

[28]　西门子软件．白皮书 MindSphere：助力世界工业推动数字化转型 [DB/OL]．（2022-03-10）[2024-04-16]．https://www.plm.automation.siemens.com/media/global/zh/Siemens%20MindSphere%20Overview%20ZH%20wp_tcm60-29087.pdf.

[29]　王睿哲．工业软件产业与工业互联网平台发展关系探究 [J]．互联网天地，2021（8）：32-35．

[30]　周济．制造业数字化智能化 [J]．中国机械工程，2012，23（20）：2395-2400．

[31]　延建林，孔德婧．解析"工业互联网"与"工业 4.0"及其对中国制造业发展的启示 [J]．中国工程科学，2015，17（7）：141-144．

[32]　LI C Q，CHEN Y Q，SHANG Y L. A review of industrial big data for decision making in intelligent manufacturing[J]. Engineering science and technology，2022，29：101021.

[33]　YUAN C X，LI G Y，KAMARTHI S，et al. Trends in intelligent manufacturing research：a keyword co-occurrence network based review[J]. Journal of intelligent manufacturing，2022，33：425-439.

[34]　赵敏．工业互联网平台的六个支撑要素：解读《工业互联网平台白皮书》[J]．中国机械工程，2018，29（8）：1000-1007．

[35]　李君，邱君降，窦克勤．工业互联网平台参考架构、核心功能与应用价值研究 [J]．制造业自动化，2018，40（6）：103-106．

[36]　王冲华，李俊，陈雪鸿．工业互联网平台安全防护体系研究 [J]．信息网络安全，2019（9）：6-10．

[37]　胡琳，杨建军，韦莎，等．工业互联网标准体系构建与实施路径 [J]．中国工程科学，2021，23（2）：88-94．

[38]　CHOI S，WUEST T，KULVATUNYOU B. Towards a platform for smart manufacturing improvement planning[J]. IFIP Advances in information and communication technology，2018，536：378-385.

[39]　YANG J H，HUANG G R，HANG Q. The platform of intelligent manufacturing system based on industry 4.0[J]. IFIP Advances in information and communication technology，2018，535：350-354.

[40]　周江林，张博，孔祥君，等．智能制造执行系统技术发展及工业软件平台构建分析 [J]．智能制造，2022（2）：62-66．

[41]　张洁，汪俊亮，吕佑龙，等．大数据驱动的智能制造 [J]．中国机械工程，2019，30（2）：127-133；158．

[42]　CHEN Y B. Integrated and intelligent manufacturing：perspectives and enablers[J]. Engineering，2017，3（5）：36-52.

[43]　YANG T，YI X L，LU S W，et al. Intelligent manufacturing for the process industry driven by industrial artificial intelligence[J]. Engineering，2021，7（9）：70-83.

[44]　ZHONG R Y，XU X，KLOTZ E，et al. Intelligent manufacturing in the context of industry 4.0：a review[J]. Engineering，2017，3（5）：96-127.

[45]　SIMENS. MindSphere：基于云的开放式物联网操作系统 [DB/OL]．（2022-8-16）[2024-04-26]．https://new.siemens.com/cn/zh/products/software/mindsphere.html.

[46]　肖琳琳．国内外工业互联网平台对比研究 [J]．信息通信技术，2018，12（3）：27-31．

[47]　GE 中国．Predix：工业互联网白皮书 [DB/OL]．（2016-03）[2024-05-22]．https://www.ge.com/cn/sites/www.ge.com.cn/files/Y_Predix-Your-platform-for-the-Industrial-Internet_CN.pdf.

[48]　王岳．工业大脑白皮书 [DB/OL]．（2021-03）[2024-05-06]．https://www.aliyun.com/about/reports/industrial-intelligence-scale.

[49] 工业互联网产业联盟.工业数据采集产业研究报告 [DB/OL].（2018-09-07）[2024-04-28]. https://www.venustech.com.cn/new_type/gyjsyj/20180907/21986.html.

[50] 工业互联网产业联盟.工业大数据技术架构白皮书 [DB/OL].（2018-09-07）[2024-04-24]. http://www.aii-alliance.org/index/c145/n81.html.

[51] PRIYA S, SANGEETHA V S, DHURKAA R. Industrial automated data acquisition system[J]. International journal of research in engineering, science and management, 2019, 2（4）: 94-97.

[52] 蒙春.现场数据采集技术与智能制造系统的应用研究分析 [J].智能城市应用, 2020, 3（2）: 90-92.

[53] 刘欣, 李向东, 耿立校, 等.工业互联网环境下的工业大数据采集与应用 [J].物联网技术, 2021, 11（8）: 62-65.

[54] 张建雄, 吴晓丽, 杨震, 等.基于工业物联网的工业数据采集技术研究与应用 [J].电信科学, 2018, 34（10）: 271-276.

[55] 欧阳旻, 郭玉超, 王桓, 等.工业物联网环境下设备数据采集研究与实现 [J].软件工程, 2020, 23（12）: 15-18.

[56] AFONSO C, LUISA L N, ANDRE L D, et al. A cloud-based method for detecting intrusions in PROFINET communication networks based on anomaly detection[J]. Journal of control, automation and electrical systems, 2021, 32: 1177-1188.

[57] KEVIN P D, WILLIAMS N, JAE M L. Dual fieldbus industrial IoT networks using edge server architecture[J]. Manufacturing letters, 2020, 24: 108-112.

[58] WU X P, XIE L H. Performance evaluation of industrial Ethernet protocols for networked control application[J]. Control engineering practice, 2019, 84: 208-217.

[59] 高玉军, 赵朋朋, 褚衍刚, 等.基于 OPC 技术的不同类别 PLC 之间的数据通信 [J].工业控制计算机, 2018, 31（10）: 59-60.

[60] 吴晗, 成卫青. OPC 技术在智能仓储系统中的应用 [J].计算机技术与发展, 2021, 31（7）: 158-163; 170.

[61] STEFANO V, CLAUDIO Z, THILO S. Industrial communication systems and their future challenges: next-generation Ethernet, IIoT, and 5G[J]. Proceedings of the IEEE, 2019, 107（6）: 944-961.

[62] 马跃强, 陈怀源, 李晨.工业数据安全治理探索 [J].信息技术与网络安全, 2022, 41（4）: 45-51.

[63] 汪洋, 王柯, 张桃宁, 等.工业数字化转型中的数据治理研究 [J].信息技术与网络安全, 2022, 41（4）: 25-31.

[64] 赵文硕.关系型与非关系型数据库的应用研究 [D].北京: 华北电力大学, 2016.

[65] 鲍震.实时数据库技术的发展与应用研究 [J].中国高新科技, 2022（3）: 80-82.

[66] 王毅, 王智微, 何新.智能电站数据中台建设与应用 [J].中国电力, 2021, 54（3）: 61-67; 176.

[67] 张雪萍.大数据采集与处理 [M].北京: 电子工业出版社, 2021.

[68] ZHU S P, MA W M, LI Y P, et al. Research on sub-health monitoring of equipment based on industrial big data technology[J]. Vibroengineering PROCEDIA, 2022, 44: 15-20.

[69] GAROUANI M, AHMAD A, BOUNEFFA M, et al. Towards big industrial data mining through explainable automated machine learning[J]. The international journal of advanced manufacturing technology, 2022, 120（1）: 1169-1188.

[70] MEYTUS V. Problems of constructing intelligent systems: levels of intelligence[J]. Cybernetics and systems analysis, 2018, 54: 541-551.

[71] 任磊, 贾子翟, 赖李媛君, 等.数据驱动的工业智能: 现状与展望 [J].计算机集成制造系统, 2022, 28（7）: 1913-1939.

[72] 朱晓峰, 王忠军, 张卫.大数据分析指南 [M].南京: 南京大学出版社, 2021.

[73] 林子雨. 大数据技术原理与应用 [M]. 3 版. 北京：人民邮电出版社，2021.

[74] 埃尔，哈塔克，布勒. 大数据导论 [M]. 彭智勇，杨先娣，译. 北京：机械工业出版社，2017.

[75] ASOREY-CACHEDAR, GARCIA-SANCHEZ A J, GARCIA-SANCHEZ F, et al. A survey on non-linear optimization problems in wireless sensor networks[J]. Journal of network and computer applications, 2017, 82: 1-20.

[76] KORAYEM M H, HOSHIAR A K, NAZARAHARI M. A hybrid co-evolutionary genetic algorithm for multiple nanoparticle assembly task path planning[J]. The international journal of advanced manufacturing technology, 2016, 87: 3527-3543.

[77] 金亚利，曹卫华，李泽中，等. 基于支持向量机的退火炉煤气流量预测模型 [J]. 冶金自动化，2017（S1）：38-41.

[78] 廖伍代，朱范炳，王海泉，等. 基于人工蜂群优化的 K 均值聚类算法 [J]. 计算机测量与控制，2018，26（4）：4.

[79] 董红瑶，王弈丹，李丽红. 随机森林优化算法综述 [J]. 信息与电脑，2021，33（17）：34-37.

[80] 李思奇，吕王勇，邓柙，等. 基于改进 PCA 的朴素贝叶斯分类算法 [J]. 统计与决策，2022（1）：34-37.

[81] 王磊. 人工神经网络原理、分类及应用 [J]. 科技资讯，2014（3）：240-241.

[82] SUGAHARA S, UENO M. Exact learning augmented naive Bayes classifier[J]. Entropy, 2021, 23（12）：1703.

[83] NEMNES G A, FILIPOIU N, SIPICA V. Feature selection procedures for combined density functional theory: artificial neural network schemes[J]. Physica scripta, 2021, 96（6）：065807.

[84] 刘方园，王水花，张煜东. 支持向量机模型与应用综述 [J]. 计算机系统应用，2018，27（4）：1-9.

[85] LI Y P, CAO W H, HU W K, et al. Diagnosis of downhole incidents for geological drilling processes using multi-time scale feature extraction and probabilistic neural networks[J]. Process safety and environmental protection, 2020, 137: 106-115.

[86] LI Y P, CAO W H, HU W K, et al. Identification of downhole conditions in geological drilling processes based on quantitative trends and expert rules[J]. Neural computing and applications, 2021, 35: 12297-12306.

[87] 吴亚峰，姜节胜. 结构模态参数的子空间辨识方法 [J]. 应用力学学报，2001，18（S1）：31-35.

[88] 李幼凤，苏宏业，褚建. 子空间模型辨识方法综述 [J]. 化工学报，2006，3：473-479.

[89] 郭一楠，常俊林，赵峻，等. 过程控制系统 [M]. 北京：机械工业出版社，2009.

[90] 吴平. 基于子空间的系统辨识及其应用 [D]. 杭州：浙江大学，2009.

[91] 洪艳萍. FIR 模型辨识及其过程应用研究 [D]. 杭州：浙江工业大学，2011.

[92] 袁路生. 状态空间模型辨识方法研究 [D]. 长沙：中南大学，2011.

[93] 葛连明. 子空间辨识算法及预测控制研究 [D]. 南京：南京邮电大学，2019.

[94] 傅若玮，宋执环. 控制系统性能评估的研究现状与展望 [J]. 华中科技大学学报（自然科学版），2009，37（z1）：226-229.

[95] STEVEN X D, LI L L. Control performance monitoring and degradation recovery in automatic control systems: a review, some new results, and future perspectives[J]. Control engineering practice, 2021, 111: 104790.

[96] 刘小艳，张泉灵，苏宏业. PID 控制器的性能监控与评估 [J]. 计算机与应用化学，2010，27（1）：91-94.

[97] 封子文，李宏光，陈兰朋，等. 基于 PID 控制器性能评价 [J]. 石油化工自动化，2012，48（3）：32-33.

[98] 黄其珍. 多变量控制系统的性能评估与监控技术研究 [D]. 杭州：浙江大学，2011.

[99] 王建国，王娟娟，肖前平. 一种数据驱动的控制器性能在线控制策略 [J]. 计算机与应用化学，

2014，31（5）：521–525.

[100] 左鸿飞.基于 MVC 的激励式仿真系统控制性能评价研究 [D].河北：河北科技大学，2015.

[101] 肖振.基于 LQG 基准的模型预测控制系统性能评价研究与应用 [D].天津：天津理工大学，2016.

[102] LIU Z，SU H Y，XIE L，et al. Improved LQG benchmark for control performance assessment on ARMAX model process[J]. IFAC Proceedings volumes，2012，45（15）：314–319.

[103] 刘伯鸿，连文博，李婉婉.基于子空间的高速列车预测控制器性能监控 [J].振动、测试与诊断，2021，41（6）：1226–1231.

[104] YU J，QIN S J. Statistical MIMO controller performance monitoring：part I data–driven covariance benchmark[J]. Journal of process control，2008，18（3–4）：277–296.

[105] YU J，QIN S J. Statistical MIMO controller performance monitoring：part II performance diagnosis[J]. Journal of process control，2008，18（3–4）：297–319.

[106] 王俊峰，钱宇，李秀喜，等.用主元分析方法完善 DCS 过程监控性能 [J].化工自动化及仪表，2002，29（3）：15–18.

[107] 席裕庚，李德伟，林姝.模型预测控制：现状与挑战 [J].自动化学报，2013，39（3）：222–236.

[108] 席裕庚.预测控制 [M].2 版.北京：国防工业出版社，2012.

[109] LJUNG L. Convergence analysis of parametric identification methods[J]. IEEE Transactions on automatic control，1978，23（5）：770–783.

[110] 陈虹.模型预测控制 [M].北京：科学出版社，2013.

[111] 王建平，王乐.流程工业生产过程优化技术发展趋势探讨 [J].中外能源，2021，26（4）：61–68.

[112] 马云超.基于代理模型进化计算的流程工业过程运行优化仿真实验系统研发 [D].沈阳：东北大学，2019.

[113] 代伟，陆文捷，付俊，等.流程工业过程多速率分层运行优化控制 [J].自动化学报，2019，45（10）：1946–1959.

[114] 宋治强.基于动态实时优化与多模型 GPC 的分层优化控制策略 [D].上海：华东理工大学，2015.

[115] 刘德荣.复杂流程工业过程的先进控制 [J].自动化学报，2014，40（9）：1841–1842.

[116] 杨国军.间歇化工过程实时优化与控制 [D].广州：华南理工大学，2013.

[117] 丁进良，杨翠娥，陈远东，等.复杂流程工业过程智能优化决策系统的现状与展望 [J].自动化学报，2018，44（11）：1931–1943.

[118] 范家璐，张也维，柴天佑.一类流程工业过程运行反馈优化控制方法 [J].自动化学报，2015，41（10）：1754–1761.

[119] 丁进良.数据驱动的复杂流程工业系统运行优化 [Z].2015 年中国自动化大会摘要集，2015：87–88.

[120] 李东海.多模态复杂流程工业过程的建模与优化研究 [D].沈阳：东北大学，2014.

[121] 李强.一类面向多级过程系统的实时进化方法 [D].北京：北京化工大学，2013.

[122] 柴天佑.复杂流程工业过程运行优化与反馈控制 [J].自动化学报，2013，39（11）：1744–1757.

[123] 张兰.单目标和多目标量子粒子群优化算法的研究及应用 [D].西安：西北工业大学，2022.

[124] 王立凤.模型与数据相结合的大流程工业过程优化控制方法研究 [D].沈阳：东北大学，2011.

[125] 王高宪.知识与数据驱动的流程工业制造过程优化方法与应用 [D].上海：上海交通大学，2010.

[126] 余黎黎.基于实时运行数据的稳态在线优化系统研究 [D].杭州：浙江大学，2002.

[127] 甘超.复杂地层可钻性场智能建模与钻速优化 [D].武汉：中国地质大学，2020.

[128] GAN C，CAO W，LIU K，et al. A new hybrid bat algorithm and its application to the ROP optimization in drilling processes[J]. IEEE Transactions on industrial informatics，2020，16（12）：7338–7348.

[129] KENNEDY J，EBERHART R. Particle swarm optimization[C]//Proceedings of ICNN'95–International Conference on Neural Networks. New York：IEEE，1995：1942–1948.

206

[130]　XIN S J，GUO Q L，SUN H B，et al. Cyber-physical modeling and cyber-contingency assessment of hierarchical control systems [J]. IEEE Transactions on smart grid，2017，6（5）：2375-2385.

[131]　GAN C，CAO W，LIU K. To improve drilling efficiency by multi-objective optimization of operational drilling parameters in the complex geological drilling process[C]//37th Chinese Control Conference，2018，Wuhan，China. New York：IEEE，2018：10238-10243.

[132]　HORN J，NAFPLIOTIS N，GOLDBERG D E. A niched Pareto genetic algorithm for multi-objective optimization[C]//Proceedings of the First IEEE Conference on Evolutionary Computation，IEEE World Congress on Computational Intelligence. New York：IEEE，1994：82-87.

[133]　STORN R，PRICE K. Differential evolution：a simple and efficient heuristic for global optimization over continuous spaces[J]. Journal of global optimization，1997，11（4）：341-359.

[134]　张霖，周龙飞 . 制造中的建模仿真技术 [J]. 系统仿真学报，2018，30（6）：1997-2012.

[135]　李伯虎，柴旭东，张霖，等 . 面向新型人工智能系统的建模与仿真技术初步研究 [J]. 系统仿真学报，2018，30（2）：349-362.

[136]　梁兴壮，黄志远，艾凤明，等 . 板翅式换热器传递函数动态模型及参数确定方法 [J]. 北京航空航天大学学报，2024，50（1）：154-162.

[137]　吕相宇，王存旭，王宁，等 . 基于能量守恒定律的电弧炉动态模型 [J]. 沈阳工程学院学报（自然科学版），2020，16（4）：61-66.

[138]　代守宝，陈光，王雨晴，等 . 基于牛顿迭代法的舰船冷凝器动态仿真模型研究 [J]. 热能动力工程，2022（6）：19-25.

[139]　郭振刚，邹利妮 . 400 万吨 / 年蜡油加氢裂化装置动态仿真 [J]. 广州化工，2021，49（5）：132-134.

[140]　李志军，张少鑫，王瀚 . 开式天然气膨胀液化流程动态仿真 [J]. 油气田地面工程，2021，40（9）：26-32.

[141]　刘亦然，朱建敏，卫丹靖，等 . 小型氟盐冷却高温堆一回路系统动态建模及仿真 [J]. 仪器仪表用户，2022，29（2）：47-55.

[142]　巩岩博，郑大勇，胡程炜 . 低温火箭发动机稳态特性仿真模型与应用 [J]. 火箭推进，2020，46（5）：48-56.

[143]　贺宇，吴力普 . 基于多模型自适应预测控制的双容水箱液位控制系统研究 [J]. 工业控制计算机，2022，35（4）：26-28.

[144]　项德威，郑前钢，张海波，等 . 基于 NN-PSM 的航空发动机机载自适应稳态模型 [J]. 航空动力学报，2022，37（2）：409-423.

[145]　郑前钢，张海波，李永进 . 基于单纯 B 样条的航空发动机机载稳态模型研究 [J]. 推进技术，2015，36（12）：1887-1894.

[146]　白杰，张正，王伟 . 基于实验数据的航空发动机稳态模型建模 [J]. 机械设计与制造，2021（1）：62-66.

[147]　周超，韩松，卜亮，等 . 基于对偶原理的三相五柱式 Sen 变压器准稳态模型 [J]. 电力自动化设备，2022，42（5）：198-203.

[148]　莫青，刘飞，喻明江，等 . 基于曲折型自耦变压器的节电器稳态模型 [J]. 信息技术，2014（4）：100-103.

[149]　于明星 . 基于稳态模型的笼型异步电机变频调速运行特性模拟 [J]. 辽宁师专学报（自然科学版），2019，21（3）：6-11.

[150]　赵霞，周桢钧，余渌绿，等 . 六相电励磁同步风力发电机组的稳态模型 [J]. 电力系统保护与控制，2016，44（1）：77-84.

[151]　陶立权，马振，王伟，等 . 基于稳态模型的喘振裕度影响因素仿真研究 [J]. 滨州学院学报，2019，35（6）：5-11.

207

[152] 丁蓬勃, 王仲生. 航空发动机喘振故障机理及监控方法研究 [J]. 科学技术与工程, 2010, 10 (15): 3805-3809.

[153] 姚可欣, 付长军, 郑伟明, 等. 基于着色 Petri 网的离散事件动态系统建模与仿真 [J]. 新型工业化, 2021, 11 (9): 101-104.

[154] 连宇臣, 陈津, 程奂翀, 等. 航空发动机脉动式装配线离散事件仿真设计 [J]. 航空制造技术, 2021, 64 (16): 65-71.

[155] 晏仁先. 基于离散事件的高速磁浮铁路车站作业仿真研究 [J]. 铁路计算机应用, 2021, 30 (5): 42-47.

[156] 贾雨. 基于离散事件的试飞业务流程仿真技术 [J]. 飞机设计, 2022, 42 (1): 76-80.

[157] 张晓丽, 张家康, 张莉莉, 等. 基于离散事件仿真的航空医疗后送卫勤决策支持模拟系统设计 [J]. 医疗卫生装备, 2021, 42 (11): 20-26.

[158] 罗时朋, TUBISKANI L, 王卫锋. 基于离散事件仿真的房屋建筑工程项目调度优化 [J]. 土木工程与管理学报, 2021, 38 (5): 85-90.

[159] TAO F, ZHANG H, LIU A, et al. Digital twin in industry: state-of-the-art[J]. IEEE Transactions on industrial informatics, 2019, 15 (4): 2405-2415.

[160] 陶飞, 张贺, 戚庆林, 等. 数字孪生十问: 分析与思考 [J]. 计算机集成制造系统, 2020, 26 (1): 1-17.

[161] TAO F, QI Q L. Make more digital twins[J]. Nature, 2019, 573: 490-491.

[162] 陶飞, 刘蔚然, 张萌, 等. 数字孪生五维模型及十大领域应用 [J]. 计算机集成制造系统, 2019, 25 (1): 1-18.

[163] 许振浩, 王朝阳, 张津源, 等. TBM 隧道掘进地质感知与岩 - 机数字孪生: 方法、现状与数智化发展方向 [J]. 应用基础与工程科学学报, 2023, 31 (6): 1361-1381.

[164] 吴贤国, 刘俊, 陈虹宇, 等. 盾构掘进系统的数字孪生构架体系研究 [J]. 土木建筑工程信息技术, 2023, 15 (4): 105-110.

[165] 李冬雪, 朱冀涛, 刘岩, 等. 新一代基建工地安全智能管控平台设计与规划 [J]. 中国测试, 2022, 48 (S2): 133-138.

[166] GAN C, CAO W H, WU M, et al. An online modeling method for formation drillability based on OS-Nadaboost-ELM algorithm in deep drilling process[J]. IFAC PapersOnLine, 2017, 50 (1): 12886-12891.

[167] GAN C, CAO W H, LIU K Z, et al. A new spatial modeling method for 3D formation drillability field using fuzzy c-means clustering and random forest[J]. Journal of petroleum science and engineering, 2021, 200: 108371.

[168] 姜杰, 霍宇翔, 张颢曦, 等. 基于数字孪生的智能钻探服务平台架构 [J]. 煤田地质与勘探, 2023, 51 (9): 129-137.

[169] GAN C, CAO W H, LIU K Z, et al. Dynamic optimization-based intelligent control system for drilling rate of penetration (ROP): simulation and industrial application[J]. IEEE Transactions on industrial informatics, 2024, 71 (7): 7876-7885.

[170] GAN C, WANG X, WANG L Z, et al. Multi-source information fusion-based dynamic model for online prediction of rate of penetration (ROP) in drilling process[J]. Geoenergy science and engineering, 2023, 230: 212187.

[171] 陶飞, 马昕, 戚庆林, 等. 数字孪生连接交互理论与关键技术 [J]. 计算机集成制造系统, 2023, 29 (1): 1-10.

[172] LI M H, FENG X, HAN Y, et al. Mobile augmented reality-based visualization framework for lifecycle O&M support of urban underground pipe networks[J]. Tunnelling and underground space technology, 2023, 136: 105069.

208